"十二五"职业教育国家规划教材
经全国职业教育教材审定委员会审定

混凝土结构与砌体结构学习指导

主　编　段春花
副主编　朱文革　申海洋　段贵明
编　写　孔德明　秦焕朝
主　审　李　峰

中国电力出版社
CHINA ELECTRIC POWER PRESS

内 容 提 要

本书为“十二五”职业教育国家规划教材。全书分为10章，主要内容包括混凝土结构材料的力学性能、建筑结构的基本设计原则、钢筋混凝土受弯构件、钢筋混凝土受扭构件、钢筋混凝土受压构件、钢筋混凝土梁板结构、预应力混凝土构件基本知识、钢筋混凝土单层厂房排架结构、钢筋混凝土多层与高层结构、砌体结构基本知识。本书在编写时，力求将“教、学、练”等融为一体，从不同角度对重点、难点以及应用性进行简要分析和判断，通过典型案例（例题）的分析、专业理论知识在实际工程中的应用解析，以及综合实训题的训练等方式，强调理论与实践的整合、互相渗透。

本书可作为高职高专建筑工程类相关专业的教材辅导书，也可供工程技术人员及相关人员学习参考。

图书在版编目（CIP）数据

混凝土结构与砌体结构学习指导/段春花主编．—北京：中国电力出版社，2014.8（2020.9重印）
“十二五”职业教育国家规划教材
ISBN 978-7-5123-6078-5

Ⅰ.①混…　Ⅱ.①段…　Ⅲ.①混凝土结构－职业教育－教学参考资料②砌体结构－职业教育－教学参考资料　Ⅳ.①TU37 ②TU209

中国版本图书馆CIP数据核字（2014）第145037号

中国电力出版社出版、发行
（北京市东城区北京站西街19号　100005　http://www.cepp.sgcc.com.cn）
三河市百盛印装有限公司印刷
各地新华书店经售
*
2014年8月第一版　2020年9月北京第五次印刷
787毫米×1092毫米　16开本　13.5印张　324千字
定价 39.00元

前　言

为满足高职高专土木建筑类专业学生学习混凝土结构与砌体结构课程的要求，更有效地帮助学生在学习过程中对知识点的理解与掌握，注重学生对理论知识在实践工程中的应用，以及对新的国家标准和规范的理解，培养学生分析问题、解决问题的能力，并配合同时出版发行的《混凝土结构与砌体结构（第三版）》教材，新编此教材。

本书在编写时，力求将"教、学、练"等融为一体，在每一章节中均通过内容提要、学习重点与难点、解题指导及典型例题分析、实际工程应用、综合训练、答案要点等几方面，从不同角度对重点、难点以及应用性进行简要分析和判断，通过典型案例（例题）的分析、专业理论知识在实际工程中的应用解析，以及综合实训题的训练等方式，强调理论与实践的整合、互相渗透，用意是启发学生积极思考，更准确地掌握基本概念。其中综合训练部分包括填空题、选择题、判断题、名词解释、问答题、计算题等题型，以便于学生得到较为全面的训练，提高专业综合应用能力，突出职业技术应用能力的培养。

本书由段春花任主编，朱文革、申海洋、段贵明任副主编。具体分工如下：绪论、第 3 章由段春花编写，第 1 章、第 6 章由朱文革编写，第 2 章、第 4 章、第 5 章由孔德明编写，第 7 章、第 8 章由秦焕朝编写，第 9 章由申海洋编写，第 10 章由段贵明编写。全书由段春花最后统稿并定稿，由李峰担任主审。

在本书的编写过程中，得到了山西建筑职业技术学院的大力支持，在此致谢！

限于编者水平，书中疏漏之处在所难免，恳请广大读者和同行批评指正。

编　者

2013 年 12 月

目　录

绪　论

0.1　内　容　提　要

本章介绍了建筑结构定义、组成和分类；叙述了混凝土结构和砌体结构的一般概念、优缺点，以及应用和发展前景；分析了钢筋和混凝土这两种性质不同的材料能够组合在一起共同工作的条件；还介绍了本课程的特点和学习方法。通过本章节内容的学习，应熟悉建筑结构的定义和组成，了解混凝土结构与砌体结构的优缺点和适用范围，理解钢筋和混凝土共同工作的条件，深刻体会学习建筑结构的重要性。

0.2　学习重点及难点

0.2.1　建筑结构的组成与分类

建筑结构是由若干个基本构件按照一定的组成规则，通过正确的连接方式所组成，能够承受并传递各种作用的空间受力体系。建筑结构由水平构件（梁、板）、竖向构件（墙、柱）和基础三大部分组成。

按承重结构所用材料的不同，建筑结构可分为混凝土结构、砌体结构、钢结构和木结构，其中混凝土结构在实际工程中应用最为普遍。按照组成建筑主体结构的形式和受力体系的不同，建筑结构可分为砖混结构、框架结构、剪力墙结构、框架—剪力墙结构、筒体结构、排架结构等，实际工程中应用较多的是框架结构、剪力墙结构和框架—剪力墙结构。

0.2.2　混凝土结构的特点及应用

一、混凝土结构的概念

1. 混凝土结构的类型

混凝土结构是指以混凝土为主要材料的结构，它主要包括素混凝土结构、钢筋混凝土结构、型钢混凝土结构、钢管混凝土结构和预应力混凝土结构等。

（1）素混凝土结构是指无筋或不配置受力钢筋的混凝土制成的结构，在建筑工程中一般只用作垫层或室外地坪。

（2）钢筋混凝土结构是指由配置受力的普通钢筋、钢筋网或钢筋骨架的混凝土制成的结构，在混凝土结构中应用最为普遍。

（3）型钢混凝土结构又称钢骨混凝土结构，是指用型钢或用钢板焊成钢骨架作为主要配筋的混凝土结构。

（4）钢管混凝土结构是指在钢管内浇筑混凝土形成的结构。

（5）预应力混凝土结构是指由配置的预应力钢筋通过张拉或其他方法建立预加应力的混凝土制成的结构。

2. 混凝土和钢筋共同工作的条件

钢筋和混凝土是两种力学性能不同的材料，之所以能够在一起共同工作的主要原因是：

（1）钢筋和混凝土之间有较好的黏结力，使两者之间能够协调变形、共同受力。黏结力是钢筋和混凝土共同工作的基础。

（2）钢筋和混凝土两种材料的线膨胀系数接近，在温度变化时两者之间不会有过大的相对变形而破坏。

（3）混凝土包裹钢筋，使钢筋不会锈蚀变质，保证钢筋混凝土结构的耐久性。

二、钢筋混凝土结构的特点及应用

钢筋混凝土结构之所以应用广泛，主要是因为它具有整体性好、耐久性好、耐火性好、可模性好和易于就地取材等优点。但钢筋混凝土结构也有自重大、抗裂性差、施工环节多、工期长等缺点。随着科学技术的不断发展，这些缺点已在一定程度上得到了克服和改善。例如采用轻质高强的混凝土可克服自重大的缺点，采用预应力混凝土可克服构件容易开裂的缺点，掺入纤维做成纤维混凝土可克服混凝土的脆性等。

混凝土结构的应用范围涉及土木工程的各个领域，并占有主导地位。钢筋混凝土结构广泛应用在房屋建筑工程中的厂房、住宅、办公楼等多高层建筑中。

0.2.3　砌体结构的特点及应用

砌体结构是指用砖、石材或砌块为块材，用砂浆砌筑成墙、柱作为建筑物主要受力构件的结构，包括砖砌体结构、石砌体结构和砌块砌体结构。

砌体结构具有取材方便，造价低廉，耐火性和耐久性良好，具有良好的保温、隔热、隔声性能，节能、施工简单等优点。但由于砌体结构具有强度低、自重大、整体性差和砌筑工作量大，以及对生态环境不利等不足，使砌体结构的应用受到一些限制。为克服砌体结构的缺点并发挥其优势，在砌体结构的材料和构造方式上已经取得了一些进展，拓宽了砌体结构的应用范围。例如采用配筋砌体、组合砌体等结构形式，可克服砌体材料性能的不足，改善砌体结构的受力性能；采用空心砌块，以降低结构自重；进行墙体改革，大力发展轻质高强、节能利废的新型墙体材料，推广应用空心黏土砖、蒸压灰砂砖、蒸压粉煤灰砖、轻集料混凝土砌块以及混凝土小型空心砌块等，替代实心黏土砖，以节省耕地并保护环境。

0.2.4　学习中需要注意的问题

1. 本课程的内容和学习目标

本课程是建筑工程技术等专业的主干专业课，其内容包括混凝土结构和砌体结构两大类结构体系，按照内容的性质可分为结构基本构件和结构体系两大部分。根据受力和变形特点的不同，结构基本构件可分为受弯构件、受压构件、受扭构件，结构构件的设计包括简单结构构件的设计计算、构造措施以及结构施工图和相关标准图集等内容。结构体系主要介绍常见结构体系的受力特点、基本构造要求以及框架结构的内力计算。

通过本课程的学习，应了解建筑结构的基本设计原理，掌握钢筋、混凝土及砌体材料的力学性能，以及由其组成的钢筋混凝土结构、砌体结构和各种基本构件的受力特点，掌握一般房屋建筑的结构布置、截面选型及基本构件的设计计算方法，能够正确领会国家建筑结构规范中的有关规定，能正确识读建筑结构施工图，并能处理建筑结构施工中的一般结构问题，逐步培养和提高学生理论联系实际的综合应用能力，为从事房屋建筑工程设计、施工及管理工作打下基础。

2. 学习中应注意问题

本课程是理论性与实践性均较强的专业课，在学习过程中，应正确理解和使用计算公式，学会对多种因素进行综合分析的能力；要充分重视对构造措施及规定的理解，并搞清其中的道理；学会运用现行的有关标准、规范、规程，并加以理解应用。

0.3 解题指导及典型例题分析

【例 0-1】 在混凝土构件中配置一定形式和数量的钢筋有哪些作用？

答：钢筋的抗拉和抗压强度都较高，但钢筋细长受压时极易压屈失稳，工程中以承受拉力为主；混凝土的抗压强度较高而抗拉强度却很低，承受拉力时极易开裂，因此纯混凝土构件的应用受到很大限制。故此，将钢筋和混凝土这两种材料合理配置使用，利用钢筋承受拉力并弥补混凝土抗拉能力的不足，充分利用混凝土的抗压能力并弥补钢筋抗压易压屈的不足，充分利用各自的材料性能。

【例 0-2】 学习本课程应注意哪些问题？

答：(1) 本课程的特点是内容多、符号多、系数多、计算公式多、构造规定多，学习时要深刻理解重要的概念，熟练掌握设计计算的基本功，切记死记硬背、生搬硬套。

(2) 本课程的知识还需要课后动手练习来帮助巩固加以理解，切忌边做题边看例题。习题的正确答案往往不是唯一的，具有多样性，需综合考虑各种因素选定最合理的答案。

(3) 应重视对构造措施及规定的理解，要充分重视对构造要求的学习，防止重理论轻实践、重计算轻构造的思想。

(4) 注意有关标准、规范、规程的学习，要很好地熟悉、掌握和运用这些标准、规范、规程。

0.4 实 际 工 程 应 用

本课程学习中，涉及相关规范、规程有《混凝土结构设计规范》(GB 50010—2010)(以下简称《规范》)、《建筑抗震设计规范》(GB 50011—2010)(以下简称《抗震规范》)、《建筑结构荷载规范》(GB 50009—2012)(以下简称《荷载规范》)、《砌体结构设计规范》(GB 50011—2010)(以下简称《砌体规范》)、《工程结构可靠性设计统一标准》(GB 50153—2010)(以下简称《统一标准》)、《高层建筑混凝土结构技术规程》(GB 50003—2011)(以下简称《高规》)、11G101《混凝土结构施工图平面整体表示方法制图规则和构造详图》(以下简称《平法图集》)等。

设计规范是国家颁布的有关设计计算和构造要求的技术规定和标准，是具有约束性和立法性的文件，规范条文尤其是强制性条文是设计中必须遵守的带有法律性的技术文件；设计规范是贯彻国家的技术经济政策，保证设计质量、设计方法和审批工程的统一依据；设计规范是工程设计人员必须遵守的规定。新修订的设计规范反映了我国近 40 年来在结构工程方面的科学技术水平和工程经验的总结，同时也吸取了有关国际标准的先进成果。在学习过程中应理解、熟悉和正确应用。

我国标准、规范、规程有以下 4 种不同情况：一是强制性条文，在规范中以“黑体”字体标注，具有法律性质，一旦违反，不论是否引起事故，都将被严厉惩罚，故必须严格执行。二是要严格遵守的条文，规范中正面词用“必须”，反面词用“严禁”，表示非这样做不可，但不具有强制性。三是应该遵守的条文，规范中正面词用“应”，反面词用“不应”或“不得”，表示在正常情况下均应这样做。四是允许稍有选择或允许有选择的条文，表示允许稍有选择，在条件许可时首先应这样做，正面词用“宜”，反面词用“不宜”；表示有选择，在一定条件可以这样做的，采用“可”表示。在学习、应用过程中应予以正确区分。

0.5 综合训练

一、填空题

1. 建筑结构由水平构件__________、竖向构件__________和__________三大部分组成的空间受力体系。

2. 建筑结构根据__________可分为混凝土结构、砌体结构、钢结构和木结构。

3. 钢筋和混凝土两种材料，能够在一起共同工作的主要原因条件是__________、__________和__________。

4. 钢筋混凝土结构中，合理设置一定数量的钢筋，其目的是__________。

5. 由于混凝土材料的抗拉性能很差，所以普通混凝土结构构件的__________性能很差，很容易出现裂缝。

6. 混凝土材料的主要发展方向是__________、__________。

7. 实际工程中，在有特殊防腐要求的结构中，为提高钢筋的防腐性能，应用__________热轧钢筋。

二、选择题

1. 砌体结构推广采用配筋砌体，旨在改善和提高结构的（　　）性能。

A. 抗压强度　　B. 整体性　　C. 耐久性　　D. 耐火性

2. 工程中，应用带有环氧树脂涂层的热轧钢筋是为了提高钢筋的（　　）性能。

A. 强度　　B. 高黏结性　　C. 防腐性　　D. 防火性

3. 工程中钢筋混凝土结构之所以得到广泛的应用，最主要的原因是（　　）。

A. 现浇结构的整体性好

B. 充分利用了钢筋和混凝土的强度优势

C. 混凝土保护钢筋，耐久性好

D. 混凝土保护层延缓了钢筋升温，耐火性好

4. 在规范条文中，“应”的意思是指（　　）。

A. 强制性执行　　B. 非做不可，必须执行

C. 正常情况下应该执行　　D. 条件许可时首选执行

三、判断题

1. 钢筋和混凝土能够在一起共同工作的最主要原因是二者之间有良好的黏结力。（　　）

2. 按照承重结构所用材料的不同，建筑结构分为砖混结构、框架结构、剪力墙结构等。（　　）

3. 建筑结构是指由基本构件连接起来的空间骨架。（　　）

4. 相比较而言，混凝土结构要比砌体结构的自重大。（　　）

5. 高强、防腐、高黏结是钢筋的主要发展方向。（　　）

6. 轻质、高强、高黏结是钢筋混凝土材料的主要发展方向。（　　）

7. 在规范中，要求严格执行的条文，正面词用“必须”，反面词用“禁止”。（　　）

四、名词解释

1. 建筑结构

2. 可模性

3. 钢筋混凝土结构

4. 砌体结构

五、简答题

1. 钢筋和混凝土这两种不同材料能够有效结合在一起共同工作的主要原因是什么？

2. 简述钢筋材料的发展方向。

3. 钢筋混凝土结构有哪些优缺点？如何克服其缺点？

4. 何谓砌体结构？砌体结构按所用材料的不同可以分为哪几类？

0.6 答案要点

一、填空题

1. 梁板；墙柱；基础。

2. 承重结构所用材料。

3. 较好的黏结力；温度线膨胀系数（或变形基本相等）；混凝土包裹钢筋。

4. 利用钢筋协助混凝土受力。

5. 抗裂性能。

6. 轻质；高强。

7. 带有环氧树脂涂层。

二、选择题

1. B；2. C；3. B；4. C。

三、判断题

1. √；2. ×；3. ×；4. ×；5. √；6. ×；7. √。

四、名词解释

1. 建筑结构是指由若干基本构件按照一定组成规则、通过正确的连接方式所组成的能够承受并传递各种作用的空间受力体系。

2. 可模性指混凝土拌和物的可塑性，可根据工程需要浇筑成各种形状和尺寸性能。

3. 钢筋混凝土结构是指由配置受力的普通钢筋、钢筋网或钢筋骨架的混凝土制成的结构。

4. 砌体结构是指由块体和砂浆砌筑成墙、柱，作为建筑物主要受力构件的结构。

五、简答题

1. 钢筋和混凝土之所以能够一起共同工作的主要原因是：

（1）混凝土硬化后，钢筋和混凝土之间有较好的黏结力。

（2）钢筋和混凝土的温度线膨胀系数接近，温度变化时，两者的变形基本一致。

（3）混凝土包裹钢筋，保护钢筋防止锈蚀变质，保证耐久性。

2. 钢筋的主要发展方向是轻质、高强、延性好、高黏结锚固。

3. 优点是：可充分利用钢筋和混凝土的强度、整体性好、耐久性好、耐火性好、可模性好和易于就地取材等。

缺点是自重大、抗裂性差、施工环节多、工期长等缺点。

克服和改善钢筋混凝土结构的缺点办法有：采用轻质高强的混凝土可克服自重大的缺点，采用预应力混凝土可克服构件容易开裂的缺点，掺入纤维做成纤维混凝土可克服混凝土的脆性等。

4. 砌体结构是指由块材和砂浆砌筑成墙、柱作为建筑物主要受力构件的结构。按所用块材的不同砌体结构分为砖砌体结构、石砌体结构和砌块砌体结构。

第1章　混凝土结构材料的力学性能

1.1 内 容 提 要

钢筋混凝土结构材料分为钢筋和混凝土，两者共同工作的基础是它们之间存在的黏结力。本章主要学习钢筋和混凝土材料的力学性能，建筑结构用钢筋的种类，混凝土结构对材料的要求，钢筋与混凝土的黏结作用及保证黏结的构造措施。通过本章学习，熟悉钢筋的应力应变关系，掌握钢筋的力学性能指标，了解钢筋的种类，掌握热轧钢筋的知识，明确混凝土结构对钢筋性能的要求以及规范选用钢筋的规定；熟悉混凝土的强度指标与强度等级的划分，熟悉混凝土强度等级选用规定，了解混凝土的变形规律及徐变、收缩对混凝土结构及构件的影响；熟悉保证钢筋与混凝土共同工作的黏结作用及构造措施，能正确理解并计算纵向受力钢筋的锚固长度，确定纵向受力钢筋的连接位置及连接构造。

1.2 学习重点及难点

1.2.1 钢筋

一、钢筋种类

混凝土结构用钢筋按化学成分分为碳素钢和普通低合金钢。按生产加工工艺和力学性能分为热轧钢筋、中强度预应力钢丝、消除应力钢丝、钢绞线和预应力螺纹钢筋。

普通混凝土结构中，通常采用的是有明显屈服点，性能良好，满足结构对钢筋性能要求的热轧钢筋，分为 HPB（热轧光圆钢筋）、HRB（热轧带肋钢筋）和 HRBF（细晶粒热轧带肋钢筋）三个系列。热轧光圆钢筋为低碳钢，热轧带肋钢筋为普通低合金钢或细晶粒钢，另外还有 RRB400 级余热处理钢筋。为了表达方便，工程中钢筋种类用牌号表示，图纸中用规定符号注写钢种。

预应力混凝土结构构件中，常采用极限抗拉强度很高的中强度预应力钢丝、消除应力钢丝、钢绞线和预应力螺纹钢筋。

应该注意的是，热轧钢筋中 HPB300 级为光面钢筋，其他多为月牙纹变形钢筋。钢筋的外形影响到以后计算钢筋锚固长度、构件裂缝验算及相应的构造措施等，要特别注意。

二、钢筋的力学性能指标

钢筋的力学性能指标主要有强度指标和变形指标。有明显屈服点钢筋强度指标有屈服强度 f_y 和极限抗拉强度 f_u，无明显屈服点钢筋仅有极限抗拉强度 σ_b；钢筋的变形性能主要是伸长率和冷弯性能。

工程设计中，既要满足构件的承载力要求，同时又不能因为过大的裂缝及变形影响正常使用，还要考虑可能超出正常设计、施工、使用条件下的强度储备，所以在工程设计中取屈服强度 f_y 或条件屈服强度 $\sigma_{0.2}=0.85\sigma_b$ 作为钢筋混凝土结构构件计算的强度限值。在工程中常用屈强比 f_y/f_u 来反映钢材强度的利用率和强度储备，屈强比 f_y/f_u 越小，结构可靠度提高，但钢材强度利用率降低，不经济；屈强比 f_y/f_u 太大，则结构可靠度显著降低。

伸长率 δ_{gt} 反映了钢筋弹塑性变形性能的好坏，主要是塑性性能的好坏，伸长率大则钢筋塑性好，拉断前有明显预兆，属于延性破坏；反之则属于脆性破坏。冷弯性能既可以反映钢筋的变形性能，也可反映钢筋的内部质量和冷加工性能。

通过钢筋拉伸试验得到其强度指标、钢筋弹性模量和伸长率，通过冷弯试验测定其冷弯性能。

三、混凝土结构对钢筋性能的要求及钢筋选用规定

一般要求：较高的强度和适宜的屈强比；较好的塑性；较好的焊接性能；与混凝土之间具有良好的黏结。

选用钢筋的《规范》规定：根据国家"四节一环保"的要求，推广应用高强、高性能、具有较好的延性、可焊性、机械连接性能及施工适应性的 HRB 系列普通热轧带肋钢筋，因此，《规范》规定：

（1）纵向受力普通钢筋宜采用 HRB400、HRB500、HRBF400 和 HRBF500 级钢筋，也可采用 HPB300、HRB335、HRBF335、RRB400 级钢筋；梁、柱纵向受力普通钢筋应采用 HRB400、HRB500、HRBF400 和 HRBF500 级钢筋；箍筋宜采用 HRB400、HRBF400、HPB300、HRB500、HRBF500 级钢筋，也可采用 HRB335、HRBF335 级钢筋。

（2）预应力钢筋宜采用预应力钢丝、钢绞线和预应力螺纹钢筋。

本部分学习重点是热轧钢筋种类、牌号和力学性能指标；要熟悉钢筋的常用规格及选用要求。

1.2.2 混凝土

一、混凝土的强度

混凝土的强度包括立方体抗压强度、轴心抗压强度、轴心抗拉强度和复合应力下的强度。

1. 立方体抗压强度 $f_{cu,k}$

《规范》规定：按照标准方法制作养护的边长为 150mm 的立方体试件，在 28d 龄期用标准试验方法测得的具有 95%保证率的抗压强度作为混凝土的立方体抗压强度标准值，用 $f_{cu,k}$ 表示，单位为 N/mm^2（MPa）。

立方体抗压强度工程意义：

（1）衡量混凝土强度高低的基本指标值。

（2）确定混凝土强度等级的依据。

（3）工程中混凝土质量检验的指标。

（4）混凝土其他指标的基本代表值。

《规范》根据混凝土立方体抗压强度标准值，将混凝土强度等级从 C15 到 C80，级差为 5，划分为 14 级。一般将 C50 以上的混凝土称为高强混凝土。

2. 轴心抗压强度 $f_{c,k}$

我国采用 150mm×150mm×300mm 的棱柱体标准试件测得的混凝土的抗压强度作为轴心抗压强度标准值，用 $f_{c,k}$ 表示。混凝土轴心抗压强度是结构构件承载力计算的强度指标。

3. 轴心抗拉强度 f_{tk}

混凝土轴心抗拉强度标准值可采用轴向拉伸试验或劈裂抗拉试验来确定。混凝土轴心抗拉强度主要用于结构构件抗裂度、裂缝宽度和变形验算时的强度指标。

4. 混凝土三向受压时的强度 f_{cc}

混凝土三向受压时，混凝土一向的抗压强度随另两向压应力的增加而增大，并且混凝土的极限压应变也大大增加。利用三向受压可使混凝土抗压强度得以提高这一特性，在实际工程中可将受压构件做成“约束混凝土”，以提高混凝土的抗压强度和延性。常用的有配置密排侧向箍筋、螺旋箍筋柱及钢管混凝土柱等。

二、混凝土的变形

混凝土的变形分为两类：一类是混凝土的受力变形，又分为短期加载时的变形（瞬变）和长期荷载作用下的变形（徐变）；另一类是混凝土由于收缩和温、湿度变化而产生的变形。瞬变变形通过计算控制，徐变变形和收缩等变形通过设计构造措施、施工技术手段，材料选择及配比等措施控制。

1. 混凝土在一次短期加载时的变形性能——瞬变

混凝土在一次短期加载下的应力—应变关系可较全面地反映混凝土在短期加载时的变形特点，也是确定构件截面上混凝土受压区应力分布图形的主要依据。应力—应变曲线中：上升段峰值点的应力 $\sigma_c = f_c$，相应的压应变称为峰值压应变 ε_0 为 0.0015～0.0025，对 C50 及以下的素混凝土通常取 $\varepsilon_0 = 0.002$；曲线下降段拐点相应的压应变称为混凝土的极限压应变 ε_{cu}，一般为 0.0033。ε_{cu} 值越大，说明混凝土的塑性变形能力越强，即材料的延性越好，抗震性能越好。

构件设计计算时，混凝土压应变取值原则为：均匀受压时（如轴心受压），取峰值压应变 $\varepsilon_0 = 0.002$；非均匀受压时（如受弯构件、偏心受压构件），取极限压应变 $\varepsilon_{cu} = 0.003$～0.0033。

2. 混凝土在荷载长期作用下的变形性能——徐变

混凝土在不变荷载长期作用下，其应变随时间而继续增长的现象称为混凝土的徐变。

混凝土的徐变会使受弯构件的变形增大、裂缝开展，使结构或构件产生内力重分布。在预应力混凝土结构中还会产生较大的预应力损失。所以构件变形、预应力损失验算时，要考虑荷载长期作用的影响，同时还要采取措施减小徐变。因此，徐变的影响因素和减小徐变的措施必须予以重视。

3. 混凝土的收缩和温度变形

混凝土在空气中硬化时体积减小的现象称为收缩。随温度升降产生的胀缩称为温度变形。

混凝土的收缩和温度变形会使构件产生裂缝，收缩在预应力混凝土结构中还会产生较大的预应力损失。因此，收缩的影响因素和减小收缩的措施必须予以重视。

学习时要注意收缩变形和徐变变形的影响因素是基本一致的，相同点有：内在因素（混凝土内部水泥的强度和用量、水灰比、骨料的质量和级配）；环境因素（养护条件及使用条件下的温、湿度）；施工质量（振捣的密实程度）等；不同点有：徐变主要与构件上的应力条件有关，而收缩与此无关。减小徐变和收缩的措施要从两种变形的原理入手，主要考虑改善内在因素、环境因素、施工质量，特别要加强早期养护。在工程中为防止混凝土的收缩裂缝和温度裂缝采取了设置温度收缩缝、设置承受温度应力的构造钢筋、设置混凝土后浇带等措施。

三、混凝土强度等级的选用

《规范》对混凝土强度等级的选用有如下规定：

素混凝土结构的混凝土强度等级不应低于 C15，一般用于基础混凝土垫层，以增进对基础中钢筋的保护作用；钢筋混凝土结构的混凝土强度等级不应低于C20，主要考虑结构构件的耐久性；当采用强度等级400MPa及以上的钢筋时，混凝土强度等级不应低于C25，主要是考虑混凝土强度与钢筋强度的适配性，同时考虑黏结作用以减小锚固长度；承受重复荷载的钢筋混凝土构件，混凝土强度等级不应低于C30，主要是疲劳强度比混凝土轴心抗压强度低的缘故。

预应力混凝土结构的混凝土强度等级不宜低于C40，且不应低于C30。

本部分学习重点为混凝土的强度指标及强度等级，混凝土应力—应变关系得出的力学性能指标，混凝土的徐变和收缩变形。要学会根据《规范》规定选择混凝土的强度等级。

教材附录1和附录2为混凝土和钢筋的力学指标，要学会正确选取附表，并从中查取需要的数值。钢筋与混凝土的强度始终贯穿后续章节的学习内容，要正确取值，注意区分计算公式中所用强度指标，并正确查取各强度指标值。

1.2.3　钢筋与混凝土的黏结

一、黏结力的组成

钢筋混凝土结构中，钢筋和混凝土之所以能够共同工作，是缘于三方面原因：①钢筋和混凝土之间有较好的黏结力；②钢筋和混凝土材料的温度线膨胀系数接近，在温度变化时，两者的变形一致；③混凝土包裹钢筋，对钢筋形成保护，可防止钢筋锈蚀，保证了结构的耐久性。其中，黏结力是钢筋和混凝土共同工作的基础。

黏结力可承受黏结表面上的剪应力，抵抗钢筋与混凝土之间的相对滑动。黏结力由化学胶结力、摩擦力和机械咬合力三部分组成。其中，胶结力作用最小，光面钢筋以摩擦力为主，带肋钢筋以机械咬合力为主。

二、黏结强度及其影响因素

钢筋与混凝土的黏结面上所能承受的平均剪应力的最大值称为黏结强度，可用拔出试验来测定。

影响黏结强度的主要因素有：①钢筋表面形状：变形钢筋优于光面钢筋；②混凝土的强度等级：强度等级越高，黏结强度越大；③保护层厚度及钢筋净距：保护层较薄，黏结力减小，并易在保护层最薄弱处出现纵向劈裂裂缝，使黏结力提早破坏；④横向钢筋：如梁中设置横向箍筋，可以延缓径向劈裂裂缝的发展和限制劈裂裂缝的宽度，从而提高黏结强度。故《规范》要求在钢筋的锚固区和搭接范围要增设附加箍筋，并对保护层最小厚度和钢筋的最小间距均作了相应的要求。

三、保证黏结的构造措施

本部分学习重点是保证钢筋与混凝土黏结的构造措施，包括纵向受力钢筋的锚固长度，纵向受力钢筋的连接构造。学习难点是计算纵向受力钢筋锚固长度；选用纵向受力钢筋合理连接方式，确定连接位置，计算同一连接区段接头面积百分率。

钢筋的锚固和连接及混凝土保护层最小厚度是钢筋混凝土结构构件中最根本的构造要求，是施工中保证构造措施的必备知识，必须注意正确理解和使用。

1. 纵筋的锚固长度

为保证钢筋受力后有可靠的黏结，不产生相对滑移，纵向钢筋必须伸过其受力截面在混凝土中有足够的埋入长度。《规范》规定，以钢筋应力达到屈服强度 f_y 时不发生黏结锚固破坏时的最小埋入长度作为确定锚固长度的依据。锚固长度的取值主要取决于黏结强度的高低，黏结强度越高，锚固长度越小。

(1) 基本锚固长度 l_{ab}。受拉钢筋的基本锚固长度又称为基本锚固长度，它与钢筋强度、混凝土强度等级、钢筋直径及外形有关。当计算中充分利用钢筋的抗拉强度时，受拉钢筋的锚固长度 l_{ab} 按下式计算

普通钢筋
$$l_{ab}=\alpha\frac{f_y}{f_t}d \tag{1-1}$$

预应力筋
$$l_{ab}=\alpha\frac{f_{py}}{f_t}d \tag{1-2}$$

(2) 受拉钢筋的锚固长度 l_a。一般情况下，受拉钢筋的锚固长度可取基本锚固长度 l_{ab}。考虑各种因素可能导致钢筋与混凝土黏结锚固受到不同程度的影响，应对锚固长度予以修正，修正后的锚固长度称为受拉钢筋锚固长度 l_a。l_a 计算式为

$$l_a=\zeta_a l_{ab} \tag{1-3}$$

经修正后的锚固长度 l_a，不应小于基本锚固长度 l_{ab} 的 0.6 倍且不小于 200mm；对预应力钢筋，ζ_a 可取 1.0，即可不进行修正。

采用钢筋弯钩和机械锚固可减小锚固长度，其原理是利用受力钢筋端部锚头对混凝土的局部挤压作用加大锚固承载力，但锚头前必须有一定的直段长度，以控制锚固钢筋的滑移，使构件不致发生较大的裂缝和变形。因此，若纵筋采用弯钩锚固或机械锚固时，锚固长度为基本锚固长度的 0.6 倍，即 $l_a=0.6l_{ab}$，同时不再考虑其他的修正系数。

工程中应注意的问题：

1) 为解决粗钢筋及配筋密集引起设计、施工的困难，受力钢筋可采用并筋（钢筋束）方式布置，并筋可以是双筋横向或纵向布置，也可以三并筋按品字形布置。并筋后钢筋间距、保护层厚度、钢筋锚固长度等按等效直径计算。

2) 光面钢筋做受拉钢筋时，末端应做180°标准弯钩，受压时可不做。

3) 采用弯钩锚固或机械锚固措施计算锚固长度时，一定是包括弯钩或锚固端头在内的投影长度。

(3) 受压钢筋的锚固长度不应小于相应受拉锚固长度的 0.7 倍。

2. 钢筋的连接

在构件中钢筋往往由于长度不足需要进行连接。钢筋的连接可分为绑扎搭接连接、机械连接或焊接连接三种。钢筋连接的重点内容详见表 1-1。

表 1-1　钢筋连接方式对比

纵筋连接方式	适用条件	禁用或不宜用的条件	连接区段长度	接头面积百分率		其他
				受拉钢筋	受压钢筋	
绑扎搭接连接	受拉 $d\not>25$ 受压 $d\not>28$	轴拉、小偏拉、疲劳验算构件纵筋禁用	受拉：$1.3l_l$ 受压：受拉的 0.7 倍	柱：宜$\not>50\%$ 其他：宜$\not>25\%$	很少此连接方式	连接区段箍筋加强
焊接连接	$d\not>28$	余热处理钢筋、需疲劳验算构件不宜	$\geqslant 35d$ $\geqslant 500$mm	宜$\not>50\%$	不受限制	
机械连接	$d\not<16$		$\geqslant 35d$	宜$\not>50\%$	不受限制	连接件净间距$\not>25$mm

注　计算连接区段长度和接头面积百分率时，粗细直径钢筋相连 d 取纵筋的较小直径。

受力钢筋的接头位置宜设置在受力较小处，在同一根钢筋上宜少设接头。同一构件中相邻纵向受力钢筋的接头位置宜相互错开，两批接头的中心间距应大于连接区段的长度。

纵向受拉钢筋绑扎搭接接头的工作原理，是借助于钢筋与混凝土之间的黏结力进行传力，为满足黏结力的要求，要求具有一定的搭接长度 l_1。l_1 由锚固长度和位于同一连接区段内的钢筋搭接接头面积百分率确定，即

$$l_1 = \zeta_1 l_a \tag{1-4}$$

在任何情况下，纵向受拉钢筋的绑扎搭接接头的搭接长度 l_1 均不应小于 300mm。

构件中的纵向受压钢筋，当采用搭接连接时，其受压搭接长度不应小于纵向受拉钢筋搭接长度的 0.7 倍，且不应小于 200mm。

《规范》规定，搭接接头中点位于 $1.3l_1$ 范围内的接头均属于同一连接区段范围。同一连接区段同一构件中相邻纵向受力钢筋的绑扎搭接接头位置宜相互错开，即两搭接接头的中心间距应大于 $1.3l_1$。

1.3 解题指导及典型例题分析

【例 1-1】 何谓钢筋与混凝土的黏结强度？其影响因素主要有哪些？

答：钢筋与混凝土的黏结面上所能承受的平均剪应力的最大值称为黏结强度，用 τ_u 表示。影响黏结强度的主要因素有：

(1) 钢筋表面形状。变形钢筋优于光面钢筋。

(2) 混凝土的强度等级。强度等级越高，黏结强度越大。

(3) 保护层厚度及钢筋净距。混凝土保护层和钢筋净距大，黏结强度大。

(4) 横向钢筋。构件中设置横向钢筋可以有效地提高黏结强度。

注解：黏结强度 τ_u 可用拔出试验来测定。试验表明：

(1) 黏结应力沿埋入钢筋长度的分布是不均匀的，最大黏结应力产生在离端头某一距离处，越靠近钢筋尾部，黏结应力越小。如果埋入长度太长，则埋入端端头处黏结应力很小，甚至为零。为了方便研究，计算时取钢筋与混凝土黏结面上的平均剪应力，用 τ 表示。平均剪应力 $\tau=\dfrac{T}{\pi dl}$。T 为试验时加在钢筋上的拉力，l 为钢筋埋入混凝土试件中的长度，d 为钢筋的公称直径。

(2) 拔出试验可能出现三种情况：

1) 钢筋被拔出未被拉断，说明黏结锚固不足，钢筋抗拉强度未能发挥；

2) 钢筋未被拔出但被拉断，说明黏结锚固足够的情况下，钢筋抗拉强度得到了充分发挥；

3) 钢筋被拔出同时被拉断，说明保证黏结锚固的情况下，钢筋抗拉强度得到了充分发挥，并且此极限状态下，受拉钢筋的埋入长度最短。

在钢筋直径、外形和强度，混凝土强度等级不变的前提下，状态 T 值较小；状态 l 值较大；状态平均剪应力 τ 值达到最大。构件设计时既要保证钢筋抗拉强度得到充分发挥，又要考虑最经济合理，所以，黏结强度定义为黏结面上所能承受的平均剪应力的最大值。

【例 1-2】 如何确定受拉钢筋的锚固长度？其影响因素主要有哪些？

答：(1) 锚固长度为钢筋应力达到屈服强度 f_y 时不发生黏结锚固破坏时的最小埋入长度。

(2) 确定基本锚固长度 l_{ab}。普通钢筋 $l_{ab}=\alpha\dfrac{f_y}{f_t}d$。

(3) 确定修正后的锚固长度，$l_a=\zeta_a l_{ab}$。

(4) 经修正后的锚固长度 l_a，不应小于 $0.6l_{ab}$且不小于 200mm。

基本锚固长度影响因素主要有钢筋强度、直径及外形，混凝土强度等级。钢筋锚固长度还与外部涂层、施工方法、混凝土保护层厚度、钢筋末端形状、钢筋受力状态（受拉还是受压）有关。

注解：

(1) 确定钢筋锚固长度要定性和定量两方面理解：(1) 是定性，(2) ～ (4) 是定量。

(2) 锚固长度影响因素与黏结强度影响因素有相同之处。黏结强度影响因素都影响到锚固长度，黏结强度越大，锚固长度越短。锚固长度影响因素还与钢筋受力有关，钢筋强度越高，承担的应力就越大，锚固长度就越长。学习时切忌死记硬背，重在理解与对比。

【例 1-3】 光面钢筋做受拉钢筋时末端应作何处理？为什么？哪些情况下，光面钢筋末端不需要做弯钩？

答：光面钢筋做受拉钢筋时末端应做 180°弯钩，弯后平直段长度不应小于 $3d$。因为光面钢筋黏结强度小，黏结应力传递又在一定长度范围内，为了解决这一矛盾，保证钢筋与混凝土间的黏结力，必须在受拉钢筋末端做 180°标准弯钩；钢筋受拉时，弯钩钩住内部的混凝土，可有效防止钢筋被拔出；同时弯钩不能太短，防止受拉时钢筋变直趋势使钢筋脱出。光面钢筋做受压钢筋时末端可不做弯钩。

注解：

(1) 光面钢筋做受压钢筋时，直钢筋末端端头抵住了接触面的混凝土，可有效防止钢筋与混凝土间的相对滑动。若做了弯钩，不仅起不到有利作用，还可能因为在弯钩截面受压剪断降低了黏结力。

(2) 下列情况下光面钢筋也可以不做弯钩：

1) 板的分布钢筋；

2) 梁内不受力的架立钢筋；

3) 梁、柱内按构造配置的纵向附加钢筋；

4) 焊接骨架和焊接网中的光面钢筋（不论受压还是受拉）。

【例 1-4】 混凝土强度等级为 C25，纵向受力钢筋为 HRB400 级热轧钢筋，求纵向受拉钢筋基本锚固长度 l_{ab}。

解：(1) 确定基本参数。

混凝土 C25：$f_t=1.27\text{N/mm}^2$。

HRB400 级钢筋：为带肋钢筋，$\alpha=0.14$，$f_y=360\text{N/mm}^2$。

(2) 计算基本锚固长度 l_{ab}

$$l_{ab}=\alpha\frac{f_y}{f_t}d=0.14\times\frac{360}{1.27}d=39.6d$$

【例 1-5】 某钢筋混凝土大偏心受压柱，混凝土强度等级为 C25，柱一侧受拉，另一侧受压，其纵向受力钢筋均采用 HRB335 级直径 $d=28\text{mm}$ 的钢筋。试分别求出此柱纵向受拉钢筋和受压钢筋的锚固长度。若纵筋采用绑扎搭接连接，试计算出其绑扎搭接长度 l_l 和纵筋连接区段长度。

解： 确定基本参数。混凝土 C25 $f_t=1.27\text{N/mm}^2$。

HRB335 级钢筋 为带肋钢筋，$\alpha=0.14$，$f_y=300\text{N/mm}^2$。

（1）求受拉钢筋的锚固长度 l_a。

方法一：公式法。

$$l_{ab}=\alpha\frac{f_y}{f_t}d=0.14\times\frac{300}{1.27}\times 28=926\text{mm}$$

$d=28\text{mm}>25\text{mm}$，修正系数为 $\zeta_a=1.1$，则修正后锚固长度为

$$l_a=\zeta_a l_{ab}=1.1\times 926=1019\text{mm}$$

方法二：表格法。

据 C25 级混凝土，HRB335 级钢筋，查教材表 1-3 可知

$$l_{ab}=33d=33\times 28=924\text{mm}$$

$d=28\text{mm}>25\text{mm}$，修正系数为 $\zeta_a=1.1$，则修正后锚固长度为

$$l_a=\zeta_a l_{ab}=1.1\times 924=1017\text{mm}$$

工程中，取 $l_a=1020\text{mm}$

显然，表格法比公式法简单，表中数值即是公式法简化结果，工程中常用。

（2）求受压钢筋的锚固长度。

《规范》规定，受压钢筋锚固长度不应小于受拉锚固的 0.7 倍，故

$$0.7l_a=0.7\times 1020=714\text{mm}>200\text{mm}$$

（3）求受拉钢筋的搭接长度 $l_l=\zeta_l l_a$。

由于柱类构件同一连接区段内搭接接头面积百分率不宜大于 50%，故取 $\zeta_l=1.4$

$$l_l=\zeta_l l_a=1.4\times 1020=1428\text{mm}$$

（4）求受压钢筋的搭接长度。

《规范》规定，受压钢筋搭接长度不应小于受拉钢筋的 0.7 倍，且不应小于 200mm，故

$$0.7l_l=0.7\times 1428\approx 1000\text{mm}>200\text{mm}$$

（5）求纵向受力钢筋的连接区段长度。

《规范》规定，纵向受力钢筋的连接区段长度为 $1.3l_l$，故

$$1.3l_l=1.3\times 1428=1857\text{mm}$$

【例 1-6】 某钢筋混凝土偏心受压柱，下层配有 8 根 $d=25\text{mm}$ 的纵筋，上层配有 4 根 $d=25\text{mm}$ 的角筋和 4 根 $d=22\text{mm}$ 的中部筋。纵筋采用焊接连接，试分别计算：（1）此柱纵向受力钢筋两批接头间的最小距离；（2）第一批纵筋接头面积百分率。

解：（1）纵筋两批接头间的最小距离。

按构造要求柱纵筋采用焊接连接，连接区段长度为 $35d$ 和 500mm 取大值，柱类构件同一连接区段内搭接接头面积百分率不宜大于 50%。

故分两批进行连接：第一批连接纵筋为柱中部筋，即 4 根 $d=22\text{mm}$ 的钢筋与 4 根 $d=25\text{mm}$ 的钢筋相连；第二批为 4 根 $d=25\text{mm}$ 的角筋相连。

按第一批连接纵筋考虑，连接区段长度取 $35d=35\times 22=770\text{mm}$ 和 500mm 中的大值；

按第二批连接纵筋考虑，连接区段长度取 $35d=35\times25=875$mm 和 500mm 中的大值。

所以偏保守，取两批接头间的距离为 875mm。

(2) 第一批纵筋接头面积百分率。

4 根 $d=22$mm 的钢筋，$A_s=1520\text{mm}^2$；8 根 $d=25$mm 的钢筋，$A_s=3927\text{mm}^2$。所以第一批纵筋接头面积百分率为 1520/3927=38.7%。

1.4 实际工程应用

(1) 钢筋和混凝土材料进场要有产品质量证明书，进场后要按要求取样送检，以保证材料质量及力学指标符合设计要求，把好第一关。

(2) 施工过程中混凝土要按规范要求制作留取试块，以监控工程实体强度满足设计要求。规范要求的标准试块为 150mm 的立方体，工程中有时采用 100mm 或 200mm 的非标准试块模具，切记要换算成标准的立方体抗压强度：边长 100mm 的立方体试件的实测强度乘以 0.95；边长 200mm 的立方体试件的实测强度乘以 1.05。

(3) 在工程实践中，一定要严格区分和把握钢筋锚固长度的确定，严格执行相关规范对锚固长度的要求。钢筋的锚固长度归结起来可分为以下几种：

1) 基本锚固长度 l_{ab}。l_{ab}是受拉钢筋最基本的锚固长度，取决于钢筋强度、混凝土强度等级、钢筋直径及外形有关，可通过计算公式或表格确定。

2) 受拉钢筋的锚固长度 l_a。l_a 是考虑各种因素可能导致钢筋与混凝土黏结锚固受影响，经过修正后的锚固长度，施工时应执行受拉钢筋锚固长度 l_a。

3) 受压钢筋的锚固长度。结构中的纵向受压钢筋，其锚固长度不应小于 $0.7l_a$。

4) 纵筋构造锚固长度 l_{as}。当纵向钢筋的应力远小于其屈服强度 f_y 时，纵筋采用构造锚固长度 l_{as}，以满足销栓力的要求。在下列情况中钢筋采用构造锚固长度 l_{as}：

①跨中纵筋在构件简支端的锚固；

②连续板、连续梁跨中纵筋在中间支座处的锚固；

③直线型非框架梁跨中纵筋在构件端支座处的锚固；

④梁侧面构造纵筋在支座内的锚固；

⑤考虑温度、收缩应力配置的构造钢筋在支座内的锚固。

l_{as}取值：当 $V\leqslant0.7f_tbh_0$ 时，$l_{as}=5d$（多用于板）；当 $V>0.7f_tbh_0$ 时，带肋钢筋 $l_{as}=12d$ 或光面钢筋 $l_{as}=15d$（多用于梁）。两种情况下，纵筋都宜伸过支座中心线。温度、收缩应力较大时，应据具体情况而定。

5) 抗震受拉钢筋锚固长度 l_{aE}。当结构构件有抗震要求时，纵向受拉钢筋的锚固长度为 l_{aE}，其计算式为 $l_{aE}=\zeta_{aE}l_a$，ζ_{aE}为抗震锚固长度修正系数，抗震等级为一、二级时取 1.15，抗震等级三级时取 1.05，抗震等级四级时取 1.0。

(4) 结构设计时合理选用混凝土强度等级和钢筋级别，两者尽量匹配，以免构件含钢量过大或过小。

(5) 实际工程中，应将建筑结构施工图与结构标准图集相结合，保证满足纵向受力钢筋锚固和连接的构造要求。具体注意以下几方面问题：

1) 当出现变直径钢筋连接时，应按较细钢筋的截面面积计算连接区段长度和接头面积百分率。

2）同一连接区段的范围和同一连接区段纵筋接头面积百分率应满足规范要求。钢筋接头面积百分率等于位于同一连接区段的有接头的单根纵筋面积之和与相应截面单根纵筋总面积之和的比值。

3）钢筋锚固长度的起算位置为纵向钢筋伸入支座或节点截面处，伸入支座或节点内的部分视为纵筋端头的锚固部分。钢筋的锚固形式包括直线锚固、弯钩锚固和机械锚固三种形式。直线锚固钢筋的受力性能最好，且钢筋加工与绑扎最简单，宜优先采用；但当直线锚固长度难以保证时，采用在钢筋末端配置弯钩或采用机械锚固是减小钢筋锚固长度的有效措施。弯钩锚固加工方便，工程中应用广泛。机械锚固存在加工复杂，绑扎钢筋骨架时钢筋净距、保护层厚度保证较复杂，所以很少采用。钢筋弯钩有 90°和 135°，工程中纵筋多做 90°弯钩。

4）并筋应采用分散、错开的方式实现连接，并按截面内各根单筋计算搭接长度、连接区段长度和接头面积百分率。

5）受压构件中纵向受压钢筋的锚固和搭接长度为受拉钢筋的 70%，但为避免偏心受压引起的屈曲，受压钢筋尽量采用中心线一致的连接方式，且端头不应设置弯钩或单侧焊锚板。

6）纵向受力钢筋搭接接头区域内的箍筋配置要满足相应的构造要求，构造箍筋直径 $d/4$中，d 按最大搭接钢筋直径取值（即箍筋直径要粗），间距按最小搭接钢筋的直径取值（即箍筋要密），这样才能保证搭接钢筋的顺利传力。

(6）钢筋的连接接头应设在受力较小处，并限制钢筋在构件同一跨度或同一高度的连接数量，避开结构的关键部位，并限制接头面积百分率。

多跨连续梁、框架梁一般跨中出现最大正弯矩，支座处出现最大负弯矩，所以多跨连续梁、框架梁下部靠近支座处拉应力最小，上部跨中 1/3 范围内拉应力最小。梁下部纵筋一般分别在支座内锚固，不存在连接；若跨度较大必须连接时，一般伸出中间支座边缘$\geqslant 1.5h_0$范围以外连接，框架梁上部通长筋、非框架梁上部支座负弯矩筋与架立筋连接位置在跨中 1/3 净跨（l_n）范围内。框架梁端、柱端的箍筋加密区为纵筋的非连接区。

1.5 综 合 训 练

一、填空题

1. 混凝土结构用钢筋按化学成分可分为________和________。

2. 有明显屈服点的钢筋质量检验的四项主要指标为________、________、________和________，其中前两项为强度指标，后两项为塑性指标。

3. 结构用钢筋的________能反映结构对钢材的利用率和结构安全储备的大小。

4. 划分混凝土强度等级的指标是________。混凝土强度等级从________到________共分为________个强度等级，每级级差为________N/mm^2。

5. HPB300 钢筋为受拉钢筋时，其末端应做成________度弯钩，弯后平直段长度不应小于________，其为________时，末端可以不做弯钩。

6. 混凝土结构构件承载力计算时，采用的混凝土强度指标是________或________。

7. 钢筋混凝土构件抗裂度、裂缝宽度和变形验算时，混凝土的强度指标采用__________。

8. 钢筋的连接方式有__________、__________和__________。

9. 不同直径的钢筋采用绑扎搭接连接时，其搭接长度按__________直径计算（填"较粗"或"较细"）。

10. 钢筋混凝土结构构件计算时，钢筋的强度取值依据是：对有明显屈服点的钢筋取其__________，对无明显屈服点的钢筋取其__________。

11. 反应钢筋变形性能的指标分别是__________和__________。其中__________反映钢筋达到__________应力时的总体变形能力；__________反映钢筋韧性、内部质量和可加工性能。

12. 普通热轧钢筋受拉，其基本锚固长度的计算公式为__________。主要影响因素有__________、__________、__________和__________。

13. 混凝土立方体抗压强度标准值系指按标准方法制作养护的边长为__________的立方体试件，在__________龄期，用标准试验方法测得的具有__________保证率的抗压强度。

14. 钢筋混凝土结构的混凝土强度等级不应低于__________，当采用强度等级400MPa及以上钢筋时，混凝土强度等级不应低于__________，承受重复荷载的钢筋混凝土构件，混凝土强度等级不应低于__________。

15. 预应力混凝土结构的混凝土强度等级不宜低于__________，不应低于__________。

16. C40表示混凝土立方体抗压强度标准值为__________。

17. 三轴受压时，混凝土的强度及变形能力均有__________。

18. 不变荷载长期作用下，混凝土的变形随时间增长的现象称为__________。

19. 钢筋与混凝土的黏结作用主要由__________、__________和__________三部分组成。

20. 混凝土的徐变是指构件在__________作用下，应变随__________延长而增长的现象。

21. 绑扎搭接接头中，绑扎搭接钢筋完全是依靠__________传递内力的。

二、选择题（可能单选或多选）

1. （　　）强度标准值是混凝土力学指标的基本代表值，同时也是划分混凝土强度等级的依据。

A. 轴心抗压强度　B. 轴心抗拉强度　C. 立方体抗压强度

2. 混凝土立方体抗压强度标准值试块尺寸边长为（　　）mm。

A. 100　B. 150　C. 200　D. 70.7

3. 钢筋牌号HRB400中400表示的含义是（　　）。

A. 钢筋的质量密度　B. 钢筋的屈服强度标准值

C. 钢筋的极限强度标准值　D. 钢筋的屈服强度设计值

4. 钢筋与混凝土能共同工作的基础是（　　）。

A. 材料温度线膨胀系数相近　B. 二者间有良好的黏结作用

C. 混凝土对钢筋的保护作用

5. 变形钢筋黏结效果比光面钢筋好的主要原因是（　　）。

A. 胶结力大　　　B. 摩擦力大　　　C. 机械咬合力大

6. 普通钢筋混凝土结构中，混凝土强度等级不应低于（　　）。

A. C15　　　B. C20　　　C. C25

7. 影响钢筋与混凝土黏结强度的主要因素是（　　）。

A. 混凝土的强度等级　　　B. 钢筋的直径

C. 钢筋的屈服强度　　　D. 钢筋表面形状

E. 混凝土保护层厚度　　　F. 钢筋净距

8. 为使钢筋发挥其在某截面的强度，必须伸过该截面一定长度，该长度称为（　　）。

A. 锚固长度　　　B. 搭接长度　　　C. 连接区段长度

9. 受力钢筋的接头宜设置在构件（　　）。

A. 受力较大处　　　B. 受力较小处　　　C. 无特殊要求

10. 下列哪些情况下不得或不宜采用绑扎搭接接头（　　）。

A. 轴拉或小偏拉构件的纵向受力钢筋　　　B. 受拉钢筋直径大于25m

C. 受压钢筋直径大于28mm　　　D. 轴压或小偏压构件的纵向受力钢筋

11. 在任何情况下，纵向受拉钢筋的锚固长度不应小于（　　）mm和0.6（　　），纵向受拉钢筋的绑扎搭接长度不应小于（　　）mm。

A. 200mm，l_{ab}，250mm　　　B. 200mm，l_{ab}，300mm

C. 200mm，l_a，300mm　　　D. 200mm，l_a，250mm

12. 钢筋焊接接头连接区段的长度为（　　）。

A. $\geqslant 35d$　　　B. $\geqslant 35d$，且$\geqslant$500mm

C. $\geqslant 1.3l_l$，且$\geqslant$500mm

13. 采用机械锚固措施时，锚固长度为基本锚固长度的（　　）倍，锚固长度范围内的箍筋不应少于（　　）个。

A. 0.6，3　　　B. 0.7，5　　　C. 0.8，3

14. 关于受拉钢筋锚固长度的说法下列哪个是正确的（　　）。

A. 钢筋强度越大，直径越粗，锚固长度越大

B. 钢筋强度越大，直径越细，锚固长度越大

C. 混凝土强度等级越高，锚固长度越大

D. 混凝土强度等级越低，锚固长度越大

15. 钢筋混凝土柱的纵向受力钢筋，位于同一连接区段内的接头面积百分率一般不宜大于（　　）。

A. 25%　　　B. 30%　　　C. 50%

16. 目前，我国现行《规范》采用（　　）指标评判钢筋的变形性能。

A. 钢筋最大力下的总伸长率　　　B. 均匀伸长率　　　C. 断后伸长率

17. 现行《规范》增加了高强度混凝土等级，混凝土强度等级目前最高达（　　）。

A. C60　　　B. C70　　　C. C75　　　D. C80

18. 用$l_{ab}=\alpha \dfrac{f_y}{f_t}d$计算热轧钢筋基本锚固长度时，下列说法正确的是（　　）。

A. f_t、f_y均取材料强度标准值

B. f_t、f_y 均取材料强度设计值

C. f_t 取值：≤C60 按实际强度等级取值，＞C60 按 C60 取值

D. f_t 取值：均按实际强度等级取值

19.《规范》规定，当计算中充分利用纵筋受拉强度时，其锚固长度不应小于（　　）。

A. $1.2l_a$　　B. l_a　　C. $0.7l_a$　　D. $0.6l_a$

20. 纵向受拉钢筋末端若用机械弯钩或机械锚固，锚固长度可取 $0.6l_a$。此时锚固长度指（　　）。

A. 包括弯钩或锚固端头在内的投影长度

B. 不包括弯钩或锚固端头在内的投影长度

C. 包括弯钩或锚固端头在内的几何长度

D. 不包括弯钩或锚固端头在内的几何长度

21. 光面钢筋末端弯钩的角度一般为（　　）。

A. 90°　　B. 180°　　C. 60°　　D. 120°

22.（　　）与钢筋和混凝土之间的黏结力无关。

A. 锚固长度与搭接长度要求　　B. 梁、板内纵筋间净距要求

C. 光圆钢筋末端加弯钩　　D. 梁内箍筋最大间距要求

23. 下列关于钢筋接头的论述中正确的是（　　）。

A. 钢筋绑扎搭接接头的工作原理是通过钢筋绑扎来传递钢筋的内力

B. 钢筋绑扎搭接接头连接区段的长度为 1.3 倍搭接长度，凡搭接接头中点位于该长度范围内的搭接接头均属同一连接区段

C. 同一构件中相邻纵向钢筋的绑扎搭接接头应相互错开

D. 纵向受力钢筋的焊接接头宜相互错开

24. 下列混凝土强度指标中，（　　）是最基本的强度指标。

A. 轴心抗拉强度　　B. 轴心抗压强度　　C. 立方体抗压强度

25. 对于有明显屈服强度的钢筋，其强度标准取值的依据是（　　）。

A. 条件屈服强度　　B. 极限抗拉强度　　C. 0.9 倍极限强度　　D. 屈服强度

三、判断题

1. 冷弯试验合格的前提下，弯心直径越小，弯曲角度越大，则钢筋的塑性性能越好。（　　）

2. 无明显屈服点的钢筋以其极限抗拉强度作为钢筋强度的计算指标。（　　）

3. 钢筋的屈强比反映了结构的可靠程度，屈强比越小，结构越可靠，因此结构设计、施工时尽量选用屈强比较小的钢筋。（　　）

4. 混凝土立方体抗压强度实测值与试件的尺寸有关，试件尺寸越小，测得的抗压强度越低。（　　）

5. 混凝土的各项强度指标按从小到大的顺序依次为：轴心抗拉强度、轴心抗压强度、立方体抗压强度、三向受压强度。（　　）

6. 混凝土强度等级越高，其塑性变形能力越强，延性越好。（　　）

7. 结构设计时，应尽可能选用高强度等级的混凝土。（　　）

8. 混凝土徐变一般对结构产生不利影响，但有时对结构有利。（　　）

9. HPB300 级钢筋在任何情况下末端均应做成180°弯钩。 （ ）

10. 混凝土强度等级相同时，钢筋的级别越高，锚固长度越长。 （ ）

11. 《规范》规定，受拉钢筋的锚固长度为 $l_a=\alpha \frac{f_y}{f_c}d$。 （ ）

12. 对钢筋的焊接连接，要求位于同一连接区段的接头面积百分率：受拉钢筋接头不应大于50%，受压钢筋接头不应大于25%。 （ ）

13. 混凝土的极限压应变越大，混凝土的塑性变形能力越强，材料的延性越好。（ ）

四、名词解释

1. 总伸长率

2. 黏结强度

3. 基本锚固长度

4. 收缩变形

5. 徐变变形

6. 冷弯性能

7. 疲劳破坏

五、问答题

1. 简述混凝土结构对钢筋性能的要求。

2. 何谓混凝土的徐变和收缩？二者有何异同？

3. 混凝土的强度指标主要有几项？各有何工程意义？

4. 何谓纵向钢筋接头面积百分率？不同构件、不同连接方式，纵向钢筋位于同一连接区段内的接头面积百分率各是多少？

5. 不同连接方式，纵向钢筋连接区段的长度各是多少？何谓纵向钢筋接头位于同一连接区段？

六、计算题

1. 已知某钢筋混凝土构件，采用C25级混凝土，HRB335级纵向受拉钢筋，直径 $d=25$mm，确定钢筋的锚固长度？

2. 已知某钢筋混凝土轴心受压柱，混凝土强度等级为C30，纵向受压钢筋为HRB400级，直径 $d=28$mm，确定此钢筋的锚固长度？

3. 某框架梁采用C25级混凝土，HRB400级纵向受拉钢筋，当直径 $d_1=25$mm 与 $d_2=22$mm 的钢筋采用绑扎搭接连接时，其搭接长度是多少？

1.6 答 案 要 点

一、填空题

1. 普通碳素钢；普通低合金钢。

2. 屈服强度；极限抗拉强度；均匀伸长率（或最大力下的总伸长率）；冷弯性能。

3. 屈强比。

4. 立方体抗压强度标准值；C15；C80；14；5。

5. 180°；$3d$；受压钢筋。

6. 轴心抗压强度设计值；轴心抗拉强度设计值。

7. 轴心抗拉强度标准值。

8. 绑扎搭接连接；机械连接；焊接连接。

9. 较细。

10. 屈服强度；条件屈服强度。

11. 总伸长率（均匀伸长率）；冷弯性能；最大力下的总伸长率（均匀伸长率）；最大；冷弯性能。

12. $l_{ab}=\alpha\dfrac{f_y}{f_t}d$；钢筋强度；混凝土强度等级；钢筋直径；钢筋外形。

13. 150mm；28 天；95%。

14. C20；C25；C30。

15. C40；C30。

16. $40N/mm^2$。

17. 提高。

18. 徐变。

19. 胶结力；摩擦力；机械咬合力。

20. 不变荷载长期；时间。

21. 黏结力。

二、选择题（可能单选或多选）

1. C；2. B；3. B；4. B；5. C；6. B；7. A，D，E，F；8. A；9. B；10. A，B，C；11. B；12. B；13. A；14. A，D；15. C；16. A，B；17. D；18. B，C；19. B；20. A；21. B；22. A，B，C；23. B，C；24. C；25. D。

三、判断题

1. √；2. ×；3. ×；4. ×；5. ×；6. ×；7. ×；8. √；9. ×；10. ×；11. ×；12. ×；13. √。

四、名词解释

1. 总伸长率为钢筋在达到最大应力时的总体变形，包括残余塑性变形和弹性变形两部分，用 δ_{gt} 来表示。它反映了钢筋的总体变形能力，也称为最大力下的总伸长率或均匀伸长率。$\delta_{gt}=\left(\dfrac{l-l_0}{l_0}+\dfrac{\sigma_b}{E_s}\right)\times 100\%$。

2. 钢筋与混凝土的黏结面上所能承受的平均剪应力的最大值称为黏结强度，用 τ_u 表示。

3. 当受拉钢筋的应力达到屈服强度 f_y 时，不发生黏结锚固破坏时的最小埋入长度称为基本锚固长度，用 l_{ab} 表示。

4. 混凝土在空气中凝结硬化时产生的体积收缩称为收缩变形。

5. 混凝土在不变荷载长期作用下，其应变随时间而继续增长的现象称为混凝土的徐变，由此产生的变形称为徐变变形。

6. 冷弯性能是检验钢筋韧性、内部质量和加工可适性的有效指标，采用冷弯试验测定。在规定的弯心直径 D 和弯曲角度 α 下，钢筋在弯曲处无裂纹、鳞落或断裂现象认为冷弯试验合格，则钢筋的冷弯性能良好。

7. 混凝土在荷载重复作用下引起的破坏称为疲劳破坏。

五、问答题

1. 较高的强度和适宜的屈强比；较好的塑性；较好的焊接性能；与混凝土之间具有良好的黏结。

2. 混凝土在不变荷载长期作用下，其应变随时间而继续增长的现象称为徐变。混凝土在空气中凝结硬化时产生的体积收缩称为收缩变形。相同点：随时间增长，先快后慢，逐渐稳定；一般对结构不利；影响因素基本相同。不同点：徐变与应力条件有关，属于受力变形。收缩与应力无关。

3. （1）立方体抗压强度：是衡量混凝土强度高低的基本指标值，是确定混凝土强度等级的依据，是混凝土实体质量检验指标，是混凝土其他力学性能指标的基本代表值。

（2）轴心抗压强度：其设计值是钢筋混凝土结构构件承载力计算的强度指标。

（3）轴心抗拉强度：其标准值是钢筋混凝土构件抗裂度、裂缝宽度和变形验算时的强度指标，其设计值是钢筋锚固长度、混凝土结构构件抗剪、抗扭、抗冲切等承载力计算的强度指标。

（4）混凝土的三向受压强度：在实际工程中利用三向受压可使混凝土抗压强度和延性得以提高的特性，将受压构件做成“约束混凝土”，常用的有配置密排侧向箍筋、螺旋箍筋柱及钢管混凝土柱等。

4. 纵向钢筋接头面积百分率是指位于同一连接区段范围内的有接头的纵向受力钢筋的截面面积与全部纵向受力钢筋截面面积的比值（绑扎搭接连接时都按单根钢筋直径计算，粗细钢筋连接时，都按较细直径计算）。

绑扎搭接接头：对梁类、板类及墙类构件，不宜大于 25%；对柱类构件，不宜大于 50%。当工程中确有必要增大受拉钢筋搭接接头面积百分率时，对梁类构件不应大于 50%；对板类、墙类及柱类构件可根据实际情况放宽。

机械连接接头：受拉钢筋不宜大于 50%，受压钢筋不受限制。直接承受动力荷载的结构构件不应大于 50%。

焊接接头：受拉钢筋不应大于 50%，受压钢筋不受限制。

5. 纵向钢筋连接区段的长度：绑扎搭接连接为 $1.3l_l$；机械连接为 $35d$；焊接连接为 $35d$ 且不小于 500mm，d 为纵向受力钢筋的较小直径。

不管纵筋采用何种连接方式，当不同纵筋的接头中点位于相对应的同一个连接区段长度范围内时，就说这些接头位于同一连接区段。

六、计算题

1. 827mm 或 825mm。

2. 713mm 或 711mm。

3. 1056mm。

第2章　建筑结构的基本设计原则

2.1　内　容　提　要

本章主要学习建筑结构的基本构件及结构设计时共同采用的设计方法，即概率极限状态设计法及基本知识，以及结构抗震基本知识。通过本章的学习，理解结构上的作用、作用效应、结构抗力，明确度量结构可靠度的含义；理解结构设计的功能要求及两种极限状态的基本概念，了解概率极限状态设计法的基本概念；了解荷载的分类、荷载的代表值、荷载的标准值与设计值，材料强度的标准值、设计值及其在计算中的应用；初步理解内力组合的含义，为结构设计打下基础；了解地震的特性，熟悉地震震级、地震烈度、基本烈度和设防烈度的概念与区别，理解工程结构的抗震设计目标及设计方法。本章节内容和设计方法不仅适用于混凝土结构，也适用于钢结构、砌体结构等其他建筑结构。

2.2　学习重点及难点

2.2.1　结构上的荷载、荷载效应和结构抗力

作用是指施加在结构上的集中力或分布力和引起结构外加变形或约束变形的原因。作用分为直接作用和间接作用两类，直接作用简称为结构的荷载。

1. 荷载

荷载的分类方法有多种，按随时间的变异分为永久荷载、可变荷载和偶然荷载；按随空间的变异分为固定荷载和自由荷载；按结构的反应特点分为静态荷载和动态荷载。房屋建筑工程设计中，通常考虑的是永久荷载、可变荷载和偶然荷载三类。

在建筑结构设计时，根据不同的设计要求，取用不同的荷载量值，即所谓的荷载代表值。永久荷载的代表值采用标准值，可变荷载的代表值有标准值、组合值、频遇值和准永久值，其中荷载标准值为基本代表值，荷载的准永久值和组合值是针对可变荷载而言。

荷载标准值是指在结构的使用期间内，在正常情况下可能出现的最大荷载值。由于最大荷载值是随机变量，故荷载标准值的确定只能由设计基准期内最大荷载概率分布的某一量值来确定，不同荷载的标准值取值概率是不统一的。

永久荷载标准值 G_k 按结构构件的设计尺寸和材料单位体积的自重（容重 γ）计算确定。例如：

（1）某矩形截面钢筋混凝土梁，计算跨度为 $l_0=3.6\text{m}$，截面尺寸 $b\times h=200\text{mm}\times 450\text{mm}$，钢筋混凝土的自重根据教材中表2-1查得 $\gamma=25\text{kN/m}^3$，则该梁的自重标准值（集中荷载）为 $G_k=0.2\times0.45\times25\times3.6=8.1\text{kN}$；该梁沿跨度方向均匀分布的自重标准值（线荷载）为 $g_k=0.2\times0.45\times25\times3.6/3.6=2.25\text{kN/m}$。

（2）某钢筋混凝土楼板，楼板平面尺寸为 $2.0\text{m}\times2.0\text{m}$，楼板厚度 $h=120\text{mm}$，则该楼板自重标准值（集中荷载）为 $G_k=0.12\times25\times2\times2=12\text{kN}$；该楼板均匀分布的自重标准值

(面荷载) 为 $g_k=0.12\times25=3.0\mathrm{kN/m^2}$。在进行梁板设计计算时，对梁类构件，一般需要计算梁沿跨度方向的线荷载，可以直接采用 $g_k=b\times h\times\gamma$ (容重) 进行计算，也可按照 $g_k=G_k/l_0$ 进行计算；对板类构件，一般需要计算面荷载，可以直接采用 $g_k=h$(板厚)$\times\gamma$ 进行计算，也可按照 $g_k=G_k/(a\times b)$进行计算。

民用建筑楼面均布的可变荷载标准值 q_k 可直接从教材中表 2-2 查取。例如确定教室的活荷载标准值，通过查表可知 $q_k=2.5\mathrm{kN/m^2}$。

2. 荷载效应 S

荷载效应是指由荷载在结构或构件上引起的反应，如荷载施加在结构上所产生的各种内力（弯矩、剪力、扭矩、压力、拉力等）和变形（挠度、侧移、裂缝等)。

荷载效应 S 与荷载 Q 之间一般可近似按线性关系考虑，即

$$S=C\cdot Q \tag{2-1}$$

式中 S——与荷载 Q 相应的荷载效应。若 Q 为标准值，S 为荷载效应标准值；若 Q 为设计值，S 为荷载效应设计值。

3. 结构抗力 R

结构抗力是指结构或构件承受内力和变形的能力。承载能力包括受弯、受剪、受扭、受压承载力等各种承受内力的能力，抗变形能力包括抵抗裂缝、挠度、侧移等变形的能力。材料强度是决定结构抗力的主要因素之一，其取值分为标准值和设计值。

4. 分项系数和设计值

结构设计时，由于对结构构件的设计目标不同，对结构的抗力要求也会有所不同，同时考虑荷载和材料强度的变异性等因素影响，《规范》通过对可靠度指标的分析，并考虑了工程经验引入了分项系数，对荷载和材料强度取用不同的量值，具有实现设计目标的可靠度的等价作用。

(1) 材料强度的分项系数。材料强度标准值的取值原则是在符合规定质量的材料强度实测值的总体中，标准强度应具有不小于 95%的保证率，即材料强度标准值的取值也具有一定的变异性。各种材料的分项系数并非定值，其是根据结构可靠度分析，并考虑材料的力学性能、分布规律和一定的保证率确定的。

混凝土材料分项系数 γ_c 取值 1.40。钢筋材料分项系数 γ_s 与钢筋的延性性能有关，延性较好的 400MPa 级及以下的热轧钢筋取 $\gamma_s=1.10$；500MPa 级钢筋取 $\gamma_s=1.15$；对延性稍差的预应力钢筋则 $\gamma_s\geqslant1.20$。

材料强度的标准值除以材料分项系数称为材料强度设计值。在结构及结构构件计算时，若对钢筋混凝土构件进行承载力计算即配筋计算时，采用材料强度设计值；若对钢筋混凝土构件进行变形、裂缝验算时，采用材料强度标准值。

材料强度设计值=材料强度标准值/材料分项系数

例如，HRB400 级钢筋标准值 $f_{yk}=400\mathrm{N/mm^2}$，其设计值 $f_y=400/1.1=363.6\mathrm{N/mm^2}$，取整后为 $f_y=360\mathrm{N/mm^2}$。

(2) 荷载的分项系数。由于永久荷载标准值与可变荷载标准值的保证率不同，故永久荷载的分项系数 γ_G 一般小于可变荷载的分项系数 γ_Q。当荷载或荷载效应对结构不利时，分项系数均大于 1.0；当对结构有利时，永久荷载分项系数不大于 1.0，可变荷载则不予考虑(即可变荷载直接取值为 0)，与其分项系数无关。

荷载标准值与荷载分项系数的乘积称为荷载设计值，它比荷载的标准值具有更大的可靠度。荷载设计值与荷载效应系数的乘积则称为荷载效应设计值。在结构及结构构件计算时，若对钢筋混凝土构件进行承载力计算即配筋计算时，采用荷载设计值；若对钢筋混凝土构件进行变形、裂缝验算时，采用荷载标准值。

荷载设计值＝荷载标准值×荷载分项系数

2.2.2　结构设计要求

1. 结构的安全等级及设计使用年限

建筑物的安全等级分为三级，它是根据建筑物用途的重要程度，即结构一旦发生破坏时对生命财产的危害程度及社会影响的严重程度划分的，针对不同安全等级的建筑物，对其目标可靠指标作了适当调整。对人员比较集中，使用频繁的重要建筑，目标可靠指标稍高。不同安全等级的建筑物，具有不同的可靠指标，通过取用不同的结构重要性系数 γ_0 来体现。

计算结构可靠度所依据的年限称为结构的设计使用年限。结构的设计使用年限，是指设计规定的结构或结构构件不需进行大修即可按其预定目的使用的期限。设计使用年限可按《工程结构可靠性设计统一标准》确定，也可按业主的要求（需经主管部门批准）确定。通常情况下，普通房屋和构筑物的设计使用年限为 50 年。

结构的设计使用年限虽与其使用寿命有联系，但不等同。超过设计使用年限的结构并不意味着就要报废，而是指它的可靠度降低了。

2. 结构的功能及其极限状态

建筑结构应满足的功能要求包括安全性、适用性、耐久性，这三者概括称为结构的可靠性，结构的可靠性是指结构在设计使用年限内，在正常设计、施工、使用和维护的条件下完成预定功能的能力。

结构在施工和使用期间，在规定的设计使用年限内，在正常的维护条件下，应能满足各项功能要求良好工作而不需进行大修加固，则称结构为“可靠”或“有效”，反之则称结构为“不可靠”或“失效”。区分结构可靠或失效的标志称为“极限状态”。保证结构的可靠性的基本条件为

$$Z = R - S \geqslant 0 \tag{2-2}$$

极限状态可分为承载能力极限状态和正常使用极限状态，均规定有明确的标志或限值。承载能力极限状态是判别结构或构件是否满足安全性功能的依据，正常使用极限状态是判别结构或构件是否满足适用性、耐久性功能的依据。

结构设计时应对结构的不同极限状态分别进行计算或验算，承载能力极限状态关乎结构的安全性功能，设计时应把出现这种情况的概率控制得非常小。正常使用极限状态主要考虑结构的适用性和耐久性功能，设计时出现这种情况的概率控制得略宽一些。通常是按承载能力极限状态进行结构设计，再按正常使用极限状态进行验算。当承载能力极限状态起控制作用，并采取了相应构造措施时，也可不进行正常使用极限状态的验算。

结构设计时，通过采用加大截面尺寸、增加配筋数量或提高对材料性能的要求等措施，来满足结构的功能要求，但也可能导致材料浪费、造价提高、经济效益降低。一个好的设计应做到既保证结构的可靠性，同时又经济合理，即用较经济的手段来保证结构的可靠性，这就是结构设计的基本原则。

学习中应明确结构的功能要求、可靠性及极限状态的相应内容以及之间的相互关系。

3. 可靠度 P_s 与失效概率 P_f

可靠度是结构可靠性的定量描述，结构的可靠度是指结构在设计使用年限内，在正常设计、施工、使用和维护的条件下完成预定功能的概率。由于荷载效应 S 和结构抗力 R 都具有不确定性，都是随机变量，用概率方法来度量结构的可靠性是科学的。

由于荷载效应 S、结构抗力 R 都是随机变量，要绝对地保证 R 总是大于 S 是不可能的，因此只能做到绝大多数情况下使 $R \geqslant S$，即结构的可靠概率（即可靠度）P_s 足够大，并使 $R<S$ 的概率即失效概率 P_f 小到人们可以接受的程度，这时便认为结构是可靠的。显然可靠概率 P_s 与失效概率 P_f 互补，即 $P_s+P_f=1$，失效概率 P_f 越小，则可靠概率 P_s 越大，所以可将失效概率 P_f 作为衡量结构可靠度的一个指标。

结构设计应满足的条件是

$$P_f \leqslant [P_f] \tag{2-3}$$

2.2.3 极限状态实用设计表达式

1. 承载能力极限状态设计表达式

为保证结构构件的安全，设计应使荷载效应不大于结构抗力，并满足给定的目标可靠指标，其基本表达式为

$$\gamma_0 S_d \leqslant R_d \tag{2-4}$$

在表达式中：

(1) 取用结构的重要性系数 γ_0，使不同安全等级的建筑物具有不同的可靠指标。

(2) 确定荷载效应的设计值 S_d。先确定各种荷载的标准值，再将各种荷载的标准值分别乘以按《荷载规范》规定的对应的荷载分项系数，得到荷载设计值。荷载的设计值考虑了由于荷载的变异性可能出现的大于标准值的不利情况。

(3) 查取材料强度的设计值，并根据相对应的公式确定结构抗力的设计值 R_d。材料强度的设计值，是将材料强度的标准值除以大于1的材料分项系数而得到的量值，其是考虑了由于材料强度的变异以及几何参数和设计模式的不定性可能使抗力进一步降低的不利影响。

对承载能力极限状态，应考虑荷载效应的基本组合。荷载效应组合的设计值 S_d 应从下列两组组合中取最不利值（即最大值）确定：

由可变荷载效应控制的组合

$$S_d = \gamma_G S_{Gk} + \gamma_{Q1} S_{Q1k} + \sum_{i=2}^{n} \gamma_{Qi} \psi_{ci} S_{Qik} \tag{2-5}$$

由永久荷载效应控制的组合

$$S_d = \gamma_G S_{Gk} + \sum_{i=1}^{n} \gamma_{Qi} \psi_{ci} S_{Qik} \tag{2-6}$$

2. 正常使用极限状态设计表达式

正常使用极限状态的设计，主要是验算结构构件的变形、抗裂度或裂缝宽度，以保证结构构件满足适用性和耐久性的要求。若超过此极限状态，其后果是不能正常使用，但危害程度比承载能力失效要轻，因此正常使用极限状态的可靠度比承载能力极限状态的可靠度有所降低。计算中，荷载及材料强度均取标准值，不再考虑荷载和材料分项系数，也不考虑结构的重要性系数 γ_0。其设计表达式为

$$S \leqslant C \tag{2-7}$$

由于混凝土具有徐变、收缩等随时间变形的性质，在正常使用极限状态设计时，按照荷载作用时间的持久性需考虑荷载效应的标准组合和准永久组合。在标准组合或称短期效应组合中，包括了整个使用期内出现时间很短的荷载，即永久荷载和所有作用在构件上的可变荷载。在准永久组合或称长期效应组合中，只包括在整个使用期内出现时间很长的荷载，即包括永久荷载和可变荷载的准永久值。

荷载效应的标准组合值 S 的表达式为

$$S = S_{Gk} + S_{Q1k} + \sum_{i=2}^{n} \psi_{ci} S_{Qik} \tag{2-8}$$

荷载效应的准永久组合值 S 的表达式为

$$S = S_{Gk} + \sum_{i=1}^{n} \psi_{qi} S_{Qik} \tag{2-9}$$

2.2.4　建筑结构抗震基本知识

1. 地震的基本知识和常用术语

地震是地球内部构造运动的产物，是一种破坏作用很大的自然灾害。通常发生的地震是由于地壳运动，推挤地壳岩层使其薄弱部位发生断裂错动而引起的构造地震。地震时地壳内部的能量以地震波的形式向外释放传播，引起地面的振动。纵波（压缩波）使建筑物上下颠簸，横波（剪切波）使建筑物产生水平方向摇晃，而面波则使建筑物既产生上下颠簸又产生左右摇晃和扭动，一般是在剪切波和面波都到达时振动最为激烈。造成建筑物和地表破坏的主要是面波。

地震震级是衡量一次地震大小的等级，震级是利用地面振动最大水平位移（振幅）大小来度量的。地震烈度是指在一次地震时对某一地区的地表和建筑物影响的强弱程度，是根据人的感觉、器物的反应、建筑物的损害程度等方面进行判定和区分。地震烈度和地震震级是两个既相互联系、又有区别的概念，两者的关系可用炸弹来比喻：地震震级好比是炸弹的装药量，地震烈度则是炸弹爆炸后各处的破坏程度。对于一次地震，只能有一个地震震级，而在不同地区却有多个不同的地震烈度。

我国根据历史地震、地震地质构造和地震观测等资料，在地图上按地震情况的差异划出不同的区域，即在 50 年期限内一般场地条件下可能遭遇超越概率为 10% 的地震烈度值进行区划，分成 12 度的地震烈度区划图，作为确定我国主要城镇抗震设防的依据。

2. 房屋结构的抗震设防

抗震设防是指通过对地震区的建筑物进行抗震设计并采取一定的抗震构造措施，以达到结构抗震的效果和目的。抗震设防的依据是抗震设防烈度。

(1) 抗震设防目标。工程结构的抗震设防目标是要求建筑物在使用期间，对不同频率和强度的地震，应具有不同的抵御能力，即“小震不坏、中震可修、大震不倒”。

基于抗震设防目标，《抗震规范》用 3 个地震烈度水准来考虑，即多遇烈度、基本烈度和罕遇烈度，其中基本烈度相当于设防烈度。

(2) 抗震设防分类及标准。建筑物的抗震设防类别主要根据其重要性程度来划分，对于不同用途的建筑物，抗震设防目标是一致的、抗震设计方法也相同，但应根据其破坏后果加以区别对待，采用不同的抗震设防标准，采用不同的抗震措施。抗震措施包括抗震设计计算及抗震构造措施两部分。《抗震规范》将建筑物分为甲类建筑、乙类建筑、丙类建筑和丁类建筑。

抗震设防的依据是设防烈度，在一般情况下采用基本烈度。

甲类建筑应按设防烈度提高 1 度加强其抗震措施；乙类建筑按设防烈度进行抗震计算，但抗震构造措施上提高 1 度考虑；丙类建筑按设防烈度加强其抗震措施；丁类建筑可比设防烈度的要求适当降低，但不低于 6 度。

我国采用两阶段设计方法以实现上述 3 个烈度水准的抗震设防要求。

2.3 解题指导及典型例题分析

【例 2-1】 建筑结构的安全等级是根据什么划分的？结构设计时是如何考虑调整的？

解题思路：建筑物重要性不一样，安全等级是不同的，设计时重视程度不同。

解答：建筑结构的安全等级根据建筑物重要性不同，即结构一旦失效可能产生的后果（危及人的生命、造成的财产损失和产生的社会影响等）严重程度进行分类，建筑物的安全等级分为三个等级：一级、二级、三级。

结构设计时要根据建筑物的安全等级不同选用不同的结构重要性系数 γ_0，结构安全等级为一级时，$\gamma_0 \not< 1.1$；结构安全等级为二级时，$\gamma_0 \not< 1.0$；结构安全等级为三级时，$\gamma_0 \not< 0.9$。

【例 2-2】 某教学楼钢筋混凝土矩形截面简支梁，安全等级为二级，计算跨度 $l_0=6\text{m}$，作用在梁上的永久荷载（含自重）标准值 $g_k=15\text{kN/m}$，可变荷载标准值 $q_k=6\text{kN/m}$，试计算按承载能力极限状态设计时梁跨中弯矩组合设计值。

解：本题可用两种方法求解：

解法一：先求荷载效应标准值，再求荷载效应组合设计值。

(1) 均布荷载标准值 g_k 和 q_k 作用下的跨中弯矩标准值：

永久荷载作用下 $M_{gk} = \dfrac{1}{8} g_k l_0^2 = \dfrac{1}{8} \times 15 \times 6^2 = 67.5\text{kN} \cdot \text{m}$

可变荷载作用下 $M_{qk} = \dfrac{1}{8} q_k l_0^2 = \dfrac{1}{8} \times 6 \times 6^2 = 27\text{kN} \cdot \text{m}$

(2) 承载能力极限状态设计时的跨中弯矩设计值：

安全等级为二级，取 $\gamma_0=1.0$。

按可变荷载效应控制的组合计算，取 $\gamma_G=1.2$，$\gamma_Q=1.4$。

$$M = \gamma_0(\gamma_G M_{gk} + \gamma_{Q1} M q_k) = 1.0 \times (1.2 \times 67.5 + 1.4 \times 27) = 118.8\text{kN} \cdot \text{m}$$

按永久荷载效应控制的组合计算，取 $\gamma_G=1.35$，$\gamma_Q=1.4$；查教材中表 2-2 取 $\psi_c=0.7$。

$$M = \gamma_0(\gamma_G M_{gk} + \gamma_{Q1} \psi_c M_{q1k}) = 1.0 \times (1.35 \times 67.5 + 1.4 \times 0.7 \times 27) = 117.6\text{kN} \cdot \text{m}$$

故该梁跨中弯矩设计值取较大值，即 $M=118.8\text{kN} \cdot \text{m}$。

解法二：先求荷载组合设计值，再求荷载效应组合设计值。

承载能力极限状态设计时荷载组合：

按可变荷载控制的组合计算，取 $\gamma_G=1.2$，$\gamma_Q=1.4$。

$$Q_1 = \gamma_0(\gamma_G g_k + \gamma_Q q_k) = 1.0 \times (1.2 \times 15 + 1.4 \times 6) = 26.4\text{kN/m}$$

按永久荷载效应控制的组合计算，取 $\gamma_G=1.35$，$\gamma_Q=1.4$；查教材中表 2-2 取 $\psi_c=0.7$。

$Q_2=\gamma_0(\gamma_G g_k+\gamma_{Q1}\psi_c q_k)=1.0\times(1.35\times15+1.4\times0.7\times6)=26.13\text{kN/m}$

Q_1，Q_2 取大值，即 $Q=26.4\text{kN/m}$。

Q 为荷载组合设计值，根据 $S_d=CQ$，S_d 即是荷载效应组合设计值（M），这里的荷载效应组合设计值即是梁跨中弯矩组合设计值。简支梁时，$C=\frac{1}{8}l_0^2$，故

$$M=\frac{1}{8}\times26.4\times6^2=118.8\text{kN}\cdot\text{m}$$

【例 2-3】 某承受集中荷载和均布荷载的矩形截面简支梁，安全等级为二级，计算跨度 $l_0=6\text{m}$，跨中作用集中荷载，其永久荷载标准值 $G_k=15\text{kN}$，梁上均布永久荷载标准值（含自重）$g_k=12\text{kN/m}$，均布可变荷载标准值 $q_k=12\text{kN/m}$。试计算按承载能力极限状态设计时梁跨中截面的弯矩设计值 M，以及在正常使用极限状态下荷载效应的标准组合弯矩值 M_k 和荷载效应的准永久组合弯矩值 M_q。

解：（1）均布荷载标准值 g_k 和 q_k，集中荷载标准值 G_k 作用下的跨中弯矩标准值：

永久荷载 g_k 作用下　$M_{gk}=\frac{1}{8}g_k l_0^2=\frac{1}{8}\times8\times6^2=36\text{kN}\cdot\text{m}$

可变荷载 q_k 作用下　$M_{qk}=\frac{1}{8}q_k l_0^2=\frac{1}{8}\times12\times6^2=54\text{kN}\cdot\text{m}$

永久荷载 G_k 作用下　$M_{Gk}=\frac{1}{4}G_k l_0=\frac{1}{4}\times15\times6=22.5\text{kN}\cdot\text{m}$

（2）承载能力极限状态设计时的跨中弯矩设计值：

安全等级为二级，取 $\gamma_0=1.0$。

按可变荷载效应控制的组合计算：取 $\gamma_G=1.2$，$\gamma_Q=1.4$。

$$M=\gamma_0[\gamma_G(M_{Gk}+M_{gk})+\gamma_Q M_{qk}]$$
$$=1.0\times[1.2\times(22.5+36)+1.4\times54]=145.8\text{kN}\cdot\text{m}$$

按永久荷载效应控制的组合计算：取 $\gamma_G=1.35$，$\gamma_Q=1.4$；查教材中表 2-2 取 $\psi_c=0.7$，则

$$M=\gamma_0[\gamma_G(M_{Gk}+M_{gk})+\gamma_Q\psi_c M_{qk}]$$
$$=1.0\times[1.35\times(22.5+36)+1.4\times0.7\times54]=131.9\text{kN}\cdot\text{m}$$

故该梁跨中弯矩设计值取较大值，即 $M=145.8\text{kN}\cdot\text{m}$。

解析：（1）通过［例 2-2］和［例 2-3］比较可知，［例 2-2］既可采用荷载效应组合，也可采用荷载组合进行求解，而［例 2-3］只能采用荷载效应组合进行求解，其根本原因在于［例 2-2］中的荷载类型相同（均为线荷载），在利用公式 $S_d=CQ$ 时，C 是相同的，所以两种方法均可以；而［例 2-3］中荷载作用类型不同（线荷载和集中荷载同时存在），C 不相同，所以只能用荷载效应组合。建议同学们在刚开始做题时均采用荷载效应组合，等熟悉后遇到荷载类型相同的题目时，可采用荷载组合，反之要采用荷载效应组合。这样能提高做题速度。

（2）在［例 2-2］和［例 2-3］中永久荷载均包含了自重，若题目中说明不包含自重的话，需要把自重考虑进去，自重的计算方法：$g_k=b\times h\times\gamma$（容重）。

2.4 实际工程应用

（1）实际工程中，建筑物既要承担竖向荷载（永久荷载、可变荷载），又要承担水平荷

载（风荷载、地震作用）等，对于多高层建筑结构来说，起控制作用的往往是水平荷载，所以在进行结构设计时，除了要计算永久荷载和可变荷载，还要对风荷载和地震作用进行计算，然后再进行荷载组合或者荷载效应组合，求出荷载效应组合设计值 S_d，作为承载力计算的依据。

(2) 结构抗力包括抵抗内力和抵抗变形的能力，在第 3 章中主要学习钢筋混凝土构件抗弯、抗剪以及抗变形能力，第 4、5 章中学习构件抗扭和抗压能力，为以后进行结构设计打下坚实的基础。

2.5 综 合 训 练

一、填空题

1. 建筑结构应满足的功能要求是________、________、________。

2. 根据功能要求，结构的极限状态可分为________极限状态和________极限状态。

3. 结构可靠度设计统一标准所采用的设计基准期为________年。

4. 结构重要性系数根据结构安全等级取值，一级不应小于________，二级不应小于________，三级不应小于________。

5. 结构的可靠性是指结构在规定的________内，规定的________下，完成________功能的能力。

6. 结构上的作用按随时间的变异分类，分为________、________、________。

7. 由可变荷载效应控制的基本组合，当永久荷载对结构不利时，永久荷载分项系数取________，可变荷载分项系数取________。

8. 结构的可靠概率和失效概率的关系是________。

9. 在承载能力极限状态设计中，荷载取________值，材料强度取________值。结构构件的重要性系数 γ_0 与________和________有关。

10. 要保证结构安全可靠，应满足的条件是________。

11. 若钢筋混凝土容重为 25kN/m^3，恒载的分项系数为 1.2，则某 120 厚钢筋混凝土板，其自重设计值为________kN/m^2；某钢筋混凝土梁，截面 $b\times h=200\text{mm}\times500\text{mm}$，其自重标准值为________kN/m。

12. 震源在地面上的投影称为________，地震以波的形式从震源向四周传播，这种波称为________，按其在地壳中传播位置的不同，分为________和________。

13. 我国抗震设防的目标是________、________和________。

二、选择题

1. 建筑结构应满足的功能要求是（　　）。

A. 经济、适用、美观　　B. 安全性、适用性、耐久性

C. 安全、舒适、经济　　D. 可靠性、稳定性、耐久性

2. 建筑结构可靠度设计统一标准规定，普通房屋和构筑物的设计使用年限应为（　　）。

A. 25 年　　B. 50 年　　C. 75 年　　D. 100 年

3. 下列状态中，（　　）应视为超过正常使用极限状态。

A. 挑檐产生倾覆　B. 钢筋混凝土梁跨中挠度超过规定限值

C. 钢筋混凝土柱失稳　D. 吊车梁产生疲劳破坏

4. 某钢筋混凝土屋架下弦杆工作中由于产生过大振动而影响正常使用，则可认定此构件不满足（　）功能。

A. 安全性　B. 适用性　C. 耐久性　D. 上述三项均不满足

5. 某建筑结构安全等级为二级，则其结构重要性系数 γ_0 不应小于（　）。

A. 0.9　B. 1.0　C. 1.05　D. 1.1

6. 承载能力极限状态验计算一般采用荷载效应的（　）。

A. 基本组合　B. 标准组合

C. 准永久组合　D. 频遇组合

7. 在承载能力极限状态设计中，荷载与材料强度的取值为（　）。

A. 均取设计值　B. 均取标准值

C. 荷载取设计值，材料强度取标准值　D. 与 C 相反

8. 在正常使用极限状态设计中，荷载与材料强度的取值为（　）。

A. 均取设计值　B. 均取标准值

C. 荷载取设计值，材料强度取标准值　D. 与 C 相反

9. 荷载分项系数等于荷载设计值与（　）的比值，一般情况下大于 1。

A. 荷载标准值　B. 永久荷载值　C. 可变荷载值　D. 偶然荷载值

10. 若用 S 表示结构或构件截面上的荷载效应，用 R 表示结构或构件截面的抗力，当结构处于极限平衡状态时，对应于（　）式。

A. $R<S$　B. $R=S$　C. $R>S$

11. 设计基准期 50 年内众值烈度（小震）的超越概率为（　）。

A. 2%　B. 10%　C. 63.2%

12. 造成建筑物和地表破坏的地震波主要以（　）为主。

A. 纵波　B. 面波　C. 横波

三、判断题

1. 承载能力极限状态验算是针对结构安全性功能，正常使用极限状态验算是针对结构适用性和耐久性功能。（　）

2. 可变荷载的准永久值是指可变荷载可能的最小值。（　）

3. 某钢筋强度的设计值为 400MPa，材料强度的分项系数为 1.1，则此钢筋强度的设计值为 440MPa。（　）

4. 可靠指标越大，相应的失效概率越小。（　）

5. 建筑结构可靠度设计统一标准规定：当永久荷载效应对结构构件承载能力有利时，永久荷载分项系数不应大于 1.0。（　）

6. 当可变荷载效应对结构构件有利时，则可变荷载的分项系数应取为 0。（　）

7. 在正常使用极限状态设计中，荷载与材料强度的取值均为标准值。（　）

8. 要保证结构安全可靠，应满足 $\gamma_0 S_d \leqslant R_d$ 的条件。（　）

9. 偏安全考虑，承载能力极限状态和正常使用极限状态都应采用设计荷载进行计算。（　）

10. 结构的设计使用年限就是指结构的设计基准期。 ( )

11. 当结构的使用年限超过设计使用年限后，结构立即失效。 ( )

12. 荷载的设计值等于荷载的标准值除以大于 1.0 的荷载分项系数。 ( )

13. 一般来说，建筑结构的安全等级越高，其破坏产生的后果越严重，其设定时间的目标可靠指标 $[\beta]$ 越大。

14. 地震震级是反映某一地区地面和各类建筑物遭受一次地震影响的强弱程度，是衡量地震后引起后果的一个标度。 ( )

15. 建筑物的抗震设防类别根据其地震后所造成后果的严重性，将建筑物划分为三个等级：一级、二级、三级。 ( )

四、名词解释

1. 永久荷载
2. 荷载效应
3. 结构抗力
4. 可靠度
5. 承载能力极限状态
6. 正常使用极限状态
7. 地震烈度
8. 荷载效应组合

五、简答题

1. 荷载与作用在概念上有何不同？说明直接作用与间接作用的区别。
2. 何谓极限状态？结构的极限状态有哪两类？
3. 何谓结构上的作用、作用效应？何谓结构抗力？
4. 何谓荷载标准值？何谓可变荷载准永久值、频遇值、组合值？
5. 什么是荷载设计值？当荷载效应对结构不利时，荷载分项系数如何取值？
6. 什么是材料强度设计值？混凝土和钢筋的材料强度分项系数各如何取值？
7. 承载能力极限状态当采用荷载效应基本组合时的设计表达式是什么？
8. 在正常使用极限状态设计时，根据不同的设计要求应采用哪些荷载效应组合？

六、计算题

1. 某钢筋混凝土简支梁，计算跨度 $l_0=5\text{m}$，梁上作用恒载标准值 $g_k=15\text{kN/m}$（包括梁自重），活载标准值 $q_k=10\text{kN/m}$，活载准永久值系数 $\psi_q=0.4$，活载组合值系数 $\psi_c=0.7$，求：

（1）按荷载效应基本组合，求跨中最大弯矩设计值 M；

（2）按荷载效应标准组合，求跨中弯矩 M_k；

（3）按荷载效应准永久组合，求跨中弯矩 M_q。

2. 某办公楼钢筋混凝土矩形截面简支梁，安全等级为二级，计算跨度 $l_0=5\text{m}$，净跨 $l_n=4.86\text{m}$。梁上作用恒载标准值 $g_k=10\text{kN/m}$（包括梁自重），跨中作用活载标准值 $Q_k=20\text{kN}$，计算荷载效应基本组合时的跨中最大弯矩设计值 M 和支座边缘截面剪力设计值 V。

2.6 答案要点

一、填空题

1. 安全性；适用性；耐久性。

2. 承载能力；正常使用。

3. 50。

4. 1.1；1.0；0.9。

5. 时间；条件；预定。

6. 永久荷载；可变荷载；偶然荷载。

7. 1.2；1.4。

8. 两者之和等于 1（或 $P_s+P_f=1$）。

9. 设计值；设计值；安全等级；结构设计使用年限。

10. $\gamma_0 S_d \leqslant R_d$。

11. 3.6；2.5。

12. 震中；地震波；体波；面波。

13. 小震不坏；中震可修；大震不倒。

二、选择题

1. B；2. B；3. B；4. B；5. B；6. A；7. A；8. B；9. A；10. B；11. C；12. B。

三、判断题

1. √；2. ×；3. ×；4. √；5. √；6. ×；7. √；8. √；9. ×；10. ×；11. ×；12. ×；13. √；14. ×；15. ×。

四、名词解释

1. 永久荷载指在结构设计基准期内，其值不随时间变化，或其变化与平均值相比可以忽略不计，或其变化是单调的并能趋于限值的荷载。

2. 荷载效应指由荷载在结构或结构构件上产生的各种内力和抗变形的总称。

3. 结构抗力指结构或结构构件承受各种荷载效应的能力，即承载能力和变形能力。

4. 可靠度指结构在设计使用年限内，在正常施工、使用和维护条件下完成预定功能的概率。

5. 承载能力极限状态指结构或结构构件达到最大承载能力或发生不适于继续承载的变形时的状态。

6. 正常使用极限状态指结构或结构构件达到正常使用或耐久性的某项规定限值时的状态。

7. 地震烈度指某一地区的地表和建筑物在一次地震时受到影响的强弱程度。

8. 荷载效应组合指在所有可能同时出现的诸荷载组合下，确定结构或结构构件内产生的总效应。

五、简答题

1. （1）作用指能使结构或构件产生效应的各种原因的总称，包括直接作用和间接作用，直接作用也称荷载。

(2) 直接作用指直接以力的不同集结形式施加在结构上的作用，间接作用指能引起结构外加变形和约束变形，从而产生各种内力效应的原因。

2. (1) 结构或结构一部分超过某一特定状态，就不能满足设计规定的某一功能要求，此特定状态为功能的极限状态。

(2) 结构功能的极限状态包括承载能力极限状态和正常使用极限状态。

3. (1) 作用指能使结构或结构构件产生效应的各种原因的总称。

(2) 作用效应指结构上各种作用对结构或结构构件产生的各种内力和变形的总称。

(3) 结构抗力指结构或结构构件承受各种荷载效应的能力，即承载能力和抗变形能力。

4. (1) 荷载标准值指设计基准期内最大荷载统计分布的特征值。

(2) 可变荷载准永久值指对可变荷载在设计基准期内经常作用的那部分可变荷载。

(3) 可变荷载频遇值指对可变荷载在设计基准期内在结构上偶尔出现的较大荷载。

(4) 可变荷载组合值指当两种或两种以上可变荷载同时作用在结构上时，他们同时达到最大值的可能性较小，除产生最大作用效应的主导荷载外，其他可变荷载均乘以组合系数之后的代表值。

5. (1) 荷载标准值与荷载分项系数的乘积为荷载设计值，比荷载标准值具有更高的可靠度。

(2) 可变荷载分项系数取 $\gamma_Q=1.4$；永久荷载分项系数，当由可变荷载控制时取 $\gamma_G=1.2$，当由永久荷载控制时取 $\gamma_G=1.35$。

6. (1) 材料强度标准值与分项系数的比值为材料强度设计值。

(2) 混凝土分项系数取 $\gamma_c=1.4$，400MPa 及以下钢筋分项系数取 $\gamma_s=1.1$，500MPa 钢筋分项系数取 $\gamma_s=1.15$，对延性稍差的预应力筋取 $\gamma_s \not< 1.20$。

7. (1) 由可变荷载效应控制的组合

$$S_d = \gamma_G S_{Gk} + \gamma_{Q1} S_{Q1k} + \sum_{i=2}^{n} \gamma_{Qi} \psi_{ci} S_{Qik}$$

(2) 由永久荷载效应控制的组合

$$S_d = \gamma_G S_{Gk} + \sum_{i=1}^{n} \gamma_{Qi} \psi_{ci} S_{Qik}$$

8. (1) 荷载效应的标准组合值 S 的表达式为

$$S = S_{Gk} + S_{Q1k} + \sum_{i=2}^{n} \psi_{ci} S_{Qik}$$

(2) 荷载效应的准永久组合值 S 的表达式为

$$S = S_{Gk} + \sum_{i=1}^{n} \psi_{qi} S_{Qik}$$

六、计算题

1. (1) 100kN·m；(2) 78.125kN·m；(3) 59.375kN·m。

2. 72.5kN·m；43.16kN。

第3章 钢筋混凝土受弯构件

3.1 内 容 提 要

钢筋混凝土结构或构件应按承载能力极限状态进行截面设计，此外还应进行正常使用极限状态的验算。本章主要学习钢筋混凝土受弯构件（梁、板）正截面受弯承载力和斜截面受剪承载力的受力性能、设计计算内容与方法及相关的构造要求等。要求了解受弯构件正截面受弯、斜截面受剪的受力特点以及破坏形态，掌握梁、板配置钢筋的构造要求，了解正截面受弯、斜截面受剪承载力的主要影响因素，熟悉受弯构件正截面、斜截面承载力的计算公式及使用条件，掌握不同截面形式（单筋矩形截面、双筋矩形截面、T形截面）梁的截面设计与截面复核等问题；理解抵抗弯矩图的概念和做法，掌握纵向受力钢筋的弯起、切断和锚固等构造规定，这部分内容是学习难点；本章还介绍了受弯构件在正常使用极限状态下的裂缝宽度和变形验算的方法，了解裂缝的分布特点、最大裂缝宽度的确定以及主要影响因素，理解钢筋混凝土梁抗弯刚度的特点、抗弯刚度的取值以及主要影响因素等。通过本章的学习，全面掌握梁（板）的配筋及其施工图的绘制。

3.2 学习重点及难点

3.2.1 受弯构件可能产生的破坏形式及设计内容

受弯构件在荷载作用下，产生的效应有弯矩、剪力、变形和裂缝，因此结构构件必须具有相应的结构抗力，才能满足结构的功能要求。

弯矩可能引起正截面破坏，弯矩和剪力可能共同引起斜截面破坏，均不满足结构的安全性功能要求，故需进行承载能力极限状态的计算。通过正截面受弯承载力计算，按控制截面（跨中或支座处）的弯矩值确定截面尺寸和纵向受力钢筋的数量，避免发生正截面破坏。通过斜截面受剪承载力计算，按控制截面的剪力设计值复核截面尺寸，并确定抗剪所需的箍筋及弯起钢筋的数量，避免发生斜截面破坏。对于结构构件而言，承载能力极限状态的计算是结构设计的重点内容。

过大的变形和裂缝将影响构件的适用性和耐久性，故需进行正常极限状态的验算，即通过最大变形值和裂缝宽度的验算，控制构件的变形和裂缝宽度。

承载能力极限状态和正常使用极限状态的计算是保证结构构件可靠性的前提，必要的构造措施是对计算的补充，也是必不可少的。一个完整的设计，应该是既有可靠的结构计算作为依据，又有合理的构造措施作为保障。为此在学习及工程实践中，构造措施是绝对不可忽视的。构造措施应在理解其相应作用的基础上进行学习和掌握。

3.2.2 受弯构件基本构造要求

一、板的构造要求

板内配筋有两种钢筋，即受力钢筋和分布钢筋。

受力钢筋沿板跨度方向设置在受拉区，承担由弯矩作用而产生的拉应力。分布钢筋与受力钢筋垂直，由于其作用之一是将板上荷载均匀地传递给各受力钢筋，故应放置于受力钢筋的内侧。由于板的受拉区既可能位于截面下部，也可能位于截面上部，故分布钢筋不能简单理解为设在受力钢筋的上部。

应该注意的是，根据板支承约束情况的不同，板有单向板与双向板之分。在双向板中，双向均为受力钢筋，即受力钢筋代替了分布钢筋。

学习中应重点掌握板钢筋的作用，熟悉受力钢筋的相关构造要求。

二、梁的构造要求

梁内钢筋有纵向受力钢筋、箍筋、弯起钢筋、架立钢筋及梁侧构造钢筋五种。每一种钢筋的作用和形式各有不同，其中纵向受力钢筋和箍筋是最主要的受力钢筋。弯起钢筋是将纵向受力钢筋的部分在靠近支座附近进行弯起，也属受力钢筋，但现行规范不推荐利用弯起钢筋的弯起部分抗剪，故实际工程中弯起钢筋出现的不多。架立钢筋在单筋截面梁中才有，在双筋截面梁中受压钢筋取代了架立钢筋。梁侧构造钢筋属于构造钢筋，不能与第四章受扭构件中的梁侧受扭钢筋相混淆。

学习中应重点掌握梁内各钢筋的作用，熟悉纵向受力钢筋和箍筋的相关构造要求。

三、混凝土保护层厚度及截面有效高度

混凝土保护层厚度是指构件最外层钢筋的外缘至混凝土表面的距离，其作用是为了保护钢筋免遭锈蚀，减小混凝土的碳化，保证钢筋与混凝土间有足够的黏结强度以及提高混凝土结构的耐火性、耐久性。保护层厚度的取值与构件所处环境、构件类型、混凝土强度等级和结构设计使用年限有关，理论上保护层厚度大有利。

截面有效高度 h_0 是指受拉钢筋的重心至混凝土受压边缘的垂直距离。截面高度一定时，截面有效高度的取值决定着构件受拉钢筋的拉力与受压混凝土的压力所形成的力矩的大小，也即决定着构件的实际参与受力的能力，截面有效高度越大越好。

截面有效高度的取值，取决于保护层厚度和纵向受力钢筋的布置方式。要注意的是，保护层厚度增大会使得截面有效高度减小，对构件的受力是不利的。

3.2.3 受弯构件正截面承载能力计算

一、受弯构件的正截面破坏特征

钢筋混凝土受弯梁在不同配筋率条件下，其破坏可分为适筋、超筋、少筋三种形式。

适筋截面梁的特点是破坏由受拉钢筋屈服开始，直到受压区边缘混凝土被压碎为止。由于破坏过程中有明显的变形和裂缝开展过程，故属有预兆的延性破坏，其承载能力取决于钢筋的性能以及混凝土的抗压性能。

超筋截面梁的特点是受拉钢筋应力还未到达屈服强度时，受压区边缘混凝土已先被压碎而破坏，由于钢筋受力小，构件无明显的变形和裂缝，故属无预兆的脆性破坏，其承载力取决于混凝土的抗压强度（极限压应变）。

少筋截面梁的特点是受拉区混凝土一旦开裂，受拉钢筋就立即屈服甚至被拉断，受压区混凝土的抗压强度得不到利用而失效，由于裂缝的出现与构件的破坏基本是同时发生，也属无预兆的脆性破坏，其承载力取决于混凝土的抗拉强度。

超筋截面梁破坏时钢筋的强度没有得到充分利用，而破坏又是无预兆的脆性破坏，故工程中应尽量避免出现超筋破坏，应满足的条件是 $\rho\leqslant\rho_{max}$；少筋截面梁中混凝土的抗压性能不能有效地利用，且破坏是在混凝土开裂瞬间伴随着发生的，承载力很低，故工程中严禁出现少筋截面梁，应满足的条件是 $\rho_{min}\leqslant\rho$；适筋截面梁破坏时由于钢筋和混凝土的性能均得到充分利用，且为有明显预兆的延性破坏，故工程设计中应将受弯梁的破坏控制在适筋范围内，应满足的条件是 $\rho_{min}\leqslant\rho\leqslant\rho_{max}$。

二、单筋矩形截面受弯构件正截面承载能力计算

由于受弯构件正截面承载力是以适筋梁第Ⅲa 阶段的应力状态为计算依据的，因此相应的基本公式也只能运用于适筋梁范围内，超筋梁和少筋梁是不适用的。

（1）基本公式

$$\alpha_1 f_c bx = f_y A_s \tag{3-1}$$

$$M \leqslant M_u = \alpha_1 f_c bx\left(h_0 - \frac{x}{2}\right) \tag{3-2}$$

或

$$M \leqslant M_u = f_y A_s\left(h_0 - \frac{x}{2}\right) \tag{3-3}$$

（2）适用条件：

1）适筋的上限也即防止发生超筋破坏的条件

$$\rho \leqslant \rho_{max} = \xi_b \frac{\alpha_1 f_c}{f_y} \tag{3-4a}$$

或

$$\xi \leqslant \xi_b \quad (\text{即 } x \leqslant x_b = \xi_b h_0) \tag{3-4b}$$

或

$$M \leqslant M_{u,max} = \alpha_1 f_c b h_0{}^2 \xi_b (1 - 0.5\xi_b) \tag{3-4c}$$

2）适筋的下限也即防止发生少筋破坏的条件

$$\rho \geqslant \left\{\rho_{min} = 0.45\frac{f_t}{f_y}, 0.2\%\right\}_{max} \tag{3-5a}$$

或

$$A_s \geqslant \rho_{min} bh \tag{3-5b}$$

式（3-4）中，x_b、ξ_b、ρ_{max} 及 $M_{u,max}$ 均是适筋梁在界限破坏状态时相应的量值，其作用是等效的。其中 $M_{u,max}$ 是适筋梁所能承担的最大弯矩，当截面尺寸、材料等级确定的条件下，$M_{u,max}$ 是一个定值，与钢筋的数量无关。

《规范》规定的 ρ_{max} 和 ρ_{min} 也仅取决于所用材料钢筋和混凝土的性能，与截面形状及尺寸无关。对于适筋与超筋、少筋的临界条件，必须牢牢掌握。

（3）基本公式的应用。在工程设计中，钢筋混凝土受弯构件正截面承载力的计算可以分为截面设计和截面复核两类问题。截面设计是根据构件上所作用的荷载产生的弯矩设计值 M，通过计算确定所需的钢筋用量 A_s。截面复核则是在已知构件截面内所配钢筋截面积 A_s 时，确定截面所能承受的最大弯矩设计值 M_u，或复核该截面是否安全经济。

截面设计时，通常设计人员先根据材料供应条件、施工条件、使用要求等因素综合分析选择材料和截面尺寸，截面尺寸的确定是先根据构件的刚度要求按照高跨比确定高度，根据高宽比要求确定宽度，再根据构件上所作用的荷载计算出截面上的弯矩设计值 M，最终通过正截面承载力计算确定截面内的钢筋用量。

实际工程设计中，均采用的是将基本公式变换后，利用 α_s、γ_s 和 ξ 的关系编制成计算表格，查表计算的简便计算方法。但对于初学者而言，利用基本公式进行设计计算是必要的基本能力，必须加以重视熟练掌握。

三、双筋矩形截面受弯构件正截面承载能力计算

1. 双筋截面梁的应用与构造要求

双筋截面梁是指在梁截面的受拉区配置纵向受拉钢筋的同时，在截面受压区也按计算配置纵向受压钢筋的梁。

(1) 下述情况下通常采用双筋截面梁：

1) 梁承受的弯矩很大即 $M>\alpha_{smax}\cdot\alpha_1 f_c bh_0{}^2$，而截面尺寸及材料强度又由于种种原因限制不能再增大和提高，单筋截面梁无法满足时。

2) 由于荷载可能有多种组合，受弯构件在不同荷载组合作用下，构件截面可能承受正、负号弯矩时。

3) 在抗震结构中为保证框架梁具有足够的延性，要求必须配置一定比例的受压钢筋。

(2) 构造要求：

在双筋截面梁中，受压钢筋的作用是协助混凝土承受压力，为了使纵向受压钢筋设计强度 f'_y 能够得以充分发挥，应有必要的措施配合才能得以保证。

1) 加强箍筋。为防止纵向受压钢筋在纵向压力作用下发生压屈而侧向外凸，必须对受压钢筋加强约束，故双筋梁必须采用封闭箍筋，且箍筋间距 s 不宜过大。《规范》规定，应满足 $s\leqslant 15d$，同时 $s\leqslant 400$mm；当一层内的纵向受压钢筋多于 5 根且直径大于 18mm 时，箍筋间距 s 应满足 $s\leqslant 10d$。当梁宽 $b\leqslant 400$mm 且一层内受压钢筋多于 4 根，或当梁宽 $b>400$mm 但一层内受压钢筋多于 3 根时，应设复合箍筋。箍筋直径 d_v 满足 $d_v\geqslant\frac{1}{4}d$（此处 d 为受压钢筋最大直径）。

2) 受压区高度 x 不能太小。为保证纵向受压钢筋的强度充分发挥，受压钢筋合力作用点不能离中性轴太近，双筋矩形截面构件混凝土受压区高度 x 应满足：$x\geqslant 2a'_s$。

2. 双筋矩形截面梁的正截面受力性能

双筋梁正截面承载力基本公式为

$$\alpha_1 f_c bx + f'_y A'_s = f_y A_s \tag{3-6}$$

$$M_u = \alpha_1 f_c bx\left(h_0 - \frac{x}{2}\right) + f'_y A'_s(h_0 - a'_s) \tag{3-7}$$

双筋截面的受弯承载力 M_u 可分解为两部分：第一部分由受压混凝土合力 $\alpha_1 f_c bx$ 与部分受拉钢筋 A_{s1} 的合力 $f_y A_{s1}$ 组成的“单筋矩形截面”所承担的弯矩 M_{u1}；第二部分由受压钢筋 A'_s 的合力 $f'_y A'_s$ 与另一部分受拉钢筋 A_{s2} 的合力 $f_y A_{s2}$ 构成“纯钢筋截面”所承担的弯矩 M_{u2}，即

$$M_u = M_{u1} + M_{u2} \tag{3-8}$$

$$A_s = A_{s1} + A_{s2} \tag{3-9}$$

对第一部分（单筋矩形截面），基本公式为

$$\alpha_1 f_c bx = f_y A_{s1} \tag{3-10}$$

$$M_{u1} = \alpha_1 f_c bx\left(h_0 - \frac{x}{2}\right) \tag{3-11}$$

对第二部分（纯钢筋截面），基本公式为

$$f'_y A'_s = f_y A_{s2} \tag{3-12}$$

$$M_{u2} = f'_y A'_s(h_0 - a'_s) \tag{3-13}$$

从形式上看，双筋截面梁似乎只是在受压区增设了受压钢筋，但双筋截面梁的受力性能，实质上是在单筋矩形截面梁的基础上，通过在受拉、受压区同时增配钢筋，即增加了“纯钢筋截面”部分，相应的抗弯承载力提高了 M_{u2}。截面的破坏形态只取决于单筋截面部分 A_{s1} 的配筋量，与 A_{s2} 配筋量的大小无关，故抗弯承载力 M_{u2} 部分的用钢量，不受配筋率的影响，甚至可用钢梁代替，从而形成钢骨混凝土截面。

3. 双筋矩形截面梁正截面承载能力设计计算

设计双筋截面时，一般是已知弯矩设计值、截面尺寸和材料强度设计值。计算时可能有两种情况：第一种是已知弯矩设计值 M、截面尺寸 $b\times h$ 及材料强度 f_c、f_y、f_y'、α_1，求纵向受力钢筋截面面积 A_s 和 A_s'；第二种是已知弯矩设计值 M、截面尺寸 $b\times h$、材料强度设计值 f_c、f_y、f_y'、α_1 及受压钢筋截面面积 A_s'，求受拉钢筋截面面积 A_s。

在构件截面设计时，合理的设计是用最经济的手段来获得满足承载力要求的结构构件。在钢筋混凝土构件中，可以理解为钢筋是用来协助混凝土受力的，而采用纵向受压钢筋协助混凝土承受压力是不经济的，因而从承载力计算角度出发，应设法在充分利用了混凝土抗压能力的基础上再增设钢筋，以达到节约钢材的目的。

在第一种截面设计中，在无特殊要求的情况下应优先采用单筋截面，当单筋截面确实无法满足使用要求时再采用双筋截面梁。补充条件取 $x=\xi_b h_0$，目的就是为了充分利用混凝土的抗压能力，以使钢筋总用量（$A_s'+A_s$）为最小。

在第二种截面设计中，由于受压区已经配置了一定的受压钢筋，而受压钢筋的存在可以改善构件的延性，故应充分利用已有受压钢筋的作用，在改善构件延性性能的同时，又可减少单筋部分受拉钢筋 A_s，达到节约钢筋的目的。

具体设计计算方法与步骤见教材相应内容。

四、T形截面受弯构件正截面承载能力计算

1. T形截面分类及其判别

（1）T形截面梁根据其受压区高度 x 的大小，分为两类T形截面：

第一类T形截面 $x\leqslant h_f'$，中和轴在翼缘内，受压区面积为矩形；

第二类T形截面 $x>h_f'$，中和轴在梁肋内，受压区面积为T形。

（2）T形截面类型的判别条件：

当满足下列条件之一时，属于第一类T形截面

$$A_s\leqslant\frac{\alpha_1 f_c b_f' h_f'}{f_y}\tag{3-14}$$

$$M\leqslant\alpha_1 f_c b_f' h_f'\left(h_0-\frac{h_f'}{2}\right)\tag{3-15}$$

当满足下列条件之一时，属于第二类T形截面

$$A_s>\frac{\alpha_1 f_c b_f' h_f'}{f_y}\tag{3-16}$$

$$M>\alpha_1 f_c b_f' h_f'\left(h_0-\frac{h_f'}{2}\right)\tag{3-17}$$

通常截面计算时可能有两种情况：第一种是已知弯矩设计值 M、求纵筋截面面积 A_s，第二种是已知纵筋截面面积 A_s、求弯矩设计值 M，故截面类型的判断应根据已给定的设计弯矩 M、纵筋截面面积 A_s 进行判别。

2. T形截面梁的正截面受力性能

(1) 第一类T形截面。受弯构件正截面承载力由于不考虑混凝土的受拉作用，与受拉区混凝土的形状无关，故承载力主要取决于受压区的混凝土。第一类T形截面当仅配置受拉钢筋时，受压区面积为矩形 ($b_f' \times x$)，所以其承载力可按宽度为 b_f' 的单筋矩形截面进行计算。

第一类T形截面梁正截面承载力计算公式为

$$\alpha_1 f_c b_f' x = f_y A_s \tag{3-18}$$

$$M \leqslant M_u = \alpha_1 f_c b_f' x\left(h_0 - \frac{x}{2}\right) \tag{3-19}$$

在第一类T形截面梁中，由于受压区宽度由 b 增大为翼缘宽度 b_f'，从而使混凝土受压区高度 x 减小，使得混凝土压应力合力与钢筋拉力间的内力臂增大，从而承载力 M_u 较矩形截面得到了一定的提高。

(2) 第二类T形截面。第二类T形截面梁正截面承载力计算公式为

$$\alpha_1 f_c bx + \alpha_1 f_c (b_f' - b) h_f' = f_y A_s \tag{3-20}$$

$$M_u = \alpha_1 f_c (b_f' - b) h_f'\left(h_0 - \frac{h_f'}{2}\right) + \alpha_1 f_c bx\left(h_0 - \frac{x}{2}\right) \tag{3-21}$$

第二类T形截面的受弯承载力 M_u 也可分解为两部分：第一部分由腹板部分受压混凝土合力 $\alpha_1 f_c bx$ 与部分受拉钢筋 A_{s1} 的合力 $f_y A_{s1}$ 组成的“单筋矩形截面”所承担的弯矩 M_{u1}；第二部分由受压翼缘挑出部分混凝土的合力 $\alpha_1 f_c (b_f' - b) h_f'$ 与另一部分受拉钢筋 A_{s2} 的合力 $f_y A_{s2}$ 构成“单筋矩形截面”所承担的弯矩 M_{u2}，即

$$M_u = M_{u1} + M_{u2} \tag{3-22}$$

$$A_s = A_{s1} + A_{s2} \tag{3-23}$$

对第一部分（腹板部分），基本公式为

$$\alpha_1 f_c bx = f_y A_{s1} \tag{3-24}$$

$$M_{u1} = \alpha_1 f_c bx\left(h_0 - \frac{x}{2}\right) \tag{3-25}$$

对第二部分（翼缘挑出部分），基本公式为

$$\alpha_1 f_c (b_f' - b) h_f' = f_y A_{s2} \tag{3-26}$$

$$M_{u2} = \alpha_1 f_c (b_f' - b) h_f'\left(h_0 - \frac{h_f'}{2}\right) \tag{3-27}$$

从形式上看，第二类T形截面梁似乎只是在单筋矩形截面梁的受压区增设了受压翼缘，但实质上是在单筋矩形截面梁的基础上，在受拉区增配钢筋、受压区增加受压翼缘面积，相应提高了抗弯承载力 M_{u2}。T形截面挑出翼缘部分的作用类似于双筋梁受压钢筋的作用。

由于受压翼缘面积的增加是有限的，所以与其相对应的 A_{s2} 配筋量也不会过大，此部分用钢量对构件的破坏形式影响不大，故截面的破坏形态只取决于腹板截面部分 A_{s1} 的配筋量。

五、受弯构件正截面抗弯承载力的主要影响因素

(1) 截面形状和尺寸 (b、h)。截面高度 h 和宽度 b 均影响构件的抗弯承载力 M_u，但截面高度 h 的影响效果远大于宽度 b 的影响效果，故增大梁高是提高 M_u 的最经济又效果显著的措施。但增大梁高 h 受到层高、结构高度的限制时，采用T形截面，通过增加压翼缘，

也可提高梁的抗弯承载力。

(2) 材料强度（f_c、f_y）。抗弯承载力的提高与钢筋强度 f_y 的增大几乎呈正比关系，其效果明显高于混凝土强度等级的影响，但受到混凝土极限压应变的限制，钢筋仅局限于在中等强度范围内有效。

(3) 受拉钢筋数量（A_s）。在适筋范围内，承载力几乎随配筋量 A_s（或 ρ）的增大呈线性增长，但当配筋率 ρ 增大至最大配筋率 ρ_{max} 时，抗弯承载力将不随配筋率 ρ 的增大而增加，而是保持极限弯矩 $M_{u,max}$ 不变，随之发生改变的是破坏性质将由延性破坏转变为脆性破坏。我国工程设计经验，通常将配筋率控制在经济配筋率范围内，一般板 0.4%～0.8%；梁为 0.6%～1.5%。

(4) 受压钢筋。采用双筋截面梁可有效提高构件的抗弯承载力，且提高程度取决于增加的“纯钢筋”部分钢筋的用量，但是不经济。

实际工程设计中，合理的选择应该是在满足承载力及使用要求前提下，还应考虑经济性。从承载力角度考虑，宜采用单筋截面。在现浇楼盖中，充分利用现浇板作为翼缘参与承压的 T 形截面，也是提高梁抗弯承载力的有效措施。对于弯矩较大且截面尺寸受到限制，仅靠单筋矩形截面满足不了设计弯矩作用时，或由于构造要求必须配有一定数量的受压钢筋时，采用双筋截面是非常必要的。

3.2.4　受弯构件斜截面承载力计算

一、受弯构件的斜截面破坏特征及主要影响因素

受弯构件斜截面破坏通常发生在弯矩和剪力共同作用的剪弯区段内。在该区段截面上，弯矩产生正应力 σ，剪力产生剪应力 τ，两者合成形成了主拉应力 σ_{pt} 和主压应力 σ_{pc}，当主拉应力 σ_{pt} 超过混凝土抗拉强度 f_t 时，梁的剪弯区段混凝土将开裂，裂缝方向垂直于主拉应力迹线方向，即沿主压应力迹线方向发展，形成斜裂缝。

1. 受弯构件斜截面的破坏形态及特点

受弯构件斜截面破坏形态因剪跨比和箍筋配置数量的不同分为剪压、斜压、斜拉三种形式。

剪压破坏通常发生在箍筋配置数量和剪跨比适中时。其破坏特点是与临界斜裂缝相交的箍筋应力先达到屈服，从而导致斜截面末端剪压区不断缩小，直至剪压区混凝土在正应力和剪应力共同作用下达到极限状态而破坏。外观特征表现为梁的腹部出现若干条斜裂缝，其中有一条临界斜裂缝开展延伸，最终裂缝尾端混凝土压碎崩开，与正截面的适筋破坏类似。

斜压破坏通常发生在箍筋配置过多或者剪跨比较小时。其破坏特点是在箍筋应力尚未达到屈服强度之前，斜压柱体混凝土已达极限强度而被压碎。外观特征表现为梁的腹部出现若干条大体平行的斜裂缝，并被分割成若干倾斜的受压柱体，最终被压碎，与正截面的超筋破坏类似。

斜拉破坏通常发生在箍筋数量过少且剪跨比较大时。其破坏特点是斜裂缝一旦出现，与斜裂缝截面相交的箍筋立即屈服，斜裂缝迅速延伸形成临界斜裂缝，将构件整个截面劈裂成两部分而破坏，与正截面的少筋破坏类似。

上述三种破坏形态均为脆性破坏。斜压破坏承载力最高，但箍筋强度不能充分发挥作用；斜拉破坏很突然且承载力最低，混凝土性能未能有效发挥；剪压破坏的过程比斜压破坏缓慢，箍筋与混凝土的性能都得到了充分发挥，其承载力介于斜拉破坏和斜压破坏之间。

《规范》通过限制最小截面尺寸（即箍筋最大配筋率）来避免发生斜压破坏；通过限制最大箍筋间距、最小箍筋直径及最小配箍率来防止发生斜拉破坏；而剪压破坏，则通过斜截面受剪承载力的计算，主要配置箍筋来避免。

2. 影响斜截面承载力的主要因素

影响斜截面承载力的主要因素有剪跨比、混凝土强度、纵筋配筋率、配箍率、截面形状和尺寸效应等。

剪跨比反映了梁剪弯区段内截面上正应力与剪应力之间的相对比值关系，剪跨比大，则截面上以弯矩产生的正应力为主，反之以剪应力为主。试验表明，随着剪跨比增大，梁的抗剪承载力逐渐降低，但抗剪承载力降到一定程度时将趋于稳定。

梁的受剪承载力随混凝土强度等级的提高而呈比例增大，但由于混凝土强度等级对正截面承载力影响甚微，所以实际工程中很少采用提高混凝土等级来提高构件的抗剪承载力。

梁的抗剪承载力随着弯起钢筋截面积的增大和强度的提高而增大，但由于弯起钢筋直径较粗、根数较少、受力很不均匀，而箍筋分布均匀，可有效抑制斜裂缝的开展，所以《规范》推荐优先选用箍筋抗剪。箍筋在配箍率适当的范围内，与梁的抗剪承载力呈线性关系，是影响梁受剪承载力的最主要因素。

斜截面承载力在设计时通常控制在剪压破坏形态，故当采用T形、工字形截面时，由于受压翼缘增加了剪压区的面积，故对受剪承载力还是有一定提高作用的，只是在进行斜截面承载力设计计算中，为方便计算，偏保守的没有考虑受压翼缘的作用，近似都取为宽度为腹板宽度 b 的矩形截面。

对于有腹筋梁，梁的受剪承载力随截面高度、宽度的增加均有明显的提高，但构件的尺寸效应应同时考虑对正截面、斜截面承载力的影响，所以实际工程中多采用高宽比 $h/b=2\sim3$ 的矩形截面。

二、受弯构件斜截面受剪承载力计算

受弯构件斜截面承载力包括斜截面受剪承载力和斜截面受弯承载力。工程设计中，斜截面受剪承载力主要是通过计算配置腹筋（箍筋、弯起钢筋）获得，而斜截面受弯承载力则是通过对纵向钢筋和箍筋的构造要求来保证。

1. 基本公式及适用条件

(1) 基本公式。受弯构件斜截面受剪承载力是以剪压破坏为基础建立计算公式的。

受弯构件斜截面受剪承载力由斜裂缝尾端剪压区混凝土承担的剪力 V_c、与斜裂缝相交的箍筋承担的剪力 V_{sv}，以及与斜裂缝相交的弯起钢筋承担的剪力 V_{sb} 三部分组成。《规范》建议优先采用箍筋抗剪，故受剪承载力主要考虑混凝土承担的剪力 V_c 和与斜裂缝相交的箍筋承担的剪力 V_{sv} 两部分。

仅配置箍筋的一般受弯构件，计算公式为

$$V_{cs}=0.7f_tbh_0+f_{yv}\frac{A_{sv}}{s}h_0 \tag{3-28}$$

仅配置箍筋的以集中荷载作用为主的独立梁，计算公式为

$$V_{cs}=\frac{1.75}{\lambda+1.0}f_tbh_0+f_{yv}\frac{A_{sv}}{s}h_0 \tag{3-29}$$

在公式中，$0.7f_tbh_0$ 项或 $\frac{1.75}{\lambda+1.0}f_tbh_0$ 项是指按照构造配置一定量的箍筋后，混凝土所

具有的抗剪能力，故当设计剪力满足 $V\leqslant 0.7f_tbh_0$ 或 $V\leqslant\frac{1.75}{\lambda+1.0}f_tbh_0$ 条件时，意味着构件仅按构造配置箍筋后，即可满足抗剪承载力要求，而不再需要通过斜截面受剪承载力计算来配置箍筋。在此情况下，不需满足最小配箍率要求。

(2) 适用条件：

1) 截面限制条件——避免斜压破坏的条件。《规范》规定，通过限制最小截面尺寸（即控制最大配箍率）避免发生斜压破坏。

当 $h_w/b\leqslant 4.0$ 时，应满足

$$V\leqslant 0.25\beta_cf_cbh_0 \tag{3-30}$$

2) 最小配箍率——防止斜拉破坏的条件。《规范》规定，当 $V>\alpha_{cv}f_tbh_0$ 时，箍筋在满足最小配箍率要求的条件下，还应满足最大间距以及最小直径的要求。

$$\rho_{sv}=\frac{A_{sv}}{bs}\geqslant\rho_{sv,min}=0.24\frac{f_t}{f_{yv}} \tag{3-31}$$

箍筋最大间距、最小直径要求取决于梁的截面高度和所承受的设计剪力值的大小，具体规定量值见教材3.4.2中。

2. 基本公式的应用

在工程设计中，钢筋混凝土受弯构件通常先进行正截面承载力设计，确定截面尺寸（b、h_0）、材料强度（f_c、f_t、f_y、f_{yv}、β_c）和纵向钢筋，再进行斜截面受剪承载力的设计计算。

钢筋混凝土受弯构件斜截面受剪承载力的计算也分为截面设计和截面复核两类问题。截面设计是根据构件上所作用的荷载产生的剪力设计值 V，通过计算确定所需的箍筋用量 A_{sv}/s。截面复核则是在已知构件截面内所配箍筋量时，确定截面所能承受的最大剪力设计值 V_u，或复核该截面抗剪承载力是否安全经济。

在进行斜截面受剪承载力计算时，首要问题是计算截面的选取，计算截面的位置应选取剪力设计值最大的危险截面或受剪承载力较为薄弱的截面。实际工程中为了便于施工，受弯构件通常采用箍筋均匀配置的等截面梁，且《规范》推荐优先采用箍筋抗剪，即弯起钢筋很少采用，故计算截面的位置主要是支座边缘处的斜截面。

由于斜截面承载力设计是在正截面承载力设计计算之后进行，故截面尺寸已经基本确定，但只是满足了刚度要求及正截面承载力要求，其是否符合斜截面防止发生斜压破坏的最小截面尺寸限制条件还需再次进行复核，如不满足 $V\leqslant 0.25\beta_cf_cbh_0$ 的条件，则需要通过加大截面尺寸或提高混凝土强度等级调整截面后，再重新进行正截面的设计计算。实际工程设计中，也可先验算截面尺寸限制条件，再进行正截面、斜截面配筋计算，避免返工。

根据剪力设计值计算出箍筋需用量 A_{sv}/s 进行箍筋选配时，通常先按构造确定箍筋直径 d 和肢数 n，然后计算箍筋间距 s；也可先确定箍筋的肢数 n 和间距 s，再确定箍筋的直径 d。箍筋肢数 n 的确定主要依据截面宽度、受压钢筋的单排根数根据构造要求设置。为了充分发挥箍筋的作用，除满足最小配箍率条件外，尚须对箍筋最小直径和最大的间距 s 加以限制。箍筋的直径根据截面高度及最小直径要求选定，当选用直径较大时，箍筋间距过大，斜裂缝有可能在箍筋间出现，箍筋不能有效限制斜裂缝的开展，其作用无法充分发挥，所以间距 s 应满足 $s\leqslant s_{max}$ 的条件；当箍筋间距较小时，箍筋直径可能偏小，会导致钢筋骨架刚度不足容易变形，所以箍筋直径 d 应满足 $d\geqslant d_{min}$ 的条件。

三、受弯构件纵向钢筋的构造要求

斜截面承载力包括斜截面受剪承载力和斜截面受弯承载力两个方面。梁的斜截面受剪承载力根据截面上的剪力设计值计算腹筋来保证；而斜截面受弯承载力是不进行计算的，而是用梁内纵筋的弯起、截断、锚固和箍筋的间距等构造措施来保证。

在进行梁的设计中，纵向钢筋和箍筋通常都是由梁控制截面的内力根据正截面和斜截面的承载力计算确定，这只意味着梁控制截面承载力是满足的。但由于设计弯矩 M 图沿构件轴线是变化的，为节约钢材，通常会采用纵筋弯起、截断等一系列措施，从而导致梁在弯矩不是最大的截面上发生正截面破坏；同样由于箍筋间距变化、有无弯筋等问题，也可能导致梁在剪力不是最大的截面发生斜截面破坏。因此，纵向钢筋的弯起和截断必须满足一定的构造要求。《规范》对纵向受拉钢筋正确的弯起或截断的位置，以及对纵向钢筋的锚固等构造要求作出了相应的规定，而且这些构造要求需要通过绘制正截面的抵抗弯矩图予以判断。

1. 抵抗弯矩图的概念与作用

抵抗弯矩图就是按实际配置的纵向受拉钢筋所画出的受弯构件正截面承载能力设计值 M_u 所绘制的图形。而由荷载对梁的各个正截面产生的弯矩设计值 M 所绘制的图形，称为设计弯矩图。

设计时，当纵向钢筋沿梁长既不截断、也不弯起，全部伸入支座，且在支座处有足够的锚固长度时，不仅梁的任一正截面受弯承载力得到保证，任一斜截面的受弯承载力也必然得到保证。

纵筋沿梁的全长直通，构造简单，但是钢筋强度除控制截面及附近截面外，均没有得到充分利用。为了节约钢材、降低造价，可将一部分纵筋在正截面受弯承载力不需要的地方截断或弯起（用作受剪弯筋），条件是必须保证正截面和斜截面受弯承载力要求，同时还要保证钢筋的黏结锚固要求。这些问题需要通过绘制抵抗弯矩图来解决，以便确定纵向钢筋合适的截断点和弯起点。

抵抗弯矩图与设计弯矩图的关系：任一截面的抵抗弯矩 M_u 应大于或等于设计弯矩 M，即抵抗弯矩 M_u 图必须将设计弯矩 M 图包纳在内。

2. 纵向受拉钢筋的截断与弯起位置

（1）纵向受拉钢筋的截断。梁跨中承受正弯矩的纵筋不宜在受拉区截断，而是将其中一部分弯起，将另一部分伸入支座内。

梁支座截面负弯矩纵向受拉钢筋，可分批截断，但每批钢筋应延伸至按正截面受弯承载力计算不需要该钢筋的截面以外，并满足黏结锚固要求。

《规范》规定：

1）$V \leqslant 0.7f_tbh_0$ 时，截断点应延伸到按正截面受弯承载力计算不需要该钢筋的截面（理论断点）以外不小于 $20d$ 处截断，且从该钢筋强度充分利用截面伸出长度不小于 $1.2l_a$。

2）$V > 0.7f_tbh_0$ 时，截断点应延伸到理论断点以外不小于 h_0 和 $20d$ 较大值处截断，且从该钢筋强度充分利用截面伸出长度不小于 $1.2l_a + h_0$。

3）若按情况 2）规定确定的截断点仍位于负弯矩受拉区内，则应延伸到理论断点以外不小于 $1.3h_0$ 和 $20d$ 较大值处截断，且从该钢筋强度充分利用截面伸出长度不小于 $1.2l_a + 1.7h_0$。

（2）纵向受拉钢筋的弯起。《规范》规定：弯起钢筋弯起点与按计算充分利用该钢筋截面之间的水平距离 s 应 $\nless h_0/2$，且弯起钢筋与梁中心线的交点应位于不需要该钢筋的截面之外。

当弯起钢筋仅作为受剪钢筋，而不是伸过支座用于承受弯矩时，弯起钢筋在弯终点外应有一直线段锚固长度，《规范》规定当直线段位于受拉区时，其长度应$\nless 20d$；当直线段位于受压区时，其长度应$\nless 10d$。

当纵筋的弯起不能满足正截面和斜截面的受弯承载力要求时，可设置单独的仅作为受剪的弯起钢筋，即“鸭筋”，但不能采用仅在受拉区有水平段的“浮筋”，以防止由于弯筋发生较大滑移使斜裂缝有过大的开展。

3. 钢筋的锚固

(1) 纵向受力钢筋在简支支座的锚固：

1) 板下部纵筋伸入支座的锚固长度 l_{as}应$\nless 5d$，且宜伸过支座中心线。

2) 简支梁和连续梁的简支端下部纵筋伸入支座的锚固长度 l_{as}应满足的条件：

当 $V \leqslant 0.7f_tbh_0$ 时，$l_{as} \geqslant 5d$；

当 $V > 0.7f_tbh_0$ 时，带肋钢筋 $l_{as} \geqslant 12d$，光面钢筋 $l_{as} \geqslant 15d$。

(2) 连续梁或框架梁的纵筋在中间支座或节点处的锚固。连续梁或框架梁的上部纵筋应贯穿中间支座或节点处。

连续梁或框架梁的下部纵筋在中间支座或节点处应满足下列锚固要求：

1) 当计算中在支座边截面不利用该钢筋的强度时，其伸入支座或节点的锚固长度可按 $V > 0.7f_tbh_0$ 时的简支支座情况处理。

2) 当计算中在支座边截面充分利用该钢筋的抗拉强度时，其伸入支座或节点的锚固长度应$\nless l_a$。

3) 当计算中在支座边截面充分利用该钢筋的抗压强度时，其伸入支座或节点的锚固长度应$\nless 0.7l_a$。

(3) 箍筋的锚固。箍筋是受拉钢筋，它起到把斜裂缝间混凝土齿状体的斜向压力传递到受压区混凝土的作用，即箍筋把梁的受压区和受拉区紧密地联系在一起。因此，箍筋必须有良好的锚固。矩形截面梁应采用封闭箍筋，T 形截面也可采用开口钢箍，箍筋的锚固应采用 135°弯钩，弯钩端头直线长度$\nless$50mm 或 $5d$。

3.2.5　受弯构件的变形及裂缝宽度

一、钢筋混凝土构件的裂缝

1. 裂缝的原因及其控制

混凝土抵抗拉伸的能力比抗压能力小很多，当混凝土结构构件中的拉应变超过了混凝土的极限拉应变时将出现裂缝。使混凝土产生裂缝的原因很多，大致分为两类：一类是由于混凝土的收缩或温度变形、地基不均匀沉降、钢筋锈蚀、碱骨料反应以及冻融循环等引起；另一类则是由荷载作用引起的受力裂缝。对于前一类裂缝，只需从构造、施工、材料等方面采取措施就可加以控制；而由荷载作用引起的受力裂缝则需要通过验算裂缝宽度来控制。

控制裂缝宽度主要是考虑两个方面的理由，一是外观要求，裂缝过宽将给人以不安全感，并影响结构的观瞻；二是耐久性要求，防止钢筋锈蚀降低结构的安全性和耐久性，并以此作为对裂缝进行严格控制的主要理由。

试验表明，与钢筋垂直的横向裂缝处的钢筋锈蚀一般只限于很小的范围内，并不严重，不存在使混凝土保护层胀裂的危险，通常不需要修理，因此，总的趋势是将裂缝宽度控制规定适当放宽，目前大多数国家的规范对处于室内正常环境下的构件，取裂缝宽度的限值为0.4mm。而沿钢筋发展的纵向裂缝（又称顺筋裂缝），则会导致严重的锈蚀危害，必须进行修复。对于斜裂缝宽度，当配置受剪承载力所需的腹筋后，使用阶段的裂缝宽度一般小于0.2mm，故不必考虑。

2. 裂缝的分布特征

裂缝的开展是由于混凝土的回缩、钢筋的伸长，导致混凝土与钢筋之间不断产生相对滑移的结果。由于材料的不均匀性以及截面尺寸的偏差等因素的影响，裂缝的出现具有某种程度的偶然性，因而裂缝的分布和宽度同样不均匀。但是，对大量试验资料的统计分析表明，裂缝的出现还是有一定规律的，由于受到钢筋和混凝土之间黏结应力作用长度的影响，当弯矩达到一定量值时，裂缝的分布处于稳定状态，即裂缝间距趋于稳定。

裂缝间距 l_{cr} 与黏结强度、钢筋表面积大小、配筋率有关，黏结强度高、钢筋面积相同时小直径钢筋表面积大些、配筋率高，裂缝间距则短。平均裂缝间距和平均裂缝宽度是呈现正比例关系的，平均裂缝宽度与最大裂缝宽度之间也具有正比例关系。通常，平均裂缝间距 l_{cr} 越长，裂缝分布越稀疏，裂缝宽度则越大。

3. 减小裂缝宽度的工程措施

《规范》定义的裂缝宽度是指受拉钢筋重心水平处构件侧表面的裂缝宽度。通常，沿裂缝深度，裂缝宽度是不等的，钢筋表面处裂缝宽度大约只有构件混凝土表面处裂缝宽度的1/5～1/3。

影响横向裂缝的主要因素是黏结强度、钢筋表面积大小以及配筋率，由于裂缝宽度的验算是在满足构件承载力的前提下进行的，因而诸如截面尺寸、配筋率等均已确定，在验算时可能会出现不满足裂缝宽度要求的情况。当计算最大裂缝宽度超过允许值不大时，常可用减小钢筋直径的方法解决，必要时可适当增加配筋率。

影响纵向裂缝的重要因素是表层混凝土的密实性和保护层厚度，密实性越差，保护层越薄，混凝土产生纵向裂缝的可能性越大。从结构耐久性角度来看，保证混凝土的密实性和保护层的质和量，要比控制构件表面的横向裂缝宽度重要得多。

二、受弯构件的变形

1. 挠度控制的目的

对钢筋混凝土受弯构件挠度控制的目的是基于三方面的：

(1) 过大的变形将损害甚至使构件完全丧失其使用功能。

(2) 构件出现明显下垂的挠度会使房屋使用者产生不安全感。

(3) 引起非结构构件（如隔墙）的损坏。因此，《规范》对构件的挠度要求应控制在一定范围内。

2. 钢筋混凝土梁抗弯刚度特点

钢筋混凝土梁的抗弯刚度不是一个常数，而是随弯矩 M 的大小而变化，随着 M 的增大以及裂缝的出现和开展，挠度增大且速度加快，因而抗弯刚度逐渐减小；同时随着荷载作用持续时间的增加，钢筋混凝土梁的截面抗弯刚度还将进一步减小，梁的挠度还将进一步增大。

计算钢筋混凝土梁的挠度，关键是确定截面的抗弯刚度。由于受弯构件各截面的弯矩 M 沿梁长方向是变化的，所以梁各个截面的抗弯刚度也是变化的。在实际设计中为了简化计算，《规范》建议按“最小刚度原则”取用。

计算钢筋混凝土梁的挠度，先要求出同一符号弯矩区段内的最大弯矩，而后求出该区段弯矩最大截面处的刚度，再根据梁的约束支座类型套用相应的力学挠度公式，计算钢筋混凝土梁的挠度。需要指出的是，钢筋混凝土梁同一符号区段内最大弯矩处截面刚度最小，但此截面的挠度不一定最大，如外伸梁的支座截面，弯矩绝对值最大，而挠度为零。

3. 减小构件挠度的措施

由于构件挠度的验算也是在满足构件承载力的前提下进行的，因而截面尺寸、材料性能均已确定，通过改变配筋率可满足正截面承载力 $M_u \geqslant M$ 的要求，然而，配筋率的加大对提高截面抗弯刚度并不显著，因此如果构件满足了承载力的计算要求，也有可能不满足挠度验算的要求。

欲减小构件的挠度，就应设法增大构件截面的刚度。受压混凝土的徐变变形的增长，以及受拉区和受压区混凝土的收缩不一致，均是导致构件截面弯曲刚度降低的主要原因，因此，凡是影响混凝土徐变和收缩的因素，如受压钢筋的配筋率、加荷龄期、使用环境的温湿度等，都将导致荷载长期作用下构件截面刚度发生变化，对构件变形增长有影响。

随着高强度混凝土和高强钢筋的采用，构件截面尺寸的相应减小，变形问题更为突出。

3.3　解题指导及典型例题分析

【例 3-1】　钢筋混凝土梁正截面破坏有哪几种破坏形态？各种破坏形态有何破坏特征？

解答思路：应以理解为主，切记不要死记硬背，凡是涉及构件破坏形态及特征等此类问题的解答，应从以下几个方面考虑，只要把这几点描述出来，至于如何组织语言都不为错。

(1) 考虑内容：哪三种破坏形态？划分的依据是什么？

答：适筋、超筋、少筋三种破坏形态，依据配筋率划分。

(2) 考虑内容：材料是否发挥？材料发挥的顺序？破坏性质？

答：适筋梁中钢筋和混凝土均充分发挥，且钢筋屈服在先，混凝土压碎在后，属于延性破坏；超筋梁中钢筋没有充分发挥，混凝土先被压碎，属于脆性破坏；少筋梁中钢筋屈服过早过快甚至于拉断，混凝土抗压性能未得到利用，属于脆性破坏。

【例 3-2】　截面尺寸如图 3-1 所示，根据配筋量的不同，回答下列问题：

(1) 各截面破坏原因和破坏性质。

(2) 破坏时各截面钢筋应力如何？

(3) 破坏时钢筋和混凝土强度是否充分利用？

(4) 开裂弯矩大致相等吗？为什么？

(5) 若混凝土为 C30，钢筋为 HRB400 级，各截面的破坏弯矩怎样？

解答思路：解答此题的关键是要先明确这四种截面有何不同，每种截面的受力及破坏特点是什么，再进行解答。

四种截面的配筋量不同，分别为：截面①为少筋、截面②为适筋、截面③为界限、截面④为超筋。

答：(1) 截面①破坏原因是由于钢筋太少，混凝土开裂后钢筋很快屈服甚至于被拉断，破坏性质属于无预兆的脆性破坏。

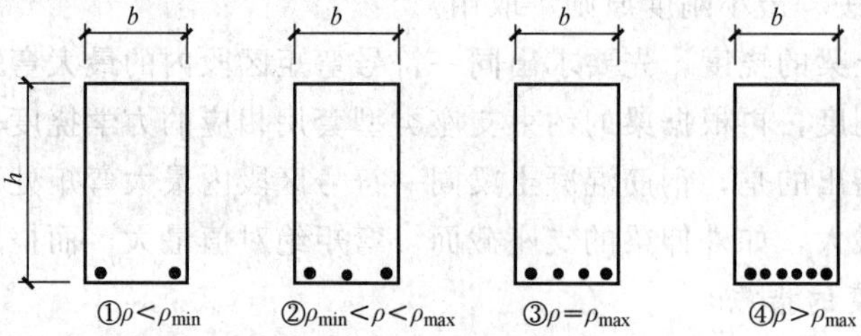

图 3-1 ［例 3-2］图

截面②破坏原因是由钢筋屈服引起，破坏性质属于有明显预兆延性脆性破坏。

截面③破坏原因也是由钢筋屈服引起，只是在钢筋屈服同时，受压区边缘混凝土也达到了极限压应变被压碎，由于钢筋屈服时应变较大，引起一定的变形和裂缝，所以其破坏性质也可视为延性破坏。

截面④破坏原因是由受压区边缘混凝土达到了极限压应变被压碎引起，由于钢筋未屈服，构件无明显的变形和裂缝，其破坏性质属于无预兆的脆性破坏。

(2) 截面①、②、③中钢筋应力均达到了屈服强度，截面④中钢筋未屈服。

(3) 截面①中钢筋得到了发挥，混凝土抗压性能未得到利用；截面②、③中钢筋和混凝土都得到了充分利用；截面④中钢筋未得到充分利用，混凝土得到充分发挥。

(4) 四个截面的开裂弯矩大致相等。原因是在混凝土开裂之前，受拉区拉力主要由混凝土承担，钢筋所承担的拉力很小，配筋率的不同对混凝土的拉应力影响很小，构件的开裂主要是缘于受拉边缘混凝土达到了抗拉强度，与钢筋多少关系不大。

(5) 当采用相同的钢筋和混凝土时，各截面破坏弯矩关系为 $M_{u①}<M_{u②}<M_{u③}=M_{u④}$。

截面①：$M_{u①}\approx M_{cr}$；

截面②：$M_{u②}=\alpha_1 f_c b h_0^2\xi(1-0.5\xi)$，其量值取决于配筋率的大小；

截面③：$M_{u③}=M_{u,max}=\alpha_1 f_c b h_0^2\xi_b(1-0.5\xi_b)$；

截面④：$M_{u④}=M_{u,max}=\alpha_1 f_c b h_0^2\xi_b(1-0.5\xi_b)$，承载力不随配筋率的变化而改变，配筋率越大，构件的脆性性质越明显。

【例 3-3】 某矩形截面简支梁，$b=250$mm，$h=500$mm，混凝土强度等级为 C30，HRB500 级钢筋，一类环境，承受的弯矩设计值 $M=250$kN·m，安全等级二级。试确定该梁的纵向受拉钢筋，并绘制截面配筋图。

解：(1) 确定设计参数。结构安全等级为二级，重要性系数取 $\gamma_0=1.0$。

混凝土用 C30，$f_c=14.3\text{N/mm}^2$，$f_t=1.43\text{N/mm}^2$，$\alpha_1=1.0$。

纵筋采用 HRB500 级钢筋，$f_y=435\text{N/mm}^2$，$\xi_b=0.482$。

一类环境，保护层厚度 $c=20$mm。

(2) 计算截面有效高度 h_0：

为有效利用截面，使有效高度尽可能的大，钢筋宜一排布置。故先假定钢筋单排布置，设箍筋选用直径Φ 8，纵筋直径近似按 20mm 估计

$$a_s = c + d_v + d/2 \approx 40\text{mm}$$

则梁的有效高度为　$h_0=500-40=460$mm

(3) 求受压区高度 x，并判断是否属于超筋梁。

$$x = h_0 - \sqrt{h_0^2 - \frac{2M}{\alpha_1 f_c b}} = 460 - \sqrt{460^2 - \frac{2 \times 250 \times 10^6}{1.0 \times 14.3 \times 250}} = 192\text{mm}$$

$$x < x_b = \xi_b h_0 = 0.482 \times 460 = 221.7\text{mm} \quad \text{不超筋}$$

（4）计算配筋。

$$A_s = \frac{\alpha_1 f_c bx}{f_y} = \frac{1.0 \times 14.3 \times 250 \times 192}{435} = 1569\text{mm}^2$$

选 4 Φ 22，实配钢筋 $A_s=1520\text{mm}^2$（实际配筋与计算配筋相差小于 5%）。选配钢筋时，应考虑有关钢筋净距、直径及根数等要求，尽可能放一排，与前面的假定一致。

（5）验算最小配筋率。

$$\rho_{\min} = \left\{0.45\frac{f_t}{f_y}, 0.2\%\right\}_{\max} = \left\{0.45 \times \frac{1.43}{435}, 0.2\%\right\}_{\max} = \{0.15\%, 0.2\%\}_{\max} = 0.2\%$$

$\rho_{\min} bh = 0.2\% \times 250 \times 500 = 250\text{mm}^2 < A_s = 1520\text{mm}^2$，故满足要求。

注意，验算适用条件时，要用实际采用的纵向受拉钢筋截面面积。

（6）绘截面配筋图。如图 3 - 2 所示，画出截面形式和钢筋的布置，标注截面尺寸及钢筋的根数、型号。

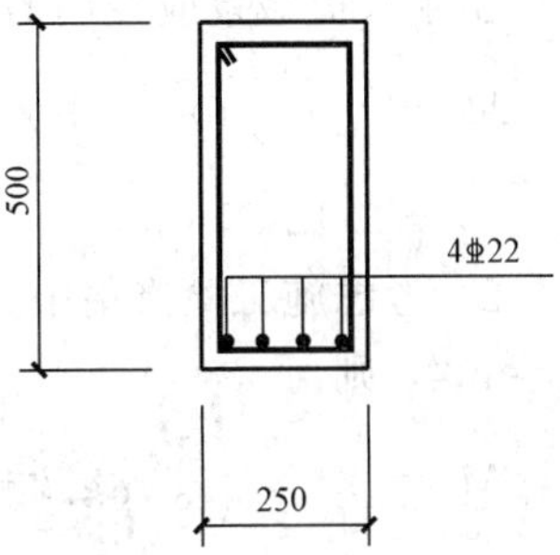

图 3 - 2 ［例 3 - 3］图

【例 3 - 4】 如图 3 - 3 所示挑檐板，根部板厚 $h=100\text{mm}$，端部厚度 60mm，挑出长度 1.2m。板面永久荷载标准值：防水层 0.35kN/m^2，80mm 厚钢筋混凝土板（自重 25kN/m^3），25mm 厚水泥砂浆抹灰（容重 20kN/m^3）。板面可变均布荷载标准值 0.5kN/m^2，施工检修集中荷载 $P_k=1.0\text{kN}$。采用 HPB300 级钢筋，混凝土 C25，二 a 类环境。试求板的配筋并画出板配筋图。

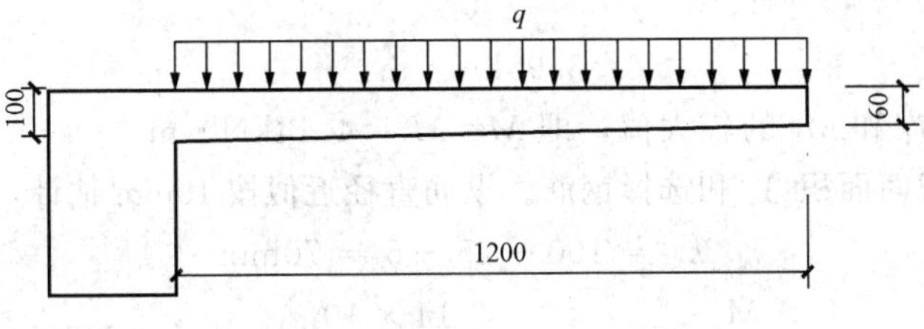

图 3 - 3 ［例 3 - 4］图

解：（1）确定设计参数。

$$f_c = 11.9\text{N/mm}^2, \quad f_t = 1.27\text{N/mm}^2, \quad \alpha_1 = 1.0$$

$$f_y = 270\text{N/mm}^2, \quad \xi_b = 0.576, \quad c = 25\text{mm}$$

（2）荷载标准值计算。

永久荷载标准值：

防水层	0.35kN/m^2
钢筋混凝土板	$25\times0.08=2.00\text{kN/m}^2$
水泥抹灰	$20\times0.025=0.50\text{kN/m}^2$
小计	$g_k=2.85\text{kN/m}^2$

可变荷载标准值：

均布活荷载　　0.5kN/m²

施工检修集中荷载　　1.0kN

(3) 支座截面弯矩设计值 M。取板宽 $b=1000$mm 的板条作为计算单元。

设计时，板面均布活荷载与施工检修集中荷载不同时考虑，应取二者效应组合的较大者。此外，施工检修集中荷载 $P_k=1.0$kN 的最不利位置应在挑檐板的端部，故弯矩设计值应取最不利位置作用下的最大弯矩值。

1）考虑板面均布活荷载组合时。

由可变荷载效应控制的组合，取 $\gamma_G=1.2$，$\gamma_Q=1.4$，则

$$M_1=\gamma_0\cdot\frac{1}{2}(\gamma_G g_k+\gamma_Q q_k)l_0^2$$

$$=1.0\times\frac{1}{2}(1.2\times2.85+1.4\times0.5)\times1.2^2=2.97\text{kN}\cdot\text{m}$$

由永久荷载效应控制的组合，取 $\gamma_G=1.35$，$\gamma_Q=1.4$，查《荷载规范》得 $\psi_c=0.7$，则

$$M_2=\gamma_0\cdot\frac{1}{2}(\gamma_G g_k+\gamma_Q\psi_c q_k)l_0^2=1.0\times\frac{1}{2}(1.35\times2.85+1.4\times0.7\times0.5)\times1.2^2$$

$$=3.12\text{kN}\cdot\text{m}$$

2）考虑施工检修集中荷载 $P_k=1.0$kN 的组合。由可变荷载效应控制的组合，$\gamma_G=1.2$，$\gamma_Q=1.4$，则

$$M_3=\gamma_0\times\left(\frac{1}{2}\gamma_G g_k l_0^2+\gamma_Q P_k l_0\right)=1.0\times\left(\frac{1}{2}\times1.2\times2.85\times1.2^2+1.4\times1.0\times1.2\right)=4.14\text{kN}\cdot\text{m}$$

由永久荷载效应控制的组合，$\gamma_G=1.35$，$\gamma_Q=1.4$，$\psi_c=0.7$，则

$$M_4=\gamma_0\times\left(\frac{1}{2}\gamma_G g_k l_0^2+\gamma_Q\psi_c P_k l_0\right)=1.0\times\left(\frac{1}{2}\times1.2\times2.85\times1.2^2+1.4\times0.7\times1.0\times1.2\right)$$

$$=3.95\text{kN}\cdot\text{m}$$

取 M_1、M_2、M_3 和 M_4 的较大值，即 $M=M_3=4.14\text{kN}\cdot\text{m}$

(4) 计算钢筋截面面积 A_s 和选择钢筋。纵筋直径近似按 10mm 估计，截面有效高度 h_0 为

$$h_0=100-25-5=70\text{mm}$$

$$\alpha_s=\frac{M}{\alpha_1 f_c b h_0^2}=\frac{4.14\times10^6}{1.0\times11.9\times1000\times70^2}=0.071$$

$$\xi=1-\sqrt{1-2\alpha_s}=0.074<\xi_b=0.576,\text{不超筋}$$

故

$$A_s=\xi b h_0\frac{\alpha_1 f_c}{f_y}=0.074\times1000\times70\times\frac{1\times11.9}{270}=228\text{mm}^2$$

选用Φ 8@200，实配钢筋 $A_s=251\text{mm}^2$ 选用Φ 8@200 钢筋截面积也满足，但间距已大于最大间距，不满足要求)。

验算最小配筋率

$$\rho_{\min}=\left\{0.45\frac{f_t}{f_y},0.2\%\right\}_{\max}=\left\{0.45\times\frac{1.27}{270},0.2\%\right\}_{\max}=\{0.21\%,0.2\%\}_{\max}=0.21\%$$

$$\rho_{\min}bh=0.21\%\times1000\times80=168\text{mm}^2<A_s=251\text{mm}^2,\text{满足要求}$$

(5) 选用分布钢筋并绘截面配筋图

分布钢筋按构造选用Φ 6@200，其截面积为 $A_s=141\text{mm}^2>0.15\%bh=0.15\%\times1000\times$

80＝120mm²，满足构造要求，垂直于纵向受拉钢筋放置于受力钢筋下面。挑檐板截面配筋图如图 3-4 所示。

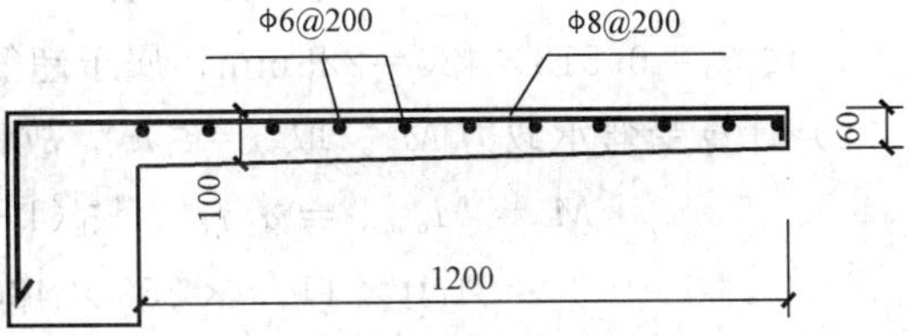

图 3-4 ［例 3-4］图

【例 3-5】 某钢筋混凝土矩形截面梁，截面尺寸 $b\times h=250\times500$mm，采用 C25 混凝土和 HRB400 级钢筋，安全等级为二级，一类环境，箍筋 HPB300 级直径Φ 8 钢筋，纵筋 4 Φ 20，承受弯矩设计值 $M=160$kN·m，试复核该截面是否安全。当该梁内配置纵筋为 6 Φ 20 时，该梁的受弯承载力又如何？

解：确定设计参数：

$$f_c=11.9\text{N/mm}^2,\quad f_t=1.27\text{N/mm}^2,\quad \alpha_1=1.0,$$
$$f_y=360\text{N/mm}^2,\quad \xi_b=0.518,\quad c=25\text{mm}。$$

（1）截面配置 4 Φ 20 纵筋时：

1）计算截面有效高度 h_0 为

$$h_0=h-a_s=500-25-8-20/2=457\text{mm}$$

注意，此处由于纵筋和箍筋直径均已知，且 4 Φ 20 的纵筋可一排布置，故可直接根据实际配筋情况计算 h_0，也可仍按经验估算 $a_s=45$mm 后计算 h_0，两者最终计算结果相差很小。

2）验算最小配筋率。钢筋 4 Φ 20，$A_s=1256\text{mm}^2$。

$$\rho_{min}=0.45\frac{f_t}{f_y}=0.45\times\frac{1.27}{360}=0.16\%<0.2\%，取\ \rho_{min}=0.2\%$$

$$A_{s,min}=\rho_{min}bh=0.2\%\times250\times500=250\text{mm}^2<A_s=1256\text{mm}^2，故满足要求。$$

3）计算受压区高度 x，并验算是否超筋。

$$x=\frac{f_yA_s}{\alpha_1f_cb}=\frac{360\times1256}{1.0\times11.9\times250}=152\text{mm}$$

$x<\xi_bh_0=0.518\times457=237$mm，满足适筋梁要求。

4）计算受弯承载力 M_u，并复核截面。

$$\begin{aligned}M_u&=\alpha_1f_cbx\left(h_0-\frac{x}{2}\right)\\&=1.0\times11.9\times250\times152\times(457-0.5\times152)\\&=172.3\text{kN·m}>M=160\text{kN·m}\end{aligned}$$

受弯承载力满足要求。

（2）截面配置纵筋 6 Φ 20 时：

1）计算截面有效高度 h_0 为

$$h_0=h-a_s=500-70=430\text{mm}$$

由于 6 Φ 20 的纵筋一排布置时，钢筋净距不满足构造要求，故只能两排布置，按经验估算 $a_s=70$mm 后计算 h_0。

2）验算最小配筋率。钢筋 6 Φ 20，$A_s=1884\text{mm}^2$。

$A_s=1884\text{mm}^2>A_{s,min}=250\text{mm}^2$，故满足要求。

3）计算受压区高度 x，并验算是否超筋。

$$x=\frac{f_yA_s}{\alpha_1 f_c b}=\frac{360\times 1884}{1.0\times 11.9\times 250}=230\text{mm}$$

$x>\xi_b h_0=0.518\times 430=223\text{mm}$，属于超筋梁。

4）计算受弯承载力 M_u。取 $x=\xi_b h_0$，故该梁的受弯承载力为

$$\begin{aligned}M_u=M_{u,max}&=\alpha_1 f_c b h_0{}^2\xi_b(1-0.5\xi_b)\\&=1.0\times 11.9\times 250\times 430^2\times 0.518(1-0.5\times 0.518)\\&=211.1\text{kN}\cdot\text{m}\end{aligned}$$

【例 3-6】 已知矩形截面梁，$b\times h=200\text{mm}\times 500\text{mm}$，处一类环境，安全等级二级。该梁在不同荷载组合下受到变号弯矩作用，其设计值分别为 $M=-85\text{kN}\cdot\text{m}$，$M=+140\text{kN}\cdot\text{m}$，采用 C30 级混凝土，HRB400 级钢筋。试求：

（1）按单筋矩形截面计算在 $M=-85\text{kN}\cdot\text{m}$ 作用下，梁顶面需配置的受拉钢筋 A_s'；

（2）按单筋矩形截面计算在 $M=+160\text{kN}\cdot\text{m}$ 作用下，梁底面需配置的受拉钢筋 A_s；

（3）将在 $M=-85\text{kN}\cdot\text{m}$ 作用下梁顶面配置的受拉钢筋 A_s' 作为受压钢筋，按双筋矩形截面计算在 $M=+160\text{kN}\cdot\text{m}$ 作用下梁底部需配置的受拉钢筋 A_s；

（4）比较（1）+（2）和（3）的总配筋面积。

解：确定设计参数。

混凝土 C30，$f_c=14.3\text{N/mm}^2$，$f_t=1.43\text{N/mm}^2$，$\alpha_1=1.0$，$c=20\text{mm}$；

HRB400 级钢筋，$f_y=360\text{N/mm}^2$，$\xi_b=0.518$

（1）按单筋截面计算在 $M=-85\text{kN}\cdot\text{m}$ 作用下的纵筋面积。

1）计算钢筋截面面积并选配钢筋。先假定钢筋一排布置，取 $a_s=40\text{mm}$，则

$$h_0=500-40=460\text{mm}$$

$$\alpha_s=\frac{M}{\alpha_1 f_c b h_0^2}=\frac{85\times 10^6}{1.0\times 14.3\times 200\times 460^2}=0.140$$

$$\xi=1-\sqrt{1-2\alpha_s}=0.151<\xi_b=0.518\quad\text{不超筋}$$

故

$$A_s=\xi b h_0\frac{\alpha_1 f_c}{f_y}=0.151\times 200\times 460\times\frac{1\times 14.3}{360}=552\text{mm}^2$$

2）验算最小配筋率

$$\rho_{min}=\left\{0.45\frac{f_t}{f_y},0.2\right\}_{max}=\left\{0.45\times\frac{1.43}{360},0.2\right\}_{max}=\{0.18,0.2\}_{max}=0.2\%$$

$$\rho_{min}bh=0.2\%\times 200\times 500=200\text{mm}^2<A_s'=628\text{mm}^2\text{，满足要求}$$

（2）按单筋截面计算在 $M=+160\text{kN}\cdot\text{m}$ 作用下的纵筋面积。

假定钢筋一排布置：$h_0=500-40=460\text{mm}$。

$$\alpha_s=\frac{M}{\alpha_1 f_c b h_0^2}=\frac{160\times 10^6}{1.0\times 14.3\times 200\times 460^2}=0.264$$

查表得 $\xi=0.313<\xi_b=0.518$

故

$$A_s=\xi b h_0\frac{\alpha_1 f_c}{f_y}=0.313\times 200\times 460\times\frac{1\times 14.3}{360}=1144\text{mm}^2$$

验算最小配筋率

$$\rho=\frac{A_s}{bh}=\frac{1144}{200\times 500}=1.14\%>\rho_{min}=0.2\%\quad\text{满足要求}$$

(3) 按双筋矩形截面计算梁底部的纵筋面积。

梁顶部实配纵筋 2 Φ 20，$A_s'=628\text{mm}^2$

1) 计算与受压钢筋 A_s' 相对应的受拉钢筋 A_{s2} 及 M_{u2}

$$A_{s2}=\frac{f_y'}{f_y}A_s'=\frac{360}{360}\times 628=628\text{mm}^2$$

$$M_{u2}=f_y'A_s'(h_0-a_s')=360\times 628\times(460-40)=95\times 10^6\text{N}\cdot\text{mm}$$

2) 求与受压混凝土相对应的 M_{u1} 及受拉钢筋 A_{s1}

$$M_{u1}=M-M_{u2}=160\times 10^6-95\times 10^6=65\times 10^6\text{N}\cdot\text{mm}$$

$$\alpha_s=\frac{M_{u1}}{\alpha_1 f_c bh_0^2}=\frac{65\times 10^6}{1.0\times 14.3\times 200\times 460^2}=0.107$$

查表得
$$\xi=0.114<\xi_b=0.518$$

$$x=\xi h_0=0.114\times 460=52\text{mm}<2a_s'=80\text{mm}$$

说明受压钢筋 A_s' 的应力达不到抗压强度 f_y'，这时应取 $x=2a_s'$，则

$$A_s=\frac{M}{f_y(h_0-a_s')}=\frac{160\times 10^6}{360\times(460-40)}=1058\text{mm}^2$$

(4) 比较 (1) ＋ (2) 和 (3) 的总配筋面积。

将 (1) ＋ (2) 的总配筋面积和 (3) 的配筋总面积进行比较，两者的截面尺寸、材料强度等级以及承受的弯矩设计值完全相同，但 (1) 和 (2) 均按单筋截面进行设计，截面内的受力钢筋总面积共需要 $628+1144=1772\text{mm}^2$；(3) 是按双筋截面进行的设计，总受力钢筋截面积为 $628+1058=1686\text{mm}^2$，比按单筋截面需要的受力钢筋面积少了 86mm^2。由此可见，梁在正截面设计时，在截面承受变号弯矩或按构造必须配置受压钢筋的情况下，按双筋截面设计要比分别按单筋截面设计较为经济。

【例 3-7】 某钢筋混凝土简支梁，承受均布荷载设计值 40kN/m（包括梁自重），计算跨度 $L=6\text{m}$，混凝土用 C30，HRB335 级钢筋，截面尺寸 $b\times h=200\text{mm}\times 400\text{mm}$，一类环境，安全等级二级，试求：

(1) 受拉钢筋及受压钢筋的数量；

(2) 如受压区配置 3 Φ 18，$A_s'=763\text{mm}^2$，再求受拉钢筋的数量；

(3) 比较 (1) 和 (2)，哪一个方案比较经济？为什么？

解： 确定设计参数，计算跨中截面最大弯矩设计值 M。

混凝土 C30，$f_c=14.3\text{N/mm}^2$，$f_t=1.43\text{N/mm}^2$，$\alpha_1=1.0$，$c=20\text{mm}$；

HRB335 级钢筋，$f_y=300\text{N/mm}^2$，$\xi_b=0.550$，$\alpha_{s,\max}=0.40$

$$M=\gamma_0\left[\frac{1}{8}(g+q)l_0^2\right]=1.0\times\frac{1}{8}\times 40\times 6^2=180\text{kN}\cdot\text{m}$$

(1) 计算受拉钢筋及受压钢筋的数量。

1) 验算是否需要采用双筋截面：

初步假设受拉钢筋为一排布置，取 $h_0=400-40=360\text{mm}$。

$$\begin{aligned}M_{u,\max}&=\alpha_1 f_c bh_0{}^2\alpha_{s,\max}=1.0\times 14.3\times 200\times 360^2\times 0.40\\&=148.3\text{kN}\cdot\text{m}<M=180\text{kN}\cdot\text{m}\end{aligned}$$

故需采用双筋截面，取 $a_s'=40\text{mm}$

2) 计算受压钢筋截面面积 A_s' 及相应的受拉钢筋 A_{s2}

$$A'_s = \frac{M - M_{u,max}}{f'_y(h_0 - a'_s)} = \frac{180 \times 10^6 - 148.3 \times 10^6}{300 \times (360 - 40)} = 330\text{mm}^2$$

$$A'_{s2} = \frac{f'_y}{f_y} A'_s = \frac{300}{300} \times 330 = 330\text{mm}^2$$

3）求与受压混凝土相对应的受拉钢筋 A_{s1}。考虑让混凝土充分发挥其抗压能力，故取 $x = \xi_b h_0$，则

$$A_{s1} = \frac{\alpha_1 f_c b h_0 \xi_b}{f_y} = 0.55 \times \frac{1.0 \times 14.3}{300} \times 200 \times 360 = 1888\text{mm}^2$$

4）总受拉钢筋截面面积

$$A_s = A_{s1} + A_{s2} = 1888 + 330 = 2218\text{mm}^2$$

（2）在受压区已配置受压钢筋（$A'_s = 763\text{mm}^2$），求受拉钢筋 A_s

1）计算与受压钢筋 A'_s 相对应的受拉钢筋 A_{s2} 及 M_{u2}

$$A_{s2} = \frac{f'_y}{f_y} A'_s = \frac{300}{300} \times 763 = 763\text{mm}^2$$

$$M_{u2} = f'_y A'_s (h_0 - a'_s) = 300 \times 763 \times (360 - 40) = 73.2 \times 10^6 \text{N} \cdot \text{mm}$$

2）求与受压混凝土相对应的 M_{u1} 及受拉钢筋 A_{s1}

$$M_{u1} = M - M_{u2} = 180 \times 10^6 - 73.2 \times 10^6 = 106.8 \times 10^6 \text{N} \cdot \text{mm}$$

$$\alpha_s = \frac{M_{u1}}{\alpha_1 f_c b h_0^2} = \frac{106.8 \times 10^6}{1.0 \times 14.3 \times 200 \times 360^2} = 0.288 < \alpha_{s,max} = 0.40$$

相应地 $\xi = 0.35$

$$x = \xi h_0 = 0.35 \times 360 = 126\text{mm} > 2a'_s = 80\text{mm}$$

$$A_{s1} = \xi b h_0 \frac{\alpha_1 f_c}{f_y} = 0.35 \times 200 \times 360 \times \frac{1.0 \times 14.3}{300} = 1201\text{mm}^2$$

3）受拉钢筋总截面面积 A_s

$$A_s = A_{s1} + A_{s2} = 1201 + 763 = 1964\text{mm}^2$$

（3）比较（1）和（2），两者的截面尺寸、材料强度等级以及承受的弯矩设计值完全相同，并且均采用双筋截面。但前者为根据需要设置相应的受拉、受压钢筋，总的受力钢筋需 330＋2218＝2548mm²；后者是先在受压区设置了截面积 763mm² 受压钢筋，总的受力钢筋面积为 763＋1964＝2727mm²，比前者需配的受力钢筋面积多了 179mm²。由此可见，充分利用混凝土承压，即取 $x = \xi_b h_0$，可以节约钢筋用量，是比较经济的。

【例 3-8】 某现浇肋形楼盖中次梁如图 3-5 所示。承受弯矩设计值 $M = 140\text{kN} \cdot \text{m}$，梁的计算跨度 $l_0 = 6\text{m}$，混凝土强度等级 C30，受力钢筋采用 HRB400 级。试求：

（1）不考虑板参与受力，按单筋矩形截面计算需配置受拉钢筋 A_s；

（2）考虑板作为翼缘参与受力，按 T 形截面计算需配置的受拉钢筋 A_s；

（3）比较（1）和（2）的总配筋面积。

解：（1）按单筋矩形截面计算

$$\text{取 } h_0 = 400 - 40 = 360\text{mm}$$

$$\alpha_s = \frac{M}{\alpha_1 f_c b h_0^2} = \frac{140 \times 10^6}{1.0 \times 14.3 \times 200 \times 360^2} = 0.378$$

$$\xi = 1 - \sqrt{1 - 2\alpha_s} = 0.506 < \xi_b = 0.518, \text{不超筋}$$

故 $$A_s = \xi bh_0 \frac{\alpha_1 f_c}{f_y} = 0.506 \times 200 \times 360 \times \frac{1 \times 14.3}{360} = 1447\text{mm}^2$$

（2）按 T 形截面计算：

1）确定翼缘计算宽度 b'_f：

按计算跨度 l_0 考虑时　$b'_f = \frac{l_0}{3} = 2\text{m}$

按梁的净距 s_n 考虑时　$b'_f = b + s_n = 0.2 + 1.6 = 1.8\text{m}$

按梁的翼缘厚度 h'_f 考虑时 $\frac{h'_f}{h_0} = \frac{80}{360} > 0.1$，不受此项限制

故取 b'_f = 1800mm。

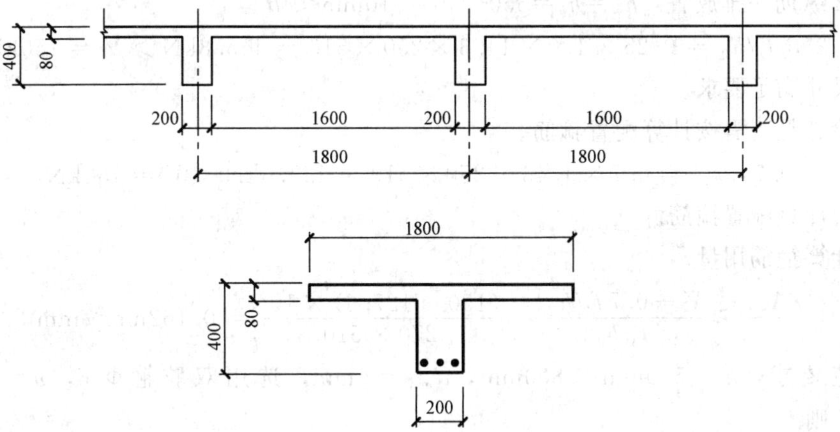

图 3-5 ［例 3-8］图

2）判别 T 形截面类型：

$$\alpha_1 f_c b'_f h'_f \left(h_0 - \frac{h'_f}{2}\right) = 1.0 \times 14.3 \times 1800 \times 80\left(360 - \frac{80}{2}\right) = 659 \times 10^6\text{N} \cdot \text{mm}$$
$$= 659\text{kN} \cdot \text{m} > M = 140\text{kN} \cdot \text{m}$$

属于第一类 T 形截面，按截面尺寸 $b'_f \times h$ 的矩形截面计算。

3）计算 A_s

$$\alpha_s = \frac{M}{\alpha_1 f_c b'_f h_0^2} = \frac{140 \times 10^6}{1.0 \times 14.3 \times 1800 \times 360^2} = 0.042$$

$$\xi = 1 - \sqrt{1 - 2\alpha_s} = 0.043 < \xi_b = 0.518, \text{不超筋}$$

则 $$A_s = \xi b'_f h_0 \frac{\alpha_1 f_c}{f_y} = 0.043 \times 1800 \times 360 \times \frac{1.0 \times 14.3}{360} = 1107\text{mm}^2$$

（3）比较（1）和（2）。两者的梁截面尺寸、材料强度等级以及承受的弯矩设计值完全相同。但前者未考虑板作为翼缘参与受力，按单筋矩形截面计算，需配置受拉钢筋 A_s = 1447mm²；后者则充分考虑了板作为翼缘参与受力，按 T 形截面计算，需配置受拉钢筋 A_s = 1107mm²，比前者节约钢筋截面积 340mm²。可见采用 T 形截面要比矩形截面节约钢筋，主要是由于 T 形截面中翼缘参与受力后加大了受压翼缘宽度，减小了受压区高度，使混凝土压力与钢筋拉力间的内力臂增大，承载力得到提高，从而节约了钢筋用量。

【例 3-9】 矩形截面简支梁，截面尺寸 $b \times h$ = 250mm×550mm，净跨 l_n = 6.0m，承受

荷载设计值（含自重）$q=50\text{kN/m}$，混凝土 C30，箍筋 HPB300 级，纵筋 HRB400 级 4 ⌀ 22，一类环境。试计算梁内所需箍筋。

解：(1) 确定设计参数。

混凝土 C30，$f_c=14.3\text{N/mm}^2$，$f_t=1.43\text{N/mm}^2$，$c=20\text{mm}$；

HPB300 级箍筋，$f_{yv}=270\text{N/mm}^2$，$\beta_c=1.0$

(2) 支座边缘截面剪力设计值。

$$V=\frac{1}{2}\times 50\times 6.0=150\text{kN}$$

(3) 复核梁截面尺寸。

4 ⌀ 22 纵筋一排放置，$h_w=h_0=550-40=510\text{mm}<4b$

$$0.25\beta_c f_c bh_0=0.25\times 1.0\times 14.3\times 250\times 510=455.8\text{kN}>V=150\text{kN}$$

截面尺寸满足要求。

(4) 验算是否需按计算配置箍筋。

$$0.7f_t bh_0=0.7\times 1.43\times 250\times 510=127.6\text{kN}<V=150\text{kN}$$

故需按计算配置箍筋。

(5) 计算箍筋用量。

$$\frac{nA_{sv1}}{s}\geqslant\frac{V-0.7f_t bh_0}{f_{yv}h_0}=\frac{(150-127.6)\times 10^3}{270\times 510}=0.162\text{mm}^2/\text{mm}$$

按构造要求，$h=550\text{mm}<800\text{mm}$，$d_{min}=6\text{mm}$，选用双肢箍 Φ 6，$n=2$，$A_{sv1}=28.3\text{mm}^2$，则

$$s\leqslant\frac{2\times 28.3}{0.162}=349\text{mm}$$

取 $s=s_{max}=250\text{mm}$。

(6) 验算最小配箍率。

$$\rho_{sv,min}=0.24\frac{f_t}{f_{yv}}=0.24\times\frac{1.43}{270}=0.12\%$$

$$\rho_{sv}=\frac{nA_{sv1}}{bs}=\frac{2\times 28.3}{250\times 250}=0.09\%<\rho_{sv,min}$$

配箍率不满足 $\rho_{sv,min}$ 要求，所以应按 $\rho_{sv,min}$ 进行配筋。

$$s\leqslant\frac{nA_{sv1}}{b\rho_{sv,min}}=\frac{2\times 28.3}{250\times 0.12\%}=188\text{mm},\text{取 } s=180\text{mm}。$$

故配置双肢Φ 6@180 箍筋，沿梁长均匀布置。

【例 3-10】 钢筋混凝土矩形截面简支梁，截面尺寸 $b\times h=250\text{mm}\times 600\text{mm}$，净跨 $l_n=6.3\text{m}$，混凝土强度等级 C30，纵向钢筋 HRB400 级，箍筋 HPB300 级，承受均布荷载设计值 $q=72\text{kN/m}$（含自重），根据正截面受弯承载力计算配置有纵筋 4 ⌀ 25＋2 ⌀ 22。试按下列两种方式配置腹筋：

(1) 只配置箍筋（并要求选定箍筋直径和间距）；

(2) 按构造要求沿梁长配置了最低数量的箍筋后，计算所需的弯起钢筋的排数及数量，并选定其直径和根数。

解：(1) 确定设计参数。

混凝土 C30，$f_c=14.3\text{N/mm}^2$，$f_t=1.43\text{N/mm}^2$，$c=20\text{mm}$；

HPB300 级箍筋，$f_{yv}=270\text{N/mm}^2$，$\beta_c=1.0$；

HRB400 级纵筋，$f_y=360\text{N/mm}^2$。

（2）支座边缘截面剪力设计值。

$$V=\frac{1}{2}\times 72\times 6.3=226.8\text{kN}$$

（3）复核梁截面尺寸。

纵筋 4 ⌀ 25+2 ⌀ 22 两排放置，$h_w=h_0=600-65=535\text{mm}<4b$

$0.25\beta_c f_c bh_0=0.25\times 1.0\times 14.3\times 250\times 535=478.2\text{kN}>V=226.8\text{kN}$

截面尺寸满足要求。

（4）验算是否需按计算配置箍筋。

$$0.7f_t bh_0=0.7\times 1.43\times 250\times 535=133.9\text{kN}<V=226.8\text{kN}$$

故需按计算配置箍筋。

（5）腹筋计算。

1）仅配置箍筋时

$$\frac{nA_{sv1}}{s}\geqslant\frac{V-0.7f_t bh_0}{f_{yv}h_0}=\frac{(226.8-133.9)\times 10^3}{270\times 535}=0.643\text{mm}^2/\text{mm}$$

选用双肢箍Φ 8，$A_{sv1}=50.3\text{mm}^2$，则

$$s\leqslant\frac{2\times 50.3}{0.643}=156\text{mm}$$

取 $s=150\text{mm}<s_{max}=250\text{mm}$，实配Φ 8@150。

验算最小配箍率为

$$\rho_{sv,min}=0.24\frac{f_t}{f_{yv}}=0.24\times\frac{1.43}{270}=0.12\%$$

$$\rho_{sv}=\frac{nA_{sv1}}{bs}=\frac{2\times 50.3}{250\times 150}=0.26\%>\rho_{sv,min}$$

配箍率满足要求。选双肢Φ 8@150 箍筋沿梁长均匀布置，满足要求。

若选用双肢箍Φ 6，$A_{sv1}=28.3\text{mm}^2$，则

$$s\leqslant\frac{2\times 28.3}{0.643}=88\text{mm}$$

取 $s=80\text{mm}<s_{max}=250\text{mm}$，间距太小，不方便施工。

若选用双肢箍Φ 10，$A_{sv1}=78.5\text{mm}^2$，则

$$s\leqslant\frac{2\times 78.5}{0.643}=244\text{mm}$$

取 $s=240\text{mm}<s_{max}=250\text{mm}$

验算最小配箍率为

$$\rho_{sv}=\frac{nA_{sv1}}{bs}=\frac{2\times 78.5}{250\times 240}=0.26\%>\rho_{sv,min}$$

故配置双肢箍Φ 10@240 也可以。

2）同时配置箍筋和弯起钢筋时。根据构造要求，$d_{min}=6\text{mm}$，$s_{max}=250\text{mm}$，故选用双肢箍Φ 6，$A_{sv1}=28.3\text{mm}^2$，

$$\rho_{sv}=\frac{nA_{sv1}}{bs}=\frac{2\times28.3}{250\times250}=0.09\%>\rho_{sv,\min}=0.12\%$$

按构造配置箍筋后不满足配箍率要求，所以应按 $\rho_{sv,\min}$ 配置箍筋。

$$s\leqslant\frac{nA_{sv1}}{b\rho_{sv,\min}}=\frac{2\times28.3}{250\times0.12\%}=188\text{mm}，取 s=180\text{mm}，选\phi 6@180 双肢箍。$$

$$V_{cs}=0.7f_tbh_0+f_{yv}\frac{A_{sv}}{s}h_0=133.9\times10^3+270\times\frac{2\times28.3}{180}\times535=179.3\text{kN}$$

$$A_{sb}=\frac{V-V_{cs}}{0.8f_y\sin\alpha_s}=\frac{(226.8-179.3)\times10^3}{0.8\times360\times0.707}=233\text{mm}^2$$

选用 1 Φ 22 纵筋作弯起钢筋，$A_{sb}=380.1\text{mm}^2>233\text{mm}^2$，$\alpha_s=45°$，满足要求。

验算是否需要第二批弯起钢筋：

钢筋弯起点到支座边缘距离为 50＋(600－40－90)＝520mm，如图 3-6 所示，则第一排弯筋弯起点处的剪力设计值为

$$V_1=226.8\times\frac{\frac{6300}{2}-520}{\frac{6300}{2}}=189.4\text{kN}>V_{cs}=179.3\text{kN}$$

该截面处的抗剪承载力不满足要求，故需按构造要求设置第二排弯起钢筋，第一排弯起钢筋的弯起点至后一排钢筋的弯终点的距离 $S\leqslant S_{max}=250\text{mm}$。

此题也可根据已配纵筋 4 Φ 25＋2 Φ 22，可先弯起 1 Φ 22，且求出此根弯起钢筋所承担的剪力 $0.8f_{yv}A_{sb}\sin\alpha_s$，再利用公式 $V\leqslant0.7f_tbh_0+f_{yv}\frac{A_{sv}}{s}h_0+0.8f_{yv}A_{sb}\sin\alpha_s$ 确定箍筋的数量。这样配置的箍筋也必须满足构造要求及最小配箍率的要求。

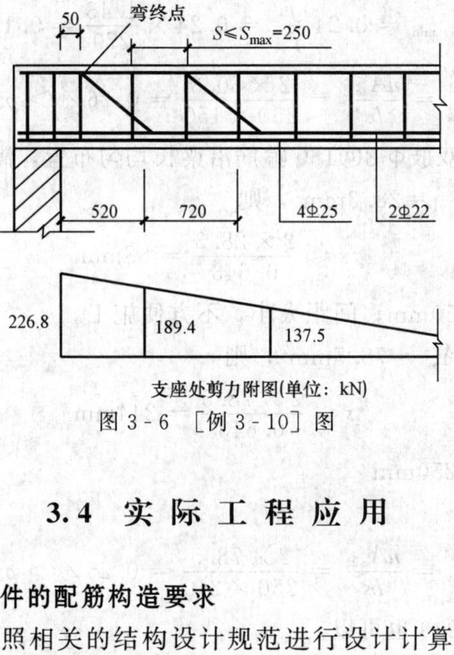

图 3-6 ［例 3-10］图

3.4 实际工程应用

一、钢筋混凝土受弯构件的配筋构造要求

工程中构件的配筋应按照相关的结构设计规范进行设计计算，按照施工图要求进行施工，并符合规范规程的相关要求。

1. 板的配筋构造

钢筋混凝土有单向板、双向板之分，具体划分原则为：两对边支承的板为单向板；四边支承的板当长边 l_2 与短边 l_1 之比 $l_2/l_1 \leqslant 2.0$ 时应为两个方向同时受力的双向板，当 $2.0 < l_2/l_1 < 3.0$ 时宜为双向板，当 $l_2/l_1 \geqslant 3.0$ 时可为沿短边方向受力的单向板。

板内配筋由下部钢筋网和上部钢筋网构成。

单向板中受力方向为受力钢筋，在垂直受力方向的布置分布钢筋，受力筋和分布筋形成下部钢筋网共同受力，受力筋位于分布筋内侧。沿受力方向板支座处的上部受力钢筋与分布钢筋形成上部局部钢筋网；与受力方向垂直的板支座处、嵌固在承重墙内的现浇板的周边，构造钢筋与分布钢筋形成局部钢筋网，共同构成板上部钢筋网。

双向板中双向均为受力钢筋，由双向受力筋形成下部钢筋网共同受力，宜将短向钢筋置于下侧。板支座处的上部受力钢筋与分布钢筋形成上部局部钢筋网；嵌固在承重墙内的现浇板的周边，构造钢筋与分布钢筋形成局部钢筋网，共同构成板上部钢筋网。

通常分布钢筋在施工图中不画出，预算和施工人员应特别注意不要遗漏分布钢筋。

实际工程施工时，应考虑板中钢筋排布（钢筋交叉及叠放）对截面有效高度 h_0 的影响，若存在截面有效高度 h_0 减小的状况时，应及时通知设计方予以复核。特别是当板厚较小，施工中拟用较粗直径的钢筋代换原设计较细直径的钢筋时，更应予以重视。

在温度、收缩应力较大的现浇板区域内，可能在板的未配筋表面布置温度、收缩钢筋。温度、收缩钢筋可利用原有支座受力钢筋贯通布置，也可另行设置构造钢筋网与原有钢筋按受拉钢筋的要求搭接，或在周边构件中锚固。

2. 梁的配筋构造

构件中不同种类的钢筋其作用是不同的，应能够准确地判断出哪些是受力钢筋，哪些是构造钢筋。受力钢筋与构造钢筋最大的区别在于锚固和连接，锚固、连接长度不满足，将有可能引发安全性功能不满足，导致构件破坏；造成钢筋浪费、增加施工成本。

梁内架立钢筋、梁侧构造钢筋（腰筋），搭接与锚固长度均为光圆钢筋取 $15d$，变形钢筋取 $12d$。梁侧构造钢筋应注意与受扭构件（见第 4 章）侧面受扭纵筋的区别，侧面受扭纵筋的搭接长度为 $\geqslant l_l$ 或 $\geqslant l_{lE}$，锚固长度为 $\geqslant l_a$ 或 $\geqslant l_{aE}$。当梁侧腰筋或受扭纵筋的拉结筋设有多排时，上、下两排拉结筋应采用竖向错开的梅花形方式布置。

钢筋混凝土梁在设计和施工过程中，应注意纵向受力钢筋的净距和层距要求。钢筋净距的大小除影响混凝土的浇筑振捣质量，更影响钢筋和混凝土之间的黏结力，这直接决定着纵筋能否参与受力并合理发挥作用，甚至影响到构件的承载能力。梁中纵向受力钢筋和箍筋配置要适量，最好在经济配筋率范围内。在梁内并不是配筋量越大越好，盲目增大钢筋数量，钢筋强度得不到有效利用，会造成钢筋浪费、造价提高；对于有抗震要求的钢筋混凝土框架梁，还会导致构件的延性下降，对抗震不利。如钢筋数量不足，又会导致构件的承载力不足而引发破坏。因此，设计时要注意验算配筋率和配箍率，满足《规范》相应的要求。

梁内同一根纵筋在同一跨内设置连接接头不得多于一个，悬臂梁的纵向钢筋不得设置连接接头。

梁内箍筋肢数的确定，取决于梁的受剪承载力、截面宽度以及纵筋的根数，但在施工时箍筋的排布主要与梁上部纵筋、下部纵筋有关联。当梁箍筋为双肢箍时，梁上部纵筋、下部纵筋与箍筋的排布无关联，各自独立排布。当梁箍筋为复合箍时，梁上部纵筋、下部纵筋与箍筋的排布则有关联，梁复合箍筋一般不采用双肢箍连环套的形式，而是采用截面周边外封闭大箍加内封闭小箍的组合方式，箍筋转角处应设有纵向钢筋，以利于抗扭、抗震和约束双筋截面中的纵向受压钢筋。

二、钢筋混凝土梁、板的裂缝形成与产生原因

1. 现浇板的裂缝形成与防止措施

现浇楼板的裂缝主要分布在板底的跨中与板面周围。板底裂缝可能的形式有：与受拉主筋方向垂直的横断裂缝、交叉裂缝、沿钢筋发展的顺筋裂缝以及不规则的龟状裂缝等；板面裂缝主要出现在板的四周。

板底跨中出现与受拉主筋方向垂直的横断裂缝、交叉裂缝，通常是由于承载力下降，由荷载作用引起的受力裂缝。现浇楼板一般均为双向连续板，当板的尺寸控制不严导致厚度不足、板配筋量不够、分布筋间距过大、养护时间不够、模板变形、拆模过早、过早作用过重的施工荷载以及超载等，都是产生横断裂缝的原因。导致裂缝最后产生，往往不是一种因素所致，而是多种因素叠加的结果。板配筋宜选小直径、小间距，配筋率宜适当提高。

板底出现沿钢筋发展的顺筋裂缝，通常是由于保护层厚度不足、漏筋、混凝土浇捣不均匀不密实等原因造成。板底钢筋则应注意钢筋保护层垫块的布置，一旦出现保护层厚度不足或漏筋现象，将可能产生沿钢筋方向的裂缝，导致钢筋不能和混凝土有效黏结而引起承载力的破坏。

板中出现不规则的龟状裂缝，主要原因就是混凝土的收缩。工程中普遍采用预拌商品混凝土，但由于商品混凝土泵送施工，其中粗骨料含量少，含砂率高，水泥用量高，流动性较大，浇筑速度快，在凝结过程中不可避免地会体积收缩，从而导致楼板开裂。施工中减小混凝土收缩是减小此类裂缝的主要措施。此外分布钢筋的间距适当加密，也可增强混凝土抵抗温度变化及干缩变形的能力。施工中合理的留置施工缝也是非常有效的措施。

板面周边的裂缝，在设计合理的前提下，此类裂缝通常由于板支座处负筋位置不当，保护层过厚引起。由于板支座负筋支承不牢靠，未按规定设置钢筋铁马凳，绑扎好后混凝土浇筑工人在上面行走，常把支座负筋离板底的高度压底，浇筑时又未及时提升复位，致使有效高度不足，造成负弯矩裂缝较宽，同时导致相应板底跨中裂缝的加大。此外，施工期间超载也可能引发此类裂缝。

2. 梁的裂缝

梁的裂缝在跨中主要有两种裂缝形式，一是与受拉主筋垂直的横向裂缝，二是沿钢筋发展的顺筋裂缝。横向裂缝通常是由于正截面受弯引起，配筋率偏低、钢筋直径偏粗、保护层厚度过大等原因，都可能引发横向裂缝宽度开展偏大，不满足正常使用的要求。顺筋裂缝则通常是由于保护层厚度不足、漏筋、混凝土浇捣不均匀不密实等原因造成，顺筋裂缝的出现，使得钢筋不能和混凝土有效黏结，可能引发承载力的破坏，故施工中应加强混凝土的振捣，禁止顺筋裂缝的出现。

在梁的支座附近可能发生的是梁侧斜裂缝，主要是由于受剪引起。但对于配置了受剪承载力所需的腹筋后，使用阶段的斜裂缝宽度一般小于 0.2mm，故不必考虑。

三、钢筋的代换

在实际工程中，可能会由于钢筋材料供货等问题，需要进行“钢筋代换”，钢筋代换有“等强代换”和“等面积代换”两种方式。

“等面积代换”是在用钢量 A_s 相同的条件下，钢筋“以粗代细”或“以细代粗”。钢筋的选配可能有多种方案，没有统一的标准，如何选用钢筋应在综合考虑材料的供货、钢筋净距、截面有效高度、构件裂缝宽度、钢筋加工及工作量等几个方面，寻找合理的方案。应尽可能选用常用的钢筋规格，不宜过大或过小。直径过大或者“以粗代细”，钢筋根数少，净距可满足，但钢筋加工困难，构件的裂缝宽度比较大，影响构件的正常使用等。直径太细或者“以细代粗”，钢筋根数多，钢筋布置过密，净距要求可能得不到满足，或者钢筋布置排数增多，导致截面有效高度 h_0 减小，承载力降低；还会出现钢筋骨架刚度小容易变形，钢筋的加工及绑扎工作量加大等问题。

“等强代换”时，应综合考虑配筋率、钢筋净距、截面有效高度、延性性能、构件裂缝宽度等几个方面，进行合理代换。如用高强度钢筋代换低强度钢筋，钢筋数量会减少，可能引起配筋率过小不满足要求，同时钢筋应力增大将使构件的裂缝宽度加大；其次在有抗震设防要求构件中，结构构件的延性下降。如用低强度钢筋代换高强度钢筋，钢筋数量会增多，钢筋净距要求可能得不到满足，或者钢筋布置排数增多，导致截面有效高度 h_0 减小，承载力降低。

3.5 综 合 训 练

一、填空题

1. 混凝土保护层的三个作用分别是：__________、__________、__________。

2. 受弯构件正截面承载力是通过计算配置__________来保证，斜截面抗剪承载力是通过计算配置__________来保证。

3. 箍筋有__________和__________两种形式。箍筋的作用分别是__________、__________、__________。

4. 梁的设计内容，包括正截面抗弯承载力、斜截面抗剪承载力和斜截面__________承载力三方面。

5. 当梁的截面腹板高度 h_w 超过__________时，在梁的两个侧面沿高度配置间距不宜大于__________的纵向构造钢筋（也称腰筋）。

6. 《规范》规定，梁内下部纵向受力钢筋的净距不得小于__________和__________，上部纵向受力钢筋的净距不得小于__________和__________。

7. 按照配筋率的不同，受弯构件正截面可能产生__________、__________和__________三种不同的破坏形态。

8. 适筋梁正截面受弯承载力由加载至破坏整个过程可分为三个阶段：第一阶段以__________作为结束标志；第二阶段以__________作为结束标志；第三阶段以__________作为结束标志。

9. 《规范》以__________破坏形态为依据，建立正截面抗弯承载力计算公式。

10. 在受弯构件正截面抗弯承载力中为简化计算，采用了等效矩形应力图形代换了曲线形应力图形，其代换原则是__________、__________。

11. 受弯构件正截面中，相对界限受压区高度 ξ_b 的取值取决于__________。

12. 单筋受弯构件正截面抗弯承载力计算中，$\xi=\dfrac{x}{h_0}$，$\alpha_s=$__________，$\gamma_s=$__________。

13. 影响正截面抗弯承载力的主要因素有__________、__________、__________等。

14. 受弯构件双筋截面计算基本公式的适用条件是________、________。

15. 在进行T形截面受弯构件的正截面设计及截面校核时，判别两类T形截面的条件是M________，A_s________时均为第一类T形截面。

16. 腹筋包括________、________。在钢筋混凝土梁中，宜优先采用________作为受剪钢筋。

17. 受弯构件斜截面受剪破坏受到剪跨比和配箍量的影响，主要有________、________、________三种破坏形式。其中________破坏承载力最大。

18.《规范》关于受弯构件斜截面承载力的计算公式是根据________的受力特点和实测数据拟定的，因此不适用于________和________的情况。为此规范规定了公式的上、下限值，其中上限值（最小截面尺寸限制条件）是为了避免________的发生；而下限值（最小配筋率）则是为了避免________的发生。

19. 影响梁斜截面抗剪承载力的主要因素是________、________、________、________以及纵筋的配筋率和混凝土强度等级。

20. 剪跨比越大，梁的抗剪承载力越________；纵筋配筋率越高，梁的抗剪承载力越________。

21. 斜截面抗剪计算的上限值是________，这是为了保证梁不发生________破坏；下限值是________，这是为了保证不发生________破坏。

22. 斜截面抗剪承载力应当对________、________、________、________等不利部位进行计算。

23.《规范》要求，对箍筋的________与________应满足相应的构造要求。

24. 对于有腹筋梁，在________条件下，斜截面常呈现斜压破坏，因此《规范》规定________。

25. 一均布荷载作用下的钢筋混凝土简支梁，截面尺寸250mm×600mm，配有3Φ18受压筋和4Φ20受拉筋，其$V>0.7f_tbh_0$。梁中箍筋最大间距应为：________，箍筋直径应满足________。

26. 梁内第一排弯起钢筋的弯终点距支座内边缘的距离为________，第二排弯起钢筋的弯终点距第一排弯起钢筋弯起点的间距为________。

27.《规范》对纵向受拉钢筋实际截断点的规定：①当$V\leqslant 0.7f_tbh_0$时，钢筋必须从理论断点截面向外延伸长度不小于________处截断，且从充分利用点截面向外延伸长度不应小于________；②当$V>0.7f_tbh_0$时，必须从理论断点截面向外延伸长度不小于________且不小于________处截断，且伸出充分利用截面长度不应小于________。

28. 梁内纵向受力钢筋的弯起点应设在按正截面抗弯承载力计算该钢筋强度全部发挥的截面以外$h_0/2$处，以保证________；同时，弯起筋与梁中心线交点应位于该计算钢筋理论断点截面以外，以保证________。

29. 其他条件相同时，混凝土保护层愈厚，梁的平均裂缝宽度愈________。

二、选择题

1. 混凝土梁的保护层厚度是指（　　）。

A. 箍筋外表面至梁表面的距离　　B. 纵筋外表面至梁表面的距离

C. 纵筋截面形心至梁表面的距离　　D. 箍筋截面形心至梁表面的距离

2. 钢筋混凝土适筋梁的破坏形态属于（　　）。

A. 延性破坏　　B. 脆性破坏

C. A、B 形式均有　　D. 界限破坏

3. 受弯构件适筋截面是指（　　）。

A. 混凝土受压破坏与受拉钢筋屈服必须同时发生

B. 混凝土受压破坏先于钢筋受拉屈服

C. 构件破坏时，受拉钢筋屈服，并且混凝土受压破坏

D. 受拉钢筋先屈服，然后混凝土受压破坏

4. 截面尺寸与材料品种确定后，受弯构件正截面抗弯承载力与纵向受拉钢筋配筋率 ρ 之间的关系是（　　）。

A. ρ 愈大，正截面抗弯承载力也愈大

B. ρ 愈小，正截面抗弯承载力也愈大

C. 当 $\rho_{min} \leqslant \rho \leqslant \rho_{max}$ 时，ρ 愈大，正截面抗弯承载力也愈大

5. 单筋矩形截面梁，当 $\rho \geqslant \rho_{max}$ 时，梁的正截面抗弯承载力（　　）。

A. 随 ρ 的增加而增加　　B. 随 ρ 的增加而减小

C. 不随 ρ 的变化而变化　　D. 为零

6. 单筋矩形截面梁，当 $\rho_{min} \leqslant \rho \leqslant \rho_{max}$ 时，梁的抗弯承载力（　　）。

A. 随 ρ 的增加而增加　　B. 随 ρ 的增加而减小

C. 不随 ρ 的变化而变化　　D. 为零

7. 钢筋混凝土单筋矩形截面梁中的架立筋，计算时（　　）。

A. 不考虑其承担压力　　B. 考虑其协助混凝土承担压力

C. 考虑其承担剪力　　D. 考虑其承担拉力

8. 当钢筋混凝土梁高 h_w（　　）时应在梁的两侧设置构造钢筋。

A. $h_w \geqslant 600$mm　　B. $h_w \geqslant 550$mm　　C. $h_w \geqslant 500$mm　　D. $h_w \geqslant 450$mm

9. 梁下部纵向受力钢筋净距应满足（　　）。

A. $S \geqslant 30$mm 及 $S \geqslant 1.5d$　　B. $S \geqslant 50$mm 及 $S \geqslant d$

C. $S \geqslant 25$mm 及 $S \geqslant d$

10. 下列关于梁中腰筋和拉筋构造要求的论述中，正确的是（　　）。

A. 当梁的腹板高度 $h_w \geqslant 450$mm 时，应在梁的两个侧面沿高度配置纵向构造钢筋即腰筋

B. 拉筋的直径和间距一般与箍筋相同

C. 纵向构造钢筋间距不宜大于 250mm

D. 纵向构造钢筋一般不必作弯钩

11. 适筋梁正截面抗弯承载力计算的依据是（　　）。

A. 第Ⅰa 阶段的应力状态　　B. 第Ⅱa 阶段的应力状态

C. 第Ⅲa 阶段的应力状态

12. 钢筋混凝土梁中，架立钢筋按（　　）配置。

A. 正截面承载力计算　　B. 斜截面承载力计算

C. 构造

13. 板中纵向受力钢筋根据（　　）配置。

A. 构造　　B. 正截面承载力计算

C. 斜截面承载力　　D. A+B

14. 单筋矩形梁正截面承载力计算公式限制适用条件的目的，是为了控制在（　　）内。

A. 超筋破坏　　B. 少筋破坏　　C. 适筋破坏

15. 钢筋混凝土适筋梁的破坏形态属于（　　）。

A. 延性破坏　　B. 脆性破坏　　C. A、B形式均有　　D. 界限破坏

16. 提高受弯构件正截面受弯承载力最有效的方法是（　　）。

A. 提高混凝土强度　　B. 提高钢筋强度

C. 增加截面高度　　D. 增加截面宽度

17. 梁有适筋破坏、超筋破坏、少筋破坏三种形式，它们的破坏性质分别为（　　）。

A. 三者都属于延性破坏

B. 前者属于延性破坏，后两者属于脆性破坏

C. 三者均属于脆性破坏

D. 前者属于脆性破坏，后两者属于塑性破坏

18. 受弯构件适筋截面是指（　　）。

A. 混凝土受压破坏与钢筋受拉屈服必须同时发生

B. 混凝土受压破坏先于钢筋受拉屈服

C. 在构件破坏时，受拉钢筋屈服，并且混凝土受压破坏

D. 受拉钢筋先屈服，然后混凝土受压破坏

19. 受弯构件适筋梁破坏时，受拉钢筋应变 ε_s 和受压区边缘混凝土应变 ε_c 为（　　）。

A. $\varepsilon_s>\varepsilon_y$，$\varepsilon_c=\varepsilon_{cu}$　　B. $\varepsilon_s<\varepsilon_y$，$\varepsilon_c=\varepsilon_{cu}$

C. $\varepsilon_s<\varepsilon_y$，$\varepsilon_c<\varepsilon_{cu}$　　D. $\varepsilon_s=\varepsilon_y$，$\varepsilon_c>\varepsilon_{cu}$

20. 双筋截面是指（　　）。

A. 配有两根纵筋的梁　　B. 配置两排纵筋的梁

C. 受拉、受压区均配置纵向受力钢筋的梁

21. 双筋矩形截面梁正截面承载力计算中，限制 $x\geqslant 2a_s'$ 是为了（　　）。

A. 保证受压钢筋达到屈服　　B. 保证受拉钢筋达到屈服

C. 保证受压区混凝土达到极限压应变　　D. 保证受压区混凝土不过早破坏

22. 对于一般的T形截面梁的斜截面承载力计算，是按（　　）。

A. 翼缘计算宽度 b_f'，并考虑剪跨比的影响

B. 翼缘计算宽度 b_f'，不考虑剪跨比的影响

C. 肋宽 b，并考虑剪跨比的影响

D. 肋宽 b，不考虑剪跨比的影响

23. 受弯构件正截面承载力计算时，T形截面划分为两类截面的依据是（　　）。

A. 计算公式建立的基本原理不同　　B. 受拉区与受压区截面形状不同

C. 破坏形态不同　　D. 混凝土受压区的形状不同

24. 某简支梁截面为倒T形，其正截面承载力计算应按（　　）截面计算。

A. 第一类 T 形截面　　B. 第二类 T 形截面

C. 矩形截面

25. T 形截面梁配筋率的计算公式应为（　　）。

A. $\rho=\frac{A_s}{bh_0}$　　B. $\rho=\frac{A_s}{bh}$　　C. $\rho=\frac{A_s}{b'_f h_0}$　　D. $\rho=\frac{A_s}{b'_f h}$

26. 与素混凝土梁相比，适量配筋的钢混凝土梁的承载力和抵抗开裂的能力（　　）。

A. 均提高很多　　B. 承载力提高很多，抗裂提高不多

C. 抗裂提高很多，承载力提高不多　　D. 均提高不多

27. 受弯构件斜截面承载力计算是以（　　）为计算依据的。

A. 适筋破坏　　B. 剪压破坏　　C. 斜压破坏

28. 梁斜截面的破坏是指（　　）。

A. 纯弯作用下的破坏　　B. 弯剪共同作用下的破坏

C. 纯剪作用下的破坏

29. 受弯构件的配箍率过大时，斜截面可能产生的破坏形态是（　　）破坏。

A. 剪压　　B. 斜拉　　C. 斜压

30. 梁斜截面的抗剪承载力计算是以（　　）破坏为基础的计算，而对于（　　）破坏以最小截面尺寸大小保证；对于（　　）破坏以限制最小配箍量保证。

A. 剪压　　B. 斜拉　　C. 斜压

31. 有腹筋梁抗剪承载力计算公式中的 $\alpha_{cv} f_t bh_0$ 是代表（　　）抗剪能力。

A. 纯混凝土　　B. 构造箍筋与混凝土的

C. 纵筋与混凝土的

32. 箍筋对斜裂缝的出现（　　）。

A. 影响很大　　B. 不如纵筋大　　C. 无影响　　D. 影响不大

33. 钢筋混凝土梁斜截面破坏形态有斜压破坏、剪压破坏和斜拉破坏三种，这三种破坏的性质是（　　）。

A. 均属脆性破坏

B. 斜压、斜拉破坏属于脆性，剪压破坏属于延性破坏

C. 斜拉属于脆性破坏，斜压、剪压属于延性破坏

34. 限制梁中箍筋最大间距 s 是为了防止（　　）。

A. 箍筋配置过少，出现斜拉破坏

B. 斜裂缝不与箍筋相交

C. 箍筋对混凝土的约束能力降低

35. 《规范》中限制梁的最小配箍率是防止梁发生（　　）破坏。

A. 斜拉　　B. 少筋　　C. 斜压　　D. 剪压

36. 钢筋混凝土梁中，箍筋直径和间距根据（　　）确定。

A. 计算　　B. 构造　　C. 计算和构造　　D. 经验

37. 下列说法不正确的是（　　）。

A. 通常受弯构件中纵筋主要承受拉力

B. 双筋梁即受拉区设置双排钢筋的梁

C. 梁的截面高度与跨度有关

D. 混凝土保护层作用是保证钢筋耐久性及其与混凝土的黏结性

38. 下列说法不正确的是（　　）。

A. 鸭筋主要是用来承受剪力的

B. 浮筋在梁中起承担支座处剪力的作用

C. 吊筋用来承担次梁传来的集中力，防止主梁局部破坏

D. 梁的架立筋的作用是形成钢筋骨架和承受温度和收缩应力等产生的拉力

39. 抗剪公式适用的上限值，是为了保证（　　）。

A. 构件不发生斜压破坏　　B. 构件不发生剪压破坏

C. 构件不发生斜拉破坏　　D. 箍筋不致配的太多

40. 梁斜截面的破坏基本属于（　　）破坏。

A. 延性　　B. 脆性　　C. A、B 均有

41. 梁可用弯起钢筋抵抗剪力，其钢筋的强度取值为（　　）。

A. f_y　　B. $0.8f_y$　　C. $1.25f_y$

42. 箍筋和弯起钢筋均可以抵抗剪力，《规范》建议宜优先采用（　　）抗剪。

A. 仅配箍筋　　B. 仅配弯起筋　　C. 既配弯起筋又配箍筋

43. 在下列情况下，梁斜截面宜设置弯起钢筋的是（　　）。

A. 梁剪力小

B. 剪力很大，仅配箍筋不足时（箍筋直径过大或间距过密）

C. 跨中梁下部具有较多的 $+M$ 纵筋，而支座 $+M$ 小

D. 为使纵筋强度得以充分利用承受 $-M$

44. 当梁中配有计算需要的受压钢筋时，箍筋应采用（　　）。

A. 开口箍筋　　B. 封闭箍筋　　C. 两者都可用

45. 判断下列图 3-7 中悬臂梁的斜截面破坏形态（　　）是正确的。

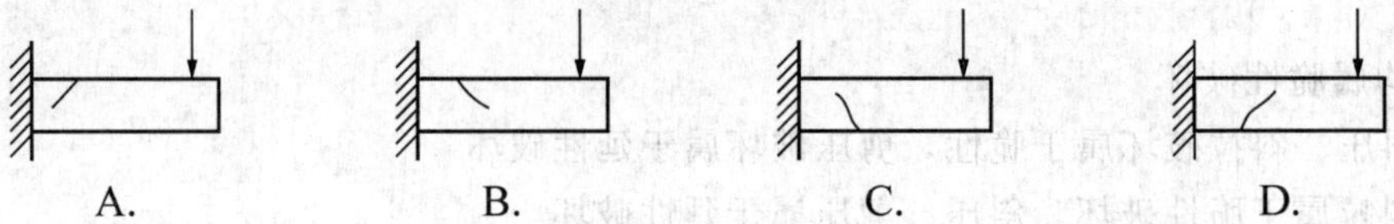

图 3-7　悬臂梁的斜截面破坏形态

46. 条件相同的无腹筋梁，发生斜压、剪压、斜拉三种破坏形态时，梁斜截面承载能力的大致关系是（　　）。

A. 斜压承载力＞剪压承载力＞斜拉承载力

B. 剪压承载力＞斜压承载力＞斜拉承载力

C. 剪压承载力＞斜拉承载力＞斜压承载力

47. 梁斜截面抗剪承载力的设计方法是建立在（　　）破坏形态的基础上。

A. 斜压　　B. 剪压　　C. 斜拉　　D. 锚固

48. 受弯构件斜截面抗弯承载力是通过采用（　　）措施来满足的。

A. 承载力计算　　B. 构造要求　　C. A＋B

49. 梁有斜压、剪压、斜拉三种剪切破坏形式，其破坏分别为（　　）。

A. 均属于脆性破坏

B. 剪压破坏属于延性破坏，其他两种破坏属于脆性破坏

C. 均属于延性破坏

D. 斜拉破坏属于延性破坏，其他两种破坏属于脆性破坏

50. 对于仅配箍筋的梁，在配筋率 ρ_{sv} 不变的条件下，提高受剪承载力的最有效措施是（　　）。

A. 增大截面高度　　B. 增大箍筋强度

C. 增大截面宽度　　D. 增大混凝土的强度等级

51. 钢筋混凝土梁，当 $V \leqslant 0.7 f_t b h_0$ 时，应按（　　）。

A. 构造配箍　　B. 计算配箍　　C. 可不配箍

52. 对于一般受弯梁，当 $V > 0.25 \beta_c f_c b h_0$ 时，应采取的措施是（　　）。

A. 加大箍筋直径或减少箍筋间距　　B. 增大受压区翼缘，形成 T 形截面

C. 加配弯起钢筋　　D. 以上三种作法都不正确

53. 限制梁中箍筋最大间距是为了防止（　　）。

A. 箍筋配置过少，出现斜拉破坏

B. 出现斜裂缝不与箍筋相交的情况

C. 箍筋对混凝土的约束能力降低

54. 钢筋混凝土连续梁的中间支座处，当配置了一定量的箍筋后，若配置的弯起钢筋不能满足抗剪要求时，应增设（　　）来抵抗剪力。

A. 纵筋　　B. 鸭筋　　C. 浮筋　　D. 架立钢筋

55. 为了保证梁正截面及斜截面的抗剪弯强度，在作材料图时，应当保证（　　）。

A. 弯起点距该根钢筋的充分利用点的距离 $\geqslant h_0/2$

B. 弯起点距该根钢筋的充分利用点距离 $< h_0/2$

C. 弯起点距该根钢筋的充分利用点距离 $\geqslant h_0/2$，且材料图不切入弯矩图中

56. （　　）是按实际配置的纵向受拉钢筋所确定的梁上各正截面所能抵抗的弯矩图。

A. 弯矩图　　B. 抵抗弯矩图　　C. 剪力图　　D. 以上答案都不对

57.《规范》定义的裂缝宽度是指（　　）。

A. 受拉钢筋重心水平处构件底面上混凝土的裂缝宽度

B. 受拉钢筋重心水平处构件侧表面上混凝土的裂缝宽度

C. 构件底面上混凝土的裂缝宽度

D. 构件侧表面上混凝土的裂缝宽度

58. 钢筋混凝土构件中，愈要减小裂缝宽度，可采取（　　）的办法。

A. 减小钢筋直径　　B. 增大保护层厚度　　C. 减少钢筋数量　　D. 采用光圆钢筋

59. 在计算钢筋混凝土受弯构件的变形时，截面刚度是取（　　）。

A. 最大刚度　　B. 最小刚度　　C. 平均刚度　　D. 1.5 倍的平均刚度

60. 其他条件相同时，钢筋的保护层厚度与平均裂缝间距、裂缝宽度之间的关系是（　　）。

A. 保护层厚度对平均裂缝间距没有影响

B. 保护层越厚，平均裂缝间距越大，裂缝宽度也越大

C. 保护层越厚，平均裂缝间距越小，但裂缝宽度越大

61. 在钢筋混凝土构件中，钢筋表面的裂缝宽度比构件表面处的裂缝宽度（ ）。

A. 小得多 B. 大得多 C. 稍小一些

三、判断题

1. 适筋梁的正截面破坏是由于受压区边缘混凝土达到了其抗压设计强度。（ ）

2. 配置 HRB335 级钢筋的单筋矩形截面梁，当 $\xi_b \geqslant 0.550$ 时，它所能承受的最大弯矩设计值 $M_{max}=0.40\alpha_1 f_c bh_0^2$。（ ）

3. 少筋梁正截面抗弯破坏时，破坏弯矩小于同截面适筋梁的开裂弯矩。（ ）

4. 超筋梁的 M_u 与钢筋截面积 A_s 有关，与钢筋的 f_y 无关。（ ）

5. 适筋梁的 $M_u > M_y$ 是因为钢筋应力已进入强化阶段。（ ）

6. 当梁的截面尺寸、混凝土强度及配筋截面积给定时，钢筋的屈服强度 f_y 越高，M_{cr} 也越大。（ ）

7. 配置了受拉钢筋的钢筋混凝土梁的极限承载力不可能小于同截面、相同混凝土强度的素混凝土梁的承载力。（ ）

8. 当构件承担的弯矩过大，截面尺寸及材料均不能改变，而单筋截面无法满足 $x \leqslant \xi_b h_0$ 时，可考虑采用双筋截面。（ ）

9. 受弯构件当 $M > \alpha_{s,max}\alpha_1 f_c bh_0^2$ 时，可以采用双筋梁。（ ）

10. 双筋矩形截面梁正截面承载力计算中，限制 $x \geqslant 2a_s'$ 是为了保证受压混凝土达到极限压应变。（ ）

11. $x \leqslant h_f'$ 的第一类 T 形截面梁，在正截面抗弯承载力计算及最小配筋率计算中，截面宽度均取 b_f' 计算。（ ）

12. 受弯构件斜截面的三种破坏形态均属脆性破坏。（ ）

13. 梁只要保证正截面抗弯承载力和斜截面的抗剪承载力，则梁就是安全的。（ ）

14. 斜截面的抗剪破坏是由于主拉应力达到混凝土的抗拉强度而破坏，所以只要配置平行于主拉应力的弯起钢筋就能保证斜截面的抗剪承载力，箍筋的作用是不大的。（ ）

15. 只要对斜截面进行抗剪承载力计算，并按计算配置腹筋，即可保证斜截面的抗剪承载力，且不会出现三种破坏形态。（ ）

16. 在配筋率不变的条件下，采用较小直径和较密间距的箍筋，可有效地提高梁的抗剪能力。（ ）

17. 梁纵向钢筋含钢率的多少对抗剪强度是没有影响的。（ ）

18. 在抗剪承载力计算公式 $V \leqslant \alpha_{cv} f_t bh_0 + f_{yv}\dfrac{A_{sv}}{s}h_0$ 中，$\alpha_{cv} f_t bh_0$ 一项是混凝土本身所具有的抗剪能力。（ ）

19. 梁的抗剪计算公式的适用范围（即上、下限）是为了分别限制梁不出现斜压和斜拉破坏。（ ）

20. 在配筋率不变的条件下，采用较小直径和较密间距的箍筋，可有效提高梁的抗剪能力。（ ）

21. 钢筋混凝土梁只要保证了正截面的抗弯承载力，也必然能保证斜截面的抗弯承载

力。（　　）

22. 梁内弯起钢筋由于平行于主拉应力设置，抵抗剪力的作用最强，所以一般都能达到设计强度 f_y。（　　）

23. 钢筋可以在理论切断点处切断，不必延长。（　　）

24. 梁在荷载作用下的弯矩图与抵抗弯矩图都是弯矩图，所以是一样的。（　　）

25. 箍筋对梁斜裂缝的出现影响不大。（　　）

26. 当梁的配箍率相同时，斜裂缝宽度不受箍筋直径影响。（　　）

27. 受弯构件中，只有在纵向钢筋被切断或弯起的地方，才需考虑斜截面抗弯承载力的问题。（　　）

28. 验算变形及裂缝宽度时荷载均采用标准值，不考虑荷载分项系数。（　　）

29. 钢筋混凝土受弯构件的抗弯刚度是一个变量，其值随弯矩 M 的增大而逐渐减小。（　　）

30. 相同配筋率情况下，选用较细直径钢筋，可减小裂缝间距及裂缝宽度。（　　）

31. 为了控制裂缝的宽度，在普通混凝土结构中，不宜采用高强钢筋。（　　）

32. 混凝土保护层越厚，裂缝宽度越大。（　　）

33. 在正常使用极限状态验算中，所有的材料强度均取材料的标准值，所有荷载均取为荷载的标准值，不考虑分项系数。（　　）

34. 荷载长期作用下挠度增长的主要原因是混凝土的徐变与收缩。（　　）

35. 随着截面应力的加大，徐变会越来越大，因而它与荷载作用下产生的变形是一回事。（　　）

36. 进行正常使用极限状态计算时，荷载及材料强度都采用标准值，这是为了保证结构的正常使用要求，同时较承载力的极限状态可以允许有较大的失效概率。（　　）

37. 其他条件相同时，采用带肋变形钢筋是减小裂缝宽度的一项有力措施。（　　）

四、名词解释

1. 混凝土保护层厚度
2. 截面有效高度
3. 配筋率 ρ
4. 单筋截面梁
5. 界限破坏
6. 相对界限受压区高度
7. 双筋梁
8. 配箍率 ρ_{sv}
9. 剪跨比
10. 最小刚度原则

五、简答题

1. 梁、板中混凝土保护层的主要作用是什么？在正常环境下其最小值分别是多少？

2. 板内分布钢筋的作用是什么？

3. 钢筋混凝土梁、板构件中主要受力钢筋有哪些基本构造要求？试说明这些构造要求的作用是什么？

4. 叙述少筋梁、适筋梁和超筋梁破坏时各自的特点；在工程中为什么应避免采用少筋梁和超筋梁？

5. 适筋梁正截面受力全过程可划分为几个阶段？各阶段主要特点是什么？分别作为哪项内容的计算依据？

6. 钢筋混凝土梁正截面受力全过程与匀质弹性材料梁有何区别？

7. 适筋梁当受拉钢筋屈服后能否再增加荷载？为什么？少筋梁能否这样，为什么？

8. 受弯构件正截面承载力计算时做了哪些简化处理？说明确定等效矩形应力图形的原则。

9. 影响钢筋混凝土受弯承载力的最主要因素是什么？当截面尺寸确定后，改变混凝土强度等级或改变钢筋强度等级时对受弯承载力的影响有效程度如何？

10. 设计中如何避免出现少筋梁和超筋梁？

11. 受弯构件中 ρ_{max}、ρ_{min} 是如何确定的？确定其相应量值的影响因素是什么？

12. 如何计算单筋矩形截面适筋梁、超筋梁的正截面抗弯承载力？

13. 什么情况下才采用双筋截面梁？配置受压钢筋有何有利作用？如何保证受压钢筋的强度得以充分利用？

14. 如何理解在双筋矩形截面设计时取 $\xi=\xi_b$？

15. T 形截面如何分类？在截面设计和截面复核时如何判别两类 T 形截面？

16. 影响钢筋混凝土受弯承载力的最主要因素是什么？当截面尺寸确定后，改变混凝土强度等级或改变钢筋强度等级时对受弯承载力的影响有效程度如何？

17. 简述有腹筋梁的斜截面破坏形态、形成条件。

18. 有腹筋梁斜截面受剪承载力计算公式由哪种破坏形态建立起来的？为何要对公式施加限制条件，其意义是什么？

19. 影响有腹筋梁斜截面抗剪承载力的因素主要有哪些？

20. 限制箍筋及弯起钢筋的最大间距 s_{max} 的目的是什么？当箍筋间距满足 s_{max} 时，是否一定满足最小配箍率的要求？如有矛盾，应如何处理？

21. 如何截断钢筋？当 $V\leqslant 0.7f_tbh_0$ 和 $V>0.7f_tbh_0$ 两种情况下如何确定延伸长度？

22. 钢筋混凝土受弯构件的截面抗弯刚度有什么特点？

23. 简述混凝土结构构件裂缝的出现、分布和开展的过程和特点。

24. 构件裂缝平均间距 l_{cr} 主要与哪些因素有关？

25. 何谓混凝土结构受弯挠度计算中的最小刚度原则，试分析其合理性。

26. 简述配筋率对混凝土受弯构件正截面承载力、挠度和裂缝宽度的影响。三者不能同时满足时采取什么措施？

27. 确定混凝土构件变形和裂缝限值时应考虑哪些因素？减少钢筋混凝土梁变形、控制裂缝宽度的措施有哪些？

六、计算题

1. 某一钢筋混凝土矩形梁的截面尺寸 $b\times h=200\times600$mm，弯矩设计值 $M=155$kN·m，选用 C30 混凝土及 HRB400 级钢筋，一类环境，安全等级二级。试分别用基本公式和查表法计算纵向受力钢筋的面积 A_s，并确定其直径和根数。

2. 钢筋混凝土矩形截面梁，截面尺寸 $b\times h=200\times500$mm，弯矩设计值 $M=120$kN·m，混凝土强度等级为 C25，一类环境，安全等级二级，试计算纵向受力钢筋面积 A_s；（1）当选用 HPB335 级钢筋时；（2）改用 HRB400 级钢筋时；（3）改用 HRB500 级钢筋时。最后，对三种计算结果进行对比分析。

3. 某教学楼内廊为简支在砖墙上的钢筋混凝土现浇板，板厚 80mm，计算跨度为 $l_0=2.45$m，承受均布荷载设计值为 6.6kN/m^2（包括板自重），采用混凝土 C25，HPB300 级钢筋，一类环境，安全等级二级。试确定板中所需受拉钢筋面积 A_s。

4. 钢筋混凝土矩形梁，截面尺寸 $b\times h=200\times450$mm，混凝土强度等级 C25，HRB400 级钢筋，已配有受拉钢筋 3 ⏀ 22，$A_s=982$mm^2，$a_s=45$mm，试验算该梁截面上承受弯矩设计值 $M=96$kN·m 时是否安全？

5. 钢筋混凝土矩形梁，截面尺寸 $b\times h=250\times600$mm，配置 4 ⏀ 25 的 HRB400 级钢筋，分别选 C20、C25 和 C30 强度等级混凝土，试计算梁能承担的最大弯矩设计值 M，并对计算结果进行分析（$a_s=40$mm）。

6. 一钢筋混凝土简支梁，截面尺寸 $b\times h=250\times700$mm，配置 HRB500 级钢筋 2 ⏀ 25，混凝土强度等级 C30。求（1）这根梁能承担的最大弯矩设计值 M；

（2）如果钢筋用量增加一倍，即 4 ⏀ 25，问这个梁能负担的弯矩是否也增加一倍。

7. 某双筋矩形截面梁，$b\times h=250\times600$mm，若混凝土强度等级为 C30，钢筋 HRB400 级，受压区已配受压钢筋面积 $A_s'=628$mm^2，当弯矩设计值 $M=265$kN·m 时，求所需的受拉钢筋面积 A_s（$a_s=a_s'=40$mm）

8. 某钢筋混凝土简支梁，承受均布荷载设计值 40kN/m（包括梁自重），计算跨度 $l_0=6$m，混凝土用 C30，HRB335 级钢筋，截面尺寸 $b\times h=200$mm$\times400$mm，求：

（1）受拉钢筋及受压钢筋的数量；

（2）如受压区配置 3 ⏀ 18，$A_s'=763$mm^2，再求受拉钢筋的数量，与（1）比较，哪一个方案比较经济？为什么？

9. 某 T 形截面梁，其截面尺寸为 $b_f'=500$mm，$b=200$mm，$h_f'=100$mm，$h=500$mm。混凝土为 C25，钢筋 HRB400 级，若计算弯矩 $M=150$kN·m 时，求所需要的受拉钢筋的面积 A_s（$a_s=40$mm）。

10. 基本条件同题 9，但 $M=300.0$kN·m，求所需要的受拉钢筋面积 A_s（$a_s=60$mm）。

11. 一钢筋混凝土矩形截面简支梁，两端搁置在厚度为 370mm 的砖墙上，如图 3-8 所示，已知梁的跨度（支座中到中）为 8m，截面尺寸为 $b\times h=200\times600$mm，承受的均布荷载设计值 $q=18$kN/m（包括梁的自重），混凝土 C30，纵向受力钢筋 HRB400 级，箍筋 HPB300 级。试确定梁的纵筋及箍筋。

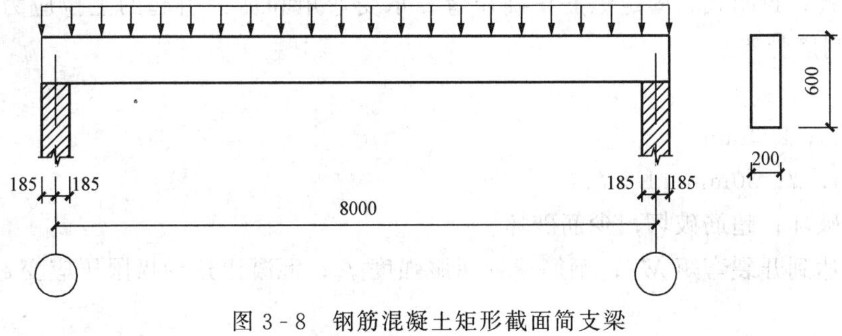

图 3-8　钢筋混凝土矩形截面简支梁

12. 一根承受均布荷载的钢筋混凝土矩形截面梁，其截面尺寸 $b\times h=200\times400$mm，$h_0=360$mm，某截面处的设计剪力 $V=150$kN，该梁混凝土强度等级为 C30，箍筋 HPB300 级，试确定该截面处的箍筋数量。

13. 图 3-9 所示钢筋混凝土简支梁，承受均布荷载设计值（$g+q$），采用混凝土强度等级为 C30，纵筋采用 HRB400 级钢筋，箍筋采用 HPB300 级钢筋。试求：

（1）当采用箍筋φ 6@250mm 时，梁的允许荷载设计值（$g+q$）＝？

（2）当采用箍筋φ 8@250mm 时，梁的允许荷载设计值（$g+q$）＝？

（3）如按正截面抗弯承载力计算时，梁的允许荷载设计值（$g+q$）＝？

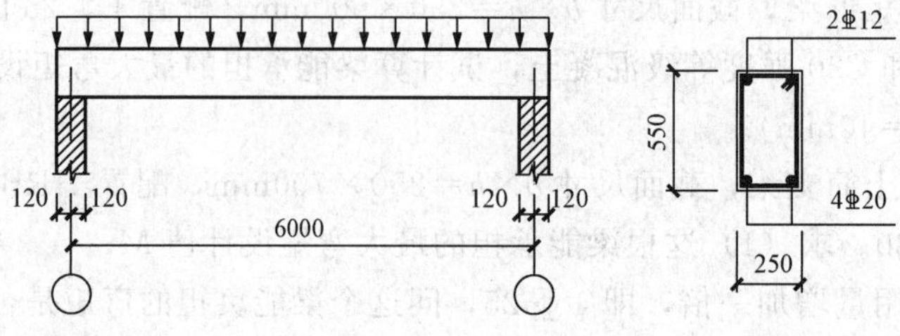

图 3-9 钢筋混凝土简支梁

14. 简支矩形截面梁，截面尺寸 $b\times h=200\times500$mm，混凝土强度等级为 C30，配置 4 Φ 16 钢筋 HRB335 级；混凝土保护层厚度 $c=30$mm；按荷载效应标准组合计算的跨中弯矩 $M_k=84.9$kN·m；最大裂缝宽度限值 $w_{lim}=0.3$mm；试对其进行裂缝宽度验算。

15. T 形楼盖梁，$b=150$mm，$b'_f=550$mm，$h=550$mm，$h'_f=80$mm。恒载 $g_k=8$kN/m，均布活荷载 $q_k=8$kN/m，集中活荷载 $Q_k=15$kN，活载的准永久值系数 $\Psi_q=0.5$；混凝土为 C25 级（$f_{tk}=1.78$N/mm^2），钢筋为 HRB335 级；受拉钢筋 $A_s=941$mm^2（3 Φ 20），试验算梁的挠度。

3.6 答 案 要 点

一、填空题

1. 保护钢筋免遭锈蚀，减小混凝土的碳化；保证钢筋与混凝土间有足够的黏结强度；提高混凝土结构的耐火、耐久性。

2. 纵向受力钢筋；腹筋。

3. 开口式；封闭式；固定纵筋正确位置；承受弯矩和剪力引起的主拉应力；和其他钢筋一起形成钢筋骨架。

4. 抗弯。

5. 450mm；200mm。

6. 25mm；d；30mm；1.5d。

7. 适筋破坏；超筋破坏；少筋破坏。

8. 截面达到开裂弯矩 M_{cr}；钢筋达到屈服强度 f_y；混凝土达到极限压应变 ε_{cu}。

9. 适筋。

10. 混凝土压力合力大小相等；作用位置相同。

11. 混凝土强度等级和钢筋强度等级。

12. $\xi(1-0.5\xi)$；$1-0.5\xi$。

13. 截面尺寸；材料强度；受拉钢筋数量。

14. $x\leqslant x_b$；$x\geqslant 2a_s'$。

15. $\leqslant \alpha_1 f_c b_f' h_f'\left(h_0-\frac{h_f'}{2}\right)$；$\leqslant \frac{\alpha_1 f_c b_f' h_f'}{f_y}$。

16. 箍筋；弯起钢筋；箍筋。

17. 斜压破坏；斜拉破坏；剪压破坏；斜压。

18. 剪压破坏；斜压破坏；斜拉破坏；斜压破坏；斜拉破坏。

19. 剪跨比 λ；配箍率 ρ_{sv}；弯起钢筋；截面形状和尺寸效应。

20. 低；高。

21. 最小截面尺寸；斜压；最小配箍率；斜拉。

22. 支座边缘处的斜截面；箍筋直径或间距改变处的斜截面；弯起钢筋弯起点处的斜截面；腹板宽度或截面高度改变处的斜截面。

23. 直径；间距。

24. 箍筋配置过多；最小截面尺寸防止发生斜压破坏。

25. 250mm；≥6mm。

26. 50mm；箍筋间距。

27. $20d$；$1.2l_a$；h_0；$20d$；$1.2l_a+h_0$。

28. 斜截面抗弯承载力；正截面抗弯承载力。

29. 大。

二、选择题

1. A；2. A；3. D；4. C；5. C；6. A；7. A；8. D；9. C；10. A；11. C；12. C；13. D；14. C；15. A；16. C；17. B；18. D；19. A；20. C；21. A；22. D；23. B；24. C；25. A；26. B；27. B；28. B；29. C；30. A、C、B；31. B；32. D；33. A；34. B；35. A；36. C；37. B；38. B；39. A；40. B；41. B；42. A；43. B；44. B；45. B；46. A；47. B；48. B；49. A；50. A；51. A；52. D；53. B；54. B；55. C；56. B；57. B；58. A；59. B；60. B；61. A。

三、判断题

1. ×；2. √；3. √；4. ×；5. ×；6. ×；7. ×；8. √；9. √；10. ×；11. ×；12. √；13. ×；14. ×；15. ×；16. ×；17. ×；18. √；19. √；20. ×；21. ×；22. ×；23. ×；24. ×；25. √；26. √；27. ×；28. √；29. √；30. √；31. √；32. √；33. √；34. √；35. ×；36. √；37. √。

四、名词解释

1. 构件最外层钢筋的外缘至混凝土表面的距离称作混凝土保护层的厚度。

2. 截面有效高度 h_0 是指受拉钢筋的重心至混凝土受压边缘的垂直距离。

3. 受拉钢筋面积 A_s 与混凝土有效面积 bh_0 的比值称为配筋率 ρ，即 $\rho=\frac{A_s}{bh_0}$。

4. 仅在截面受拉区配置纵向受力钢筋的梁称为单筋截面梁。

5. 受拉钢筋应力达屈服 f_y 与受压区混凝土达极限压应变 ε_{cu} 同时发生的破坏形式称为界限破坏。

6. 界限破坏时截面的相对受压区高度称为相对界限受压区高度。

7. 在截面受拉区和受压区都配置有受力钢筋的梁称为双筋梁。

8. 配箍率指箍筋截面面积 A_{sv} 与对应的混凝土面积 bs 的比值，即 $\rho_{sv}=\frac{A_{sv}}{bs}=\frac{nA_{sv1}}{bs}$。

9. 剪跨比指梁弯剪区段内同一截面的弯矩与剪力的相对比值，即 $\lambda=M/(Vh_0)$。

10. 最小刚度原则指等截面受弯梁，取各同号弯矩区段内最大弯矩处的刚度即最小刚度作为该区段的刚度来计算挠度。

五、简答题

1. (1) 保护层主要作用：

1) 保护钢筋防止锈蚀。

2) 保证钢筋与混凝土间有足够的黏结强度。

3) 火灾时，延缓钢筋温度的上升，提高混凝土结构的耐火、耐久性。

(2) 正常环境下，混凝土 ≤C25 时，板 20mm，梁 25mm；>C25 时，板 15mm，梁 20mm。

2. 分布钢筋的作用有：

(1) 传力：将板上荷载均匀传给受力钢筋。

(2) 固定受力筋：施工中固定纵筋设计位置。

(3) 受力：承担因混凝土收缩及温度变化在垂直受力钢筋方向产生的拉应力。

3. (1) 板内主要受力筋为纵向受力钢筋。《规范》规定常用直径为 6～12mm（现浇板≥8mm)、间距介于 70～200mm；限制钢筋直径是由于钢筋直径太小，钢筋网片刚度小易变形，直径太大构件裂缝大。钢筋间距太小，钢筋加工、绑扎工作量过大，不利于施工；钢筋间距太大，混凝土内受力不均匀，裂缝易产生且宽度较大。

(2) 梁内主要受力筋有纵向受力钢筋和箍筋。

1) 纵筋构造要求及作用：纵筋常用直径为 12～32mm，上部纵筋净距≥30mm 且≥1.5d，下部纵筋及层距≥25mm 且≥d。

限制钢筋净距是为保证钢筋与混凝土之间的黏结和方便混凝土浇筑与振捣，以保证混凝土浇筑的密实性。限制纵筋最小直径是为了保证钢筋骨架的刚度，同时避免由于钢筋细而根数太多导致截面有效高度减小；钢筋直径过粗，构件裂缝大。

2) 箍筋构造要求及作用：为保证钢筋骨架具有足够的刚度，《规范》规定：h>800mm 时，箍筋直径宜≥8mm；h≤800mm 时，箍筋直径宜≥6mm；梁中配有计算需要的纵向受压钢筋时，箍筋直径尚应≥$d/4$；为了便于钢筋加工，箍筋直径宜≤12mm。

为防止箍筋间距过大，出现不与箍筋相交的斜裂缝，《规范》规定了箍筋的最大间距 s_{max}，s_{max} 取决于梁的截面高度和剪力设计值的大小。

4. 适筋梁破坏为受拉钢筋先屈服，然后受压区混凝土达到极限压应变 ε_{cu} 被压碎，破坏有明显预兆，为延性破坏；超筋梁破坏在受拉钢筋未屈服时，受压区边缘混凝土已先达极限压应变 ε_{cu} 被压坏，破坏为无预兆的脆性破坏；少筋梁在混凝土开裂瞬间钢筋即达到屈服强度并进入强化阶段，或者被拉断，混凝土抗压强度未得到发挥，破坏属于无预兆的脆性破坏。

少筋梁由于破坏十分突然，且承载能力很低，故实际工程中也禁止采用；超筋梁由于破坏无明显预兆，且钢筋强度得不到充分利用，在实际工程中应避免采用。

5.（1）适筋梁正截面受力全过程可分为弹性工作阶段（第Ⅰ阶段）、正常工作阶段（第Ⅱ阶段）、破坏阶段（第Ⅲ阶段）三个阶段。

（2）各阶段主要特点：

第Ⅰ阶段：整个截面均参与受力，混凝土和钢筋均处于弹性阶段，第Ⅰ$_a$状态时受拉边缘混凝土拉应力达 f_t 时，截面处于即将开裂的极限状态。

第Ⅱ阶段：裂缝截面受拉混凝土退出，拉力转移给钢筋承担，裂缝开展延伸，受压区高度减小，受压区混凝土压应力图形逐渐呈曲线分布，表现出弹塑性特征。第Ⅱ$_a$状态时受拉钢筋达屈服强度 f_y。

第Ⅲ阶段：钢筋应力保持 f_y，应变继续增大，受压区混凝土压应力和压应变迅速增大，当受压边缘混凝土达到极限压应变时 ε_{cu} 被压碎，达到极限弯矩 M_u。

（3）第Ⅰ$_a$状态将作为其抗裂度计算的依据；第Ⅱ阶段是挠度验算和裂缝宽度验算的依据；第Ⅲ$_a$状态是受弯构件正截面承载力计算的依据。

6.（1）截面应变仍呈直线分布，中和轴位置随 M 增大而上升（弹性材料梁中性轴位置不变）。

（2）钢筋应力与 M 不成正比：第Ⅰ阶段 σ_s 小而增长慢、Ⅰ$_a$有突变，第Ⅱ阶段 σ_s 增长快、Ⅱ$_a$达 f_y，第Ⅲ阶段 $\sigma_s = f_y$ 保持不变，产生流幅至混凝土压碎。（弹性材料梁应力与 M 成正比）。

（3）挠度与 M 不成正比：第Ⅰ阶段 f 增长慢，第Ⅱ阶段 f 增长快，第Ⅲ阶段 f 剧增至构件破坏。（弹性材料梁挠度与 M 成正比）。

7.（1）适筋梁当受拉钢筋屈服时，构件还可以继续增加荷载。原因是钢筋屈服仅意味着钢筋达到了设计限值，钢筋进入屈服仍能保持应力 f_y 不变继续受力，与受压混凝土共同承担增加的弯矩，只有当混凝土压碎时构件才丧失承载力。

（2）少筋梁则在钢筋屈服后无法再增加荷载。原因是由于少筋梁中钢筋的应力增加达到屈服是瞬间完成，钢筋应力应变的突然增大已将混凝土沿裂缝截面拉裂成两部分，构件已经破坏无法承载。

8.（1）受弯构件正截面承载力计算时为简化起见，作了两方面的简化处理，一是采用了四个基本假定，确定了截面的受力状态；二是采用了等效应力图形的代换，即用等效矩形应力图形来代替了受压区混凝土的曲线应力图形。

（2）确定等效矩形应力图形的原则是不改变作用效果，即保证受压区混凝土压应力合力的大小相等和作用点位置不变。

9. 适筋梁范围内，相对受压区高度 ξ 与钢筋面积 A_s 成正比关系，截面受弯承载力 M_u 随 ξ（或 A_s）的增加而增大；但超筋时，受弯承载力 M_u 则不随 ξ（或 A_s）的增加而发生变化，保持 $M_u = M_{u,max} = \alpha_1 f_c b h_0^2 \xi_b (1-0.5\xi_b)$，$M_{u,max}$ 与钢筋的数量无关。

10.（1）通过限制 ρ_{max} 防止发生超筋脆性破坏，即

$$\rho \leqslant \rho_{max}，\quad 或\ \xi \leqslant \xi_b，\quad 或\ M \leqslant M_{u,max} = \alpha_1 f_c b h_0^2 \xi_b (1-0.5\xi_b)$$

（2）通过限制 ρ_{min} 防止发生少筋脆性破坏，即 $\rho \geqslant \rho_{min}$（或 $A_s \geqslant \rho_{min} bh$）。

11. (1) ρ_{max}的确定，是依据适筋与超筋的界限状态，即受拉钢筋应力达屈服强度 f_y 与受压区混凝土达极限压应变 ε_{cu} 同时发生的"界限破坏"建立的，$\rho_{max}=\xi_b\dfrac{\alpha_1 f_c}{f_y}$。

(2) ρ_{min}的确定，是依据配有最小配筋率的钢筋混凝土梁在破坏时的 M_u 与同截面同等级的素混凝土受弯梁的正截面承载力相等原则建立的，$\rho_{min}=0.45\dfrac{f_t}{f_y}$。

(3) ρ_{max}和 ρ_{min} 仅取决于所用材料的性能，与截面形状及尺寸无关。

12. (1) 单筋矩形截面适筋梁抗弯承载力 $M_u=\alpha_1 f_c bx\left(h_0-\dfrac{x}{2}\right)$，$M_u$ 随着受压区高度 x（或 A_s）发生变化。

(2) 超筋梁抗弯承载力 $M_u=M_{u,max}=\alpha_1 f_c bh_0{}^2\xi_b$ $(1-0.5\xi_b)$，M_u 不随 x（或 A_s）发生变化，为一个固定量值。

13. (1) 双筋截面梁通常应用于下列情况下：

1) 当 $M>M_{u,max}$，单筋截面梁无法满足时。

2) 受弯构件可能承受正、负变号弯矩时。

3) 抗震框架梁中要求必须配置一定比例的受压钢筋时。

(2) 配置受压钢筋可利用受压筋来协助混凝土承受压力，同时改善构件的延性性能。

(3) 为了保证受压钢筋的强度充分利用，应在梁内布置适量的封闭箍筋，同时保证 $x\geqslant 2a_s{}'$。

14. 在双筋梁中，是利用受压钢筋来协助混凝土受压，故应在充分利用混凝土受压能力的基础上，再补充受压钢筋。为使钢筋用量最小，设计时应取 $\xi=\xi_b$。

15. (1) T 形截面梁根据受压区高度 x 分为两类 T 形截面：第一类 $x\leqslant h'_f$，第二类 $x>h'_f$。

(2) 在截面设计和截面复核时，应根据已知条件 M 或 A_s 判别两类 T 形截面：$A_s\leqslant\dfrac{\alpha_1 f_c b'_f h'_f}{f_y}$或 $M\leqslant\alpha_1 f_c(b'_f-b)h'_f\left(h_0-\dfrac{h'_f}{2}\right)$时为第一类；反之为第二类。

16. (1) 影响受弯承载力 M_u 的主要因素有：

1) 截面形状和尺寸：T 形截面承载力比相同梁宽的矩形截面承载力高；加大 h 和 b 均可提高 M_u，但 h 影响效果显著。

2) 材料强度（f_c、f_y）：同条件下，提高 f_c 和 f_y 均可提高 M_u，但提高 f_y 的效果明显。

3) 适筋范围内，受弯承载力 M_u 随受拉钢筋 A_s（或 ρ）的增大而提高，且效果还很明显；但一旦进入超筋状态，则 A_s（或 ρ）的改变对承载力 M_u 没有影响。

4) 受压钢筋的配置：双筋梁中由于配置了一定数量的受压钢筋，其受弯承载力 M_u 得到明显的提高，且 M_u 增幅随受压筋数量的增多而增大。

(2) 当截面尺寸一定，且采用热轧钢筋时，受弯承载力 M_u 几乎与 f_y 成正比关系，而改变混凝土强度等级则效果甚微。

17. 有腹筋梁的斜截面破坏形态有斜压、斜拉和剪压三种形式。

斜压破坏的形成条件是梁内箍筋配置数量较大，或者剪跨比较小时；其破坏特点是：梁箍筋应力尚未达到屈服强度，腹部混凝土已达极限强度被斜向压碎而破坏。

斜拉破坏的形成条件是梁内箍筋配置数量过小且剪跨比较大时；其破坏特点是：斜裂缝

一旦出现，箍筋立即屈服，将构件整个斜向拉裂成两部分而破坏，混凝土的抗压能力失效。

剪压破坏的形成条件是梁内箍筋配置数量适当、或剪跨比适中时；其破坏特点是：与临界斜裂缝相交的箍筋先达到屈服，剪压区混凝土后达到极限状态被压碎而破坏。

18. 有腹筋梁斜截面受剪承载力计算公式是依据剪压破坏形态建立起来的。对公式施加限制条件的原因是，计算公式是依据剪压破坏时的极限状态建立的，因而只能适用于剪压破坏；对公式施加限制条件的意义还在于，可避免发生斜压、斜拉破坏。

19. (1) 剪跨比 λ：λ 对以承受集中荷载为主的独立梁影响较大，抗剪承载力 V_u 随着 λ 的增大而降低，但当 $\lambda>3$ 后，V_u 趋于稳定。

(2) 混凝土强度等级：梁的受剪承载力 V_u 随混凝土强度等级的提高而成比例提高。

(3) 纵筋配筋率 ρ：增加纵筋 ρ 可间接提高斜截面抗剪能力 V_u。

(4) 配箍率 ρ_{sv}：配箍率适量时，V_u 随 ρ_{sv} 的增大而成线性比例提高。

(5) 截面形状和尺寸：当受弯构件斜截面受剪破坏均控制在剪压破坏形态时，采用 T 形、工字形截面比相同梁宽的矩形截面提高；增大截面宽度和高度均可提高受剪承载力 V_u。

20. (1) 限制箍筋及弯起钢筋最大间距 s_{max} 的目的，是为了防止出现不与箍筋及弯起钢筋相交的斜裂缝，充分利用箍筋及弯起钢筋的强度。

(2) 当箍筋间距 $s \leqslant s_{max}$ 时，不一定满足最小配箍率 $\rho_{sv,min}$ 的要求，$\rho_{sv,min}$ 值取决于所采用的材料性能，s_{max} 则主要取决于截面尺寸。

(3) 当二者矛盾时，在满足 s_{max} 要求的条件下，根据最小配箍率 $\rho_{sv,min}$ 确定箍筋用量。

21. (1) 梁跨中承受正弯矩的纵筋不宜在受拉区截断。

(2) 连续梁和框架梁中承受支座负弯矩的纵向受拉钢筋，可根据弯矩图的变化将计算不需要的纵筋分批截断，其截断点的位置应满足：当 $V \leqslant 0.7 f_t b h_0$ 时，钢筋截断点应从该钢筋的“充分利用点”截面向外延伸的长度 $\geqslant 1.2 l_a$，从其“理论断点”截面向外延伸的长度 $\geqslant 20d$；当 $V > 0.7 f_t b h_0$ 时，钢筋截断点应从该钢筋的“充分利用点”截面向外延伸的长度 $\geqslant 1.2 l_a + h_0$，从其“理论断点”截面向外延伸的长度 $\geqslant 20d$，且 $\geqslant h_0$；实际截断点位置应取两者中外伸长度较远者确定。

22. 钢筋混凝土受弯构件的抗弯刚度不是一个常数，随着弯矩的增大而逐渐降低，在长期荷载作用下随着时间的增长，刚度也在降低。

23. 当受拉区混凝土拉应力 σ_{ct} 达到混凝土抗拉强度 f_{tk} 时，构件将产生裂缝，由于混凝土材料的非均匀性，裂缝的位置是随机的，将在抗拉能力最薄弱的截面出现。

裂缝的出现并不是无限的，由于混凝土材料的不均匀性，裂缝的分布也是不均匀的，裂缝的间距介于 $l_{cr,min} \sim 2 l_{cr,min}$ 之间。

裂缝的开展是由于裂缝处混凝土的回缩所造成，裂缝宽度 w_{cr} 等于钢筋的伸长值与混凝土的伸长值的差值，与裂缝的间距成正比关系。裂缝间距大，则裂缝宽度也大。

24. 平均裂缝间距 l_{cr} 的大小主要取决于钢筋和混凝土之间的黏结强度，具体表现在以下几方面：

(1) 纵筋配筋率 ρ：ρ 越大，l_{cr} 越小。

(2) 纵筋直径 d：当 A_s 相同时，d 越细，钢筋根数越多，l_{cr} 越小。

(3) 钢筋表面形状：变形钢筋比光面钢筋的黏结力大，故 l_{cr} 就小。

(4) 混凝土保护层厚度 c：保护层越厚，l_{cr} 越大。

25. 最小刚度原则是指，对于等截面受弯构件，可假定各同号弯矩区段内的刚度相等，并取用该区段内最大弯矩处的刚度即该区段内的最小刚度作为该区段的抗弯刚度进行挠度计算。

《规范》要求控制受弯构件的最大挠度 f_{max}，而 f_{max} 必然是抗弯刚度最小时产生。由于混凝土受弯构件的抗弯刚度随弯矩的增大而减小，而弯矩沿梁轴线方向是变化的，梁的抗弯刚度也是沿梁长变化的，所以为简化计算，取用最大弯矩处的最小刚度来计算挠度是偏于保守的，也是合理的。

26. 在适筋范围内，配筋率 ρ 的增加即可有效提高受弯构件正截面承载力 M_u，也可减小构件的挠度和裂缝宽度。当三者不能同时满足时，应以满足受弯承载力 M_u 为主，否则浪费钢筋。可通过调整（减小）钢筋直径、适当增大截面高度等措施。

27. (1) 构件的变形限值，主要考虑荷载作用性质、工作环境以及构件的跨度等因素确定；而裂缝宽度限值，主要就是根据构件所处的工作环境确定的。

(2) 减小裂缝宽度可采取的措施有：

1) 采用较细直径的变形钢筋，避免采用高强度钢筋；

2) 适度增大配筋率 ρ；

3) 增大截面有效高度 h_0（可减小钢筋应力 σ_{sq}）。

减小挠度变形可采取的措施有：

1) 增大截面有效高度 h_0；

2) 适度增大配筋率 ρ；

3) 提高混凝土强度等级；

4) 在受压区增加受压钢筋等措施。

而采用预应力混凝土是减小变形和裂缝宽度最有效的措施。

六、计算题

1. $A_s=845\text{mm}^2$。

2. HRB335 级钢筋 $A_s=1004\text{mm}^2$；HRB400 级钢筋 $A_s=836\text{mm}^2$；HRB500 级钢筋 $A_s=692\text{mm}^2$。

3. $A_s=364\text{mm}^2$。

4. $M_u=116\text{kN}\cdot\text{m}$。

5. 289kN·m；312kN·m；324kN·m。

6. 256kN·m；459kN·m。

7. $A_s=1418\text{mm}^2$。

8. 2226mm²，338mm²；1964mm²；充分利用混凝土受压时，总用钢量小，较经济。

9. $A_s=955\text{mm}^2$。

10. $A_s=2300\text{mm}^2$。

11. $A_s=783\text{mm}^2$；$A_{sv}/s=0.081\text{mm}^2/\text{mm}$。

12. $A_{sv}/s=0.8\text{mm}^2/\text{mm}$。

13. 44.8kN/m；51.7kN/m；160kN/m。

第4章 钢筋混凝土受扭构件

4.1 学 习 提 要

本章主要学习钢筋混凝土受扭构件的受力性能、可能的破坏形式、设计计算方法以及配筋构造等内容。通过本章的学习，要求了解矩形截面钢筋混凝土纯扭构件的受力性能和破坏形态；理解受扭纵筋和箍筋强度比、剪扭相关性的概念及其计算方法；了解钢筋混凝土弯剪扭构件的承载力计算方法，重点掌握弯剪扭构件的钢筋配置方法及配筋构造要求。

4.2 学习重点及难点

4.2.1 受扭构件的受力特点

1. 受扭钢筋的形式

扭矩在构件中引起的主拉应力轨迹线与构件的轴线成45°角，最有效的配筋形式是将抗扭钢筋布置成与主拉应力方向相一致，即沿与构件轴线成45°角方向的螺旋形布置。在实际工程中扭矩沿构件全长不改变方向的情况是很少的，有的构件在使用过程中还会受变号扭矩的作用，而螺旋形钢筋施工复杂，且在受力上不能适应扭矩方向的改变，所以在实际结构中，都是采用横向封闭箍筋与纵向抗扭纵筋共同组成的空间配筋方式来抵抗截面扭矩作用。

2. 纯扭构件的破坏形式

受扭构件的破坏形态根据受扭纵筋和受扭箍筋配筋数量的多少，大致可分为：适筋、超筋、少筋三种形式。

受扭构件适筋截面梁的特点是抗扭纵筋和抗扭箍筋先达到屈服强度，然后混凝土被压碎而破坏。这种破坏特性与受弯构件适筋梁类似，破坏过程有明显的变形和裂缝开展过程，属延性破坏。受扭承载力取决于箍筋和纵筋的配筋数量。

受扭构件少筋截面梁的特点是裂缝一旦出现，抗扭箍筋和抗扭纵筋立即达到屈服或被拉断，构件随之破坏。这种破坏特性与受弯构件少筋梁类似，属脆性破坏。受扭承载力取决于混凝土的抗拉强度。

受扭构件完全超筋截面梁的特点是抗扭纵筋和抗扭箍筋的配置数量均过多，致使在抗扭钢筋屈服之前混凝土先被压碎而导致构件破坏，这种超筋破坏称为完全超筋破坏。这种破坏特性与受弯构件超筋梁类似，也属脆性破坏。受扭承载力取决于混凝土的抗压强度。

若抗扭纵筋和抗扭箍筋不匹配，破坏还会出现两者中配筋率较小的一种钢筋达到屈服，而另一种钢筋未达到屈服的情况，此种破坏称为部分超筋破坏。这种破坏具有一定的延性，但较适筋受扭构件破坏时的截面延性小。

少筋截面和完全超筋截面由于破坏时脆性性质表现明显，在设计中应避免采用；对于部分超筋破坏的受扭构件，设计中可以采用，但不经济，构件抗扭承载力由配筋较少的钢筋

(箍筋或纵筋）控制。受扭构件适筋截面梁破坏由于钢筋和混凝土的性能均得到充分利用，且为有明显预兆的延性破坏，故工程设计中应将受扭构件的破坏控制在适筋范围内。

4.2.2 受扭构件配筋构造要求

1. 受扭纵筋

受扭纵筋应沿构件截面周边均匀、对称布置，其间距不应大于 200mm 和截面的短边长度，且截面四角必须设置。受扭纵筋的接头与锚固均应按受拉钢筋的构造要求处理。

在弯剪扭构件中，配置在截面弯曲受拉边的纵向受力钢筋，其截面面积不应小于受弯构件受拉钢筋最小配筋率计算出的钢筋截面面积与受扭纵向钢筋配筋率计算并分配到弯曲受拉边的钢筋截面面积之和。

2. 受扭箍筋

受扭箍筋必须做成封闭式，且应沿截面周边布置。当采用复合箍筋时，位于截面内部的箍筋不应计入受扭所需的箍筋面积。受扭所需箍筋的末端应做成135°弯钩，弯钩端头平直段长度不应小于箍筋直径的 10 倍，以使箍筋端部锚固于截面核心混凝土内。抗扭箍筋的间距还应符合受弯构件箍筋间距的要求。

4.2.3 矩形截面纯扭构件承载力计算

1. 抗扭纵筋与抗扭箍筋的配筋强度比 ζ

为了避免受扭构件发生部分超筋破坏，以保证构件破坏时抗扭纵筋与箍筋均能得以充分利用，设计过程中必须控制好抗扭纵筋与箍筋之间的数量比例。设计中通过限定配筋强度比 ζ 的取值对两部分钢筋用量比值进行控制，即纵筋与箍筋对应的体积比和强度比的乘积

$$\zeta = \frac{A_{stl} s}{A_{st1} u_{cor}} \cdot \frac{f_y}{f_{yv}} \tag{4-1}$$

为保证受扭构件破坏时，受扭纵筋和箍筋基本能达到屈服强度，《规范》取限制条件为 $0.6 \leqslant \zeta \leqslant 1.7$，当 $\zeta = 1.2$ 时为两种钢筋达到屈服的最佳值。工程结构中，ζ 的常用范围为 $\zeta = 1.0 \sim 1.3$。

2. 受扭承载力计算公式

（1）基本公式。矩形截面纯扭构件的承载力 T_u 计算公式，是根据受扭构件适筋破坏形式建立的，即

$$T \leqslant T_u = 0.35 f_t W_t + 1.2\sqrt{\zeta} \frac{f_{yv} A_{st1}}{s} A_{cor} \tag{4-2}$$

（2）适用条件。

1）避免构件发生超筋破坏的条件

$$T \leqslant 0.25 \beta_c f_c W_t \tag{4-3}$$

2）避免构件发生少筋破坏的条件

受扭箍筋应满足最小配箍率要求

$$\rho_{st} = \frac{2A_{st1}}{bs} \geqslant \rho_{st,min} = 0.28 \frac{f_t}{f_{yv}} \tag{4-4}$$

受扭纵筋应满足最小配筋率要求

$$\rho_{tl} = \frac{A_{stl}}{bh} \geqslant \rho_{tl,min} = 0.6 \sqrt{\frac{T}{Vb}} \cdot \frac{f_t}{f_y} \tag{4-5}$$

当$\frac{T}{Vb}>2.0$时，取$\frac{T}{Vb}=2.0$（含纯扭构件）。

当构件上作用的扭矩 $T\leqslant 0.7f_tW_t$，可以不进行受扭承载力计算，仅需按受扭钢筋的最小配筋率以及箍筋最大间距和箍筋最小直径的构造要求配置抗扭钢筋即可。

4.2.4　弯剪扭构件的承载力

1. 承载力之间的相关性

抵抗某种内力的能力受其他同时作用内力影响的性质，称为承载力之间的相关性。当受弯构件受到扭矩作用时，扭矩的存在使构件受弯承载力降低；同时受到剪力和扭矩作用的构件，其承载力也低于剪力和扭矩单独作用时的承载力。

由于构件受扭、受弯和受剪承载力之间的相互影响过于复杂，《规范》采用了部分相关的方法，即对弯剪扭构件计算时仅考虑了混凝土项承载力的剪力与扭矩之间的相关性，而对钢筋贡献的抗力部分不考虑相关性，而采用简单叠加方法来计算，即纵筋按受弯与受扭分别计算后叠加，箍筋按受扭和受剪分别计算后叠加。

《规范》采用了受扭承载力降低系数 β_t 来考虑剪扭共同作用的影响。β_t 的取值范围为 $0.5\leqslant\beta_t\leqslant 1.0$。

2. “叠加法”

弯剪扭构件可按“叠加法”进行承载力计算。即按受弯构件承载力和剪扭构件受剪、受扭承载力（考虑了承载力降低系数 β_t）分别进行计算。纵向钢筋截面面积由正截面抗弯纵筋与剪扭构件抗扭纵筋相叠加；箍筋截面面积由剪扭构件抗剪箍筋与抗扭箍筋相叠加。必须注意的是，抗弯纵筋应布置在受弯时的受拉区（对单筋截面），而抗扭纵筋和纯扭构件一样应沿截面周边均匀布置，重叠处的钢筋面积可合并后统一配置。

3. 矩形截面剪扭构件承载力计算公式

抗扭承载力
$$T\leqslant 0.35\beta_t f_t W_t+1.2\sqrt{\zeta}f_{yv}\frac{A_{st1}}{s}A_{cor} \tag{4-6}$$

抗剪承载力
$$V\leqslant 0.7(1.5-\beta_t)f_tbh_0+f_{yv}\frac{nA_{sv1}}{s}h_0 \tag{4-7}$$

以集中荷载为主的独立梁
$$V\leqslant\frac{1.75}{\lambda+1.0}(1.5-\beta_t)f_tbh_0+f_{yv}\frac{nA_{sv1}}{s}h_0 \tag{4-8}$$

4. 简化计算的规定

（1）当$\frac{V}{bh_0}+\frac{T}{W_t}\leqslant 0.7f_t$时，可不进行剪扭计算，箍筋（抗扭箍筋与抗剪箍筋之和）和抗扭纵筋可按构造要求配置，只需进行抗弯配筋计算即可。

（2）当 $V\leqslant 0.35f_tbh_0\left(\text{或 }V\leqslant\frac{0.875}{\lambda+1}f_tbh_0\right)$时，仅按受弯构件正截面承载力和纯扭构件受扭承载力分别进行计算，将钢筋叠加配置。

（3）当 $T\leqslant 0.175f_tW_t$ 时，仅按受弯构件的正截面承载力和斜截面承载力分别进行计算，配置抗弯纵筋和抗剪箍筋。

5. 受扭计算公式的适用条件

（1）避免发生完全超筋破坏的截面限制条件

$$\frac{V}{bh_0}+\frac{T}{0.8W_t}\leqslant 0.25\beta_c f_c \tag{4-9}$$

（2）为避免发生少筋破坏，控制最小配筋率：

1）剪扭箍筋的配箍率应满足

$$\rho_{sv}=\frac{A_{sv}}{bs}\geqslant\rho_{sv,\min}=0.28\frac{f_t}{f_{yv}} \tag{4-10}$$

2）受扭纵筋的配筋率应满足

$$\rho_{tl}=\frac{A_{stl}}{bh}\geqslant\rho_{tl,\min} \tag{4-11}$$

3）弯曲受拉纵筋的配筋率应满足其最小配筋率要求。

4.3 解题指导及典型例题分析

【例 4-1】 矩形截面钢筋混凝土纯扭构件的破坏形态与什么因素有关？有哪几种破坏形态？各有什么特点？

解答思路：应以理解为主，凡是涉及构件破坏形态及特征等此类问题的解答，应从以下几个方面考虑，只要把这几点描述出来就可以了。

答：（1）适筋、超筋、少筋三种破坏形态，依据受扭钢筋配筋率划分。

（2）适筋梁中钢筋和混凝土均充分发挥，且受扭钢筋屈服在先，混凝土后被压碎，属于延性破坏；少筋梁中受扭钢筋屈服过早过快甚至被拉断，混凝土抗压性能未得到利用，属于脆性破坏。完全超筋梁中受扭钢筋均未充分发挥作用，混凝土先被压碎，属于脆性破坏；当受扭钢筋中有一种钢筋充分发挥作用时，属于部分超筋破坏，设计中可以采用，但不经济。

【例 4-2】 受扭构件中，受扭纵向钢筋为什么要沿截面周边对称放置，并且四角必须放置？

解答思路：理解受扭钢筋的作用，以及受扭构件受力和裂缝开展情况。

答：由于受扭构件首先在构件表面产生与主拉应力平行的呈45°方向的螺旋形裂缝，所以受扭钢筋应沿截面周边均匀对称布置。受扭钢筋由受扭箍筋和受扭纵筋组成，为了固定箍筋的四个角点，箍筋四角必须设置纵筋。

【例 4-3】 剪扭构件计算中，为什么要引入系数β_t？其取值有何规定？这时的箍筋应如何计算？

答：受弯构件在受到扭矩作用时，扭矩的存在使构件的受弯承载力和受剪承载力降低，同时剪力的存在也降低了构件的抗剪承载力。《规范》考虑了抗剪和抗扭承载力之间的相关性对承载力降低的影响，通过引入受扭承载力降低系数β_t来考虑。

在截面参数一定的条件下，β_t取值主要取决于剪扭比V/T大小，取值范围为$0.5\leqslant\beta_t\leqslant1.0$。

此时箍筋分别按考虑了承载力降低系数（$1.5-\beta_t$）的受剪承载力和考虑了承载力降低系数β_t的受扭承载力分别计算后，再进行“叠加”配置。

【例 4-4】 矩形截面钢筋混凝土受扭构件，截面尺寸$b\times h=200\text{mm}\times500\text{mm}$，承受扭矩设计值$T=30.0\text{kN}\cdot\text{m}$，采用混凝土C30，纵筋采用HRB400级钢筋，箍筋采用HPB300

级钢筋，$a_s=40\text{mm}$。试设计所需配置的抗扭钢筋。

解：(1) 确定设计参数及截面几何特征值。

混凝土 C30，$f_c=14.3\text{N/mm}^2$，$f_t=1.43\text{N/mm}^2$，$\beta_c=1.0$；

纵筋 HRB400 级，$f_y=360\text{N/mm}^2$；箍筋 HPB300 级，$f_{yv}=270\text{N/mm}^2$；

设箍筋直径为Φ 8，保护层 $c=20\text{mm}$，$a_s=40\text{mm}$。

$$W_t=\frac{b^2}{6}(3h-b)=\frac{200^2}{6}\times(3\times500-200)=8.67\times10^6\text{mm}^3$$

$$b_{cor}=200-20\times2-8\times2=144\text{mm},\quad h_{cor}=500-20\times2-8\times2=444\text{mm}$$

$$\mu_{cor}=2\times(144+444)=1176\text{mm},\quad A_{cor}=144\times444=6.39\times10^4\text{mm}^2$$

(2) 验算构件截面尺寸

$$h_0=500-40=460\text{mm},\quad h_w/b=h_0/b=460/200=2.3<4.0$$

$$\frac{T}{W_t}=\frac{30.0\times10^6}{8.67\times10^6}=3.46\text{N/mm}^2<0.25\beta_c f_c=0.25\times1.0\times14.3=3.575\text{N/mm}^2$$

截面尺寸满足要求。

(3) 确定是否需要按计算配置抗扭钢筋

$$\frac{T}{W_t}=3.46\text{N/mm}^2>0.7f_t=0.7\times1.43=1.0\text{N/mm}^2$$

故需按计算配置抗扭箍筋和抗扭纵筋。

(4) 计算抗扭箍筋。取配筋强度比 $\zeta=1.2$，则

$$\frac{A_{st1}}{s}=\frac{T-0.35f_tW_t}{1.2\sqrt{\zeta}f_{yv}A_{cor}}=\frac{30.0\times10^6-0.35\times1.43\times8.67\times10^6}{1.2\sqrt{1.2}\times270\times6.39\times10^4}=1.12\text{mm}^2/\text{mm}$$

选用Φ 10 ($A_{st1}=78.5\text{mm}^2$)，则 $s\leqslant\frac{78.5}{1.12}=70.1\text{mm}$，取用 $s=70\text{mm}$。

验算配箍率

$$\rho_{st}=\frac{2A_{st1}}{bs}=\frac{2\times78.5}{200\times70}=1.12\%>\rho_{svt,min}=0.28\frac{f_t}{f_{yv}}=0.28\times\frac{1.27}{270}=0.13\%$$

满足要求。

(5) 计算抗扭纵筋

$$A_{stl}=\zeta\frac{A_{stl}}{s}\cdot\frac{f_{yv}}{f_y}\mu_{cor}=1.2\times\frac{78.5}{70}\times\frac{270}{360}\times1176=1187\text{mm}^2$$

考虑纵筋间距应≤200mm，除四角各放置一根纵筋外，截面每侧中部还应各放两根，故最少应设置 8 根纵筋。选用 8 Φ 14 ($A_{stl}=1232\text{mm}^2$)。

验算配筋率

$$\rho_{tl}=\frac{A_{stl}}{bh}=\frac{1232}{200\times500}=1.232\%>\rho_{tl,min}=0.6\sqrt{\frac{T}{Vb}}\frac{f_t}{f_y}=0.6\times\sqrt{2}\times\frac{1.43}{360}=0.34\%$$

满足要求。

(6) 绘截面配筋图。钢筋布置如图 4-1 所示。

注意：(1) 此题中选配箍筋为Φ10，与假设不符；

(2) 计算的受扭箍筋间距较密，且受扭钢筋配筋量较大。实际工程中，可适当加大截面尺寸等重新设计。

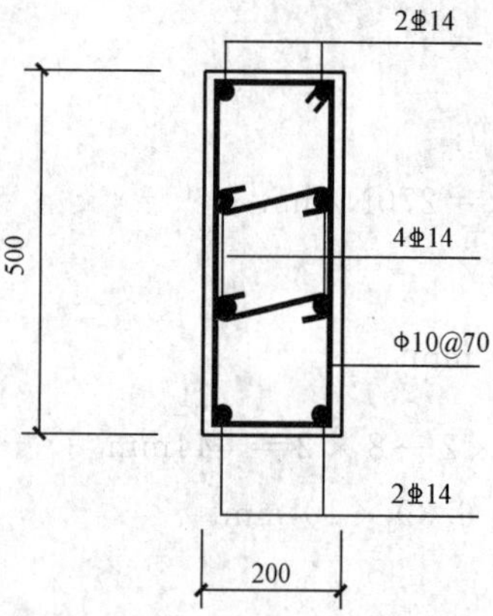

图 4-1 [例 4-4] 配筋图

【例 4-5】 均布荷载作用下的钢筋混凝土矩形截面构件，截面尺寸 $b\times h=300\text{mm}\times500\text{mm}$，承受弯矩设计值 $M=150\text{kN}\cdot\text{m}$，剪力设计值 $V=120\text{kN}$，扭矩设计值 $T=25\text{kN}\cdot\text{m}$，采用 C30 混凝土，纵筋采用 HRB400 级钢筋，箍筋采用 HPB300 级钢筋，混凝土保护层厚为 25mm（二 a类环境）。试设计其所需配置的钢筋（箍筋为双肢箍）。

解：（1）确定设计参数及截面几何特征值

混凝土 C30，$f_c=14.3\text{N/mm}^2$，$f_t=1.43\text{N/mm}^2$，$\alpha_1=1.0$，$\beta_c=1.0$；

纵筋 HRB400 级，$f_y=360\text{N/mm}^2$，$\xi_b=0.518$；箍筋 HPB300 级，$f_{yv}=270\text{N/mm}^2$；

设箍筋直径为Φ 10，纵筋直径 $d=20\text{mm}$，$a_s=25+10+d/2=45\text{mm}$，取 $h_0=500-45=455\text{mm}$，则

$$W_t=\frac{b^2}{6}(3h-b)=\frac{300^2}{6}\times(3\times500-300)=18\times10^6\text{mm}^3$$

$$b_{cor}=300-25\times2-10\times2=230\text{mm},\quad h_{cor}=500-25\times2-10\times2=430\text{mm}$$

$$\mu_{cor}=2\times(b_{cor}+h_{cor})=2\times(230+430)=1320\text{mm}$$

$$A_{cor}=b_{cor}\times h_{cor}=230\times430=9.89\times10^4\text{mm}^2$$

（2）验算截面尺寸

$$\frac{V}{bh_0}+\frac{T}{0.8W_t}=\frac{120\times10^3}{300\times455}+\frac{25\times10^6}{0.8\times18\times10^6}=2.615\text{N/mm}^2$$

$$<0.25\beta_cf_c=0.25\times1.0\times14.3=3.575\text{N/mm}^2$$

截面满足要求。

（3）确定计算方法

$$\frac{V}{bh_0}+\frac{T}{W_t}=\frac{120\times10^3}{300\times455}+\frac{25\times10^6}{18\times10^6}=2.27\text{N/mm}^2>0.7f_t=0.7\times1.43=1.00\text{N/mm}^2$$

故需按计算配置箍筋和受扭纵筋。

$$V=120\text{kN}>0.35f_tbh_0=0.35\times1.43\times300\times455=68.3\text{kN}$$

$$T=25\text{kN}\cdot\text{m}>0.175f_tW_t=0.175\times1.43\times18\times10^6=4.5\text{kN}\cdot\text{m}$$

故剪力、扭矩均不能忽略，需按弯剪扭共同作用计算钢筋。

（4）抗弯纵筋计算

$$\alpha_s=\frac{M}{\alpha_1f_cbh_0^2}=\frac{150\times10^6}{1.0\times14.3\times300\times455^2}=0.169$$

$$\xi=0.186<\xi_b=0.518$$

则

$$A_s=\xi bh_0\frac{\alpha_1f_c}{f_y}=0.186\times300\times455\times\frac{1.0\times14.3}{360}=1009\text{mm}^2$$

$$\rho_{min}=\max\{0.45f_t/f_y,0.2\%\}=0.2\%$$

$$A_s=1009\text{mm}^2>\rho_{min}bh=0.2\%\times300\times500=300\text{mm}^2$$

纵向受拉钢筋面积满足要求。

（5）抗剪箍筋计算

$$\beta_t=\frac{1.5}{1+0.5\frac{VW_t}{Tbh_0}}=\frac{1.5}{1+0.5\times\frac{120\times10^3\times18\times10^6}{25\times10^6\times300\times455}}=1.14>1.0$$

取 $\beta_t=1.0$，则

$$\frac{nA_{sv1}}{s}=\frac{V-0.7(1.5-\beta_t)f_tbh_0}{f_{yv}h_0}$$

$$=\frac{120\times10^3-0.7(1.5-1.0)\times1.43\times300\times455}{270\times455}=0.42\text{mm}^2/\text{mm}$$

设箍筋肢数 $n=2$，$\frac{A_{sv1}}{s}=0.42/2=0.21\text{mm}^2/\text{mm}$

（6）抗扭钢筋计算，取 $\zeta=1.2$，则

$$\frac{A_{st1}}{s}=\frac{T-0.35\beta_tf_tW_t}{1.2\sqrt{\zeta}f_{yv}A_{cor}}=\frac{25\times10^6-0.35\times1.0\times1.43\times18\times10^6}{1.2\sqrt{1.2}\times270\times98.9\times10^3}=0.46\text{mm}^2/\text{mm}$$

$$A_{stl}=\zeta\frac{A_{st1}}{s}\cdot\frac{f_{yv}}{f_y}\mu_{cor}=1.2\times0.46\times\frac{270}{360}\times1320=547\text{mm}^2$$

验算受扭纵筋最小配筋率

$$\frac{T}{Vb}=\frac{25\times10^6}{120\times10^3\times300}=0.69<2$$

$$\rho_{tl,\min}=0.6\sqrt{\frac{T}{Vb}}\cdot\frac{f_t}{f_y}=0.6\sqrt{0.69}\times\frac{1.43}{360}=0.198\%$$

$$A_{stl}=547\text{mm}^2>\rho_{tl,\min}bh=0.198\times300\times500=297\text{mm}^2$$

截面满足要求。

（7）选配钢筋。根据抗扭钢筋构造要求，抗扭纵筋间距 $s\leqslant200$mm，故抗扭纵筋均匀设置需设三层，每层2根。

1）梁顶部和腹部各层配筋为

$$\frac{1}{3}A_{stl}=\frac{1}{3}\times547=182.3\text{mm}^2$$

分别选用2⌀12（面积为226mm²），梁顶兼作架立筋（梁顶面钢筋间距略大于200mm，也可选用3⌀10钢筋，$A_s=236\text{mm}^2$）。

2）梁底部所需纵筋为

$$A_s+\frac{1}{3}A_{stl}=1009+\frac{1}{3}\times547=1191.3\text{mm}^2$$

选用4⌀20（面积为1256mm²）。

3）剪扭箍筋的单肢总用量

$$\frac{A_{st1}}{s}+\frac{A_{sv1}}{s}=0.46+0.21=0.67\text{mm}^2/\text{mm}$$

选用箍筋直径Φ10，单肢截面面积为78.5mm²。

则 $s\leqslant\frac{78.5}{0.67}=117$mm，取用 $s=110$mm。

选双肢箍筋Φ10@110。

验算最小配箍率

$$\rho_{sv,min} = 0.28\frac{f_t}{f_{yv}} = 0.28 \times \frac{1.43}{270} = 0.148\%$$

$$\rho_{st} = \frac{2\left(\frac{A_{sv1}}{s} + \frac{A_{st1}}{s}\right)}{b} = \frac{2 \times (0.21 + 0.46)}{300} = 0.45\% > \rho_{sv,min}$$

满足要求。

（8）绘截面配筋图。钢筋布置如图 4-2 所示。

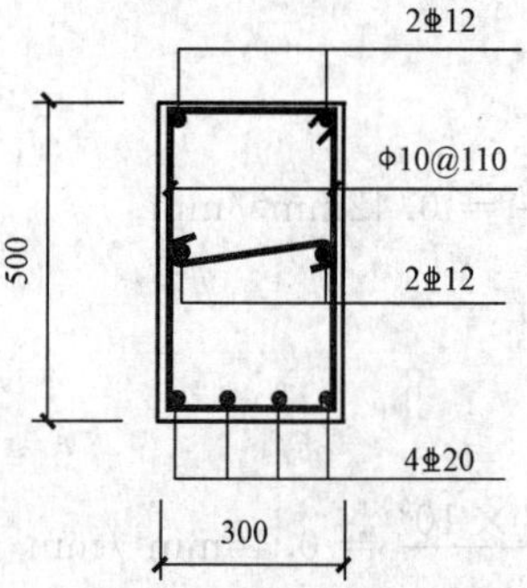

图 4-2　［例 4-5］配筋图

【例 4-6】 均布荷载作用下的钢筋混凝土矩形截面构件，截面尺寸 $b \times h = 300\text{mm} \times 500\text{mm}$，承受弯矩设计值 $M = 150\text{kN} \cdot \text{m}$，剪力设计值 $V = 120\text{kN}$，扭矩设计值 $T = 25\text{kN} \cdot \text{m}$，采用 C30 混凝土，纵筋采用 HRB400 级钢筋，箍筋采用 HPB300 级钢筋，混凝土保护层厚为 25mm（二 a 类环境）。试设计其所需配置的钢筋（箍筋为 4 肢箍）。

解：（1）确定设计参数及截面几何特征值。

混凝土 C30，$f_c = 14.3\text{N/mm}^2$，$f_t = 1.43\text{N/mm}^2$，$\alpha_1 = 1.0$，$\beta_c = 1.0$；

纵筋 HRB400 级，$f_y = 360\text{N/mm}^2$，$\xi_b = 0.518$；箍筋 HPB300 级，$f_{yv} = 270\text{N/mm}^2$；

设箍筋直径为Φ 10，纵筋直径 $d = 20\text{mm}$，$a_s = 25 + 10 + d/2 = 45\text{mm}$。

取 $h_0 = 500 - 45 = 455\text{mm}$，则

$$W_t = \frac{b^2}{6}(3h - b) = \frac{300^2}{6} \times (3 \times 500 - 300) = 18 \times 10^6 \text{mm}^3$$

$$b_{cor} = 300 - 25 \times 2 - 10 \times 2 = 230\text{mm},\quad h_{cor} = 500 - 25 \times 2 - 10 \times 2 = 430\text{mm}$$

$$\mu_{cor} = 2 \times (b_{cor} + h_{cor}) = 2 \times (230 + 430) = 1320\text{mm}$$

$$A_{cor} = b_{cor} \times h_{cor} = 230 \times 430 = 9.89 \times 10^4 \text{mm}^2$$

（2）验算截面尺寸

$$\frac{V}{bh_0} + \frac{T}{0.8W_t} = \frac{120 \times 10^3}{300 \times 455} + \frac{25 \times 10^6}{0.8 \times 18 \times 10^6} = 2.615\text{N/mm}^2$$

$$< 0.25\beta_c f_c = 0.25 \times 1.0 \times 14.3 = 3.575\text{N/mm}^2$$

截面满足要求。

（3）确定计算方法

$$\frac{V}{bh_0} + \frac{T}{W_t} = \frac{120 \times 10^3}{300 \times 455} + \frac{25 \times 10^6}{18 \times 10^6} = 2.27\text{N/mm}^2 > 0.7f_t$$

$$= 0.7 \times 1.43 = 1.00\text{N/mm}^2$$

故需按计算配置箍筋和受扭纵筋。

$$V = 120\text{kN} > 0.35f_t bh_0 = 0.35 \times 1.43 \times 300 \times 455 = 68.3\text{kN}$$

$$T = 25\text{kN} \cdot \text{m} > 0.175f_t W_t = 0.175 \times 1.43 \times 18 \times 10^6 = 4.5\text{kN} \cdot \text{m}$$

故剪力、扭矩均不能忽略，需按弯剪扭共同作用计算钢筋。

（4）抗弯纵筋计算

$$x = h_0 - \sqrt{h_0^2 - \frac{2M}{\alpha_1 f_c b}} = 455 - \sqrt{455^2 - \frac{2 \times 150 \times 10^6}{1.0 \times 14.3 \times 300}} = 84.74\text{mm}$$

$$< x_b = \xi_b h_0 = 0.518 \times 455 = 235.7\text{mm}$$

则
$$A_s=\frac{\alpha_1 f_c bx}{f_y}=\frac{1.0\times 14.3\times 300\times 84.74}{360}=1009\text{mm}^2$$
$$\rho_{\min}=\max\{0.45f_t/f_y, 0.2\%\}=0.2\%$$
$$A_s=1009\text{mm}^2>\rho_{\min}bh=0.2\%\times 300\times 500=300\text{mm}^2$$
抗弯纵筋面积满足要求。

（5）抗剪箍筋计算

$$\beta_t=\frac{1.5}{1+0.5\dfrac{VW_t}{Tbh_0}}=\frac{1.5}{1+0.5\times\dfrac{120\times 10^3\times 18\times 10^6}{25\times 10^6\times 300\times 455}}=1.14>1.0$$

取 $\beta_t=1.0$

$$\frac{nA_{sv1}}{s}=\frac{V-0.7(1.5-\beta_t)f_tbh_0}{f_{yv}h_0}$$
$$=\frac{120\times 10^3-0.7(1.5-1.0)\times 1.43\times 300\times 455}{270\times 455}=0.42\text{mm}^2/\text{mm}$$

设箍筋肢数 $n=4$，$\dfrac{A_{sv1}}{s}=0.42/4=0.105\text{mm}^2/\text{mm}$。

（6）抗扭钢筋计算，取 $\zeta=1.2$，则

$$\frac{A_{stI}}{s}=\frac{T-0.35\beta_t f_t W_t}{1.2\sqrt{\zeta}f_{yv}A_{cor}}=\frac{25\times 10^6-0.35\times 1.0\times 1.43\times 18\times 10^6}{1.2\sqrt{1.2}\times 270\times 98.9\times 10^3}=0.46\text{mm}^2/\text{mm}$$
$$A_{stl}=\zeta\frac{A_{st1}}{s}\cdot\frac{f_{yv}}{f_y}\mu_{cor}=1.2\times 0.46\times\frac{270}{360}\times 1320=547\text{mm}^2$$

验算受扭纵筋最小配筋率：

$$\frac{T}{Vb}=\frac{25\times 10^6}{120\times 10^3\times 300}=0.69<2$$
$$\rho_{tl,\min}=0.6\sqrt{\frac{T}{Vb}}\cdot\frac{f_t}{f_y}=0.6\sqrt{0.69}\times\frac{1.43}{360}=0.198\%$$
$$A_{stl}=547\text{mm}^2>\rho_{tl,\min}bh=0.198\times 300\times 500=297\text{mm}^2$$

满足要求。

（7）选配钢筋。根据抗扭钢筋构造要求，抗扭纵筋间距 $s\leqslant 200\text{mm}$，抗扭纵筋均匀设置需设三层。

1）梁顶部和腹部各层配筋为：

顶层抗扭纵筋　$\dfrac{1}{3}A_{stl}=\dfrac{1}{3}\times 547=182.3\text{mm}^2$

选用 4 ⌀ 12（面积为 452mm^2），梁顶兼作架立筋。

中部抗扭纵筋　$\dfrac{1}{3}A_{stl}=\dfrac{1}{3}\times 547=182.3\text{mm}^2$

选用 2 ⌀ 12（面积为 226mm^2），梁顶角部受扭纵筋兼作架立筋。

2）梁底部所需纵筋为

$$A_s+\frac{1}{3}A_{stl}=1009+\frac{1}{3}\times 547=1191.3\text{mm}^2$$

选用 4 ⌀ 20（面积为 1256mm^2）。

3）剪扭箍筋的单肢总用量：

①表面（2 肢）抗剪扭箍筋

$$\frac{A_{st1}}{s}+\frac{A_{sv1}}{s}=0.46+0.105=0.565\text{mm}^2/\text{mm}$$

选用箍筋直径Φ 10，单肢截面面积为 78.5mm²，则 $s\leqslant\frac{78.5}{0.565}=138\text{mm}$，取用 $s=130\text{mm}$。

选双肢箍筋Φ 10@130。

②中部（2 肢）抗剪箍筋

$$\frac{2A_{sv1}}{s}=2\times0.105=0.21\text{mm}^2/\text{mm}$$

选用箍筋直径Φ 6，单肢截面面积为 28.3mm²，则 $s\leqslant\frac{28.3}{0.21}=135\text{mm}$，取用 $s=130\text{mm}$。

选双肢箍筋Φ 6@130。

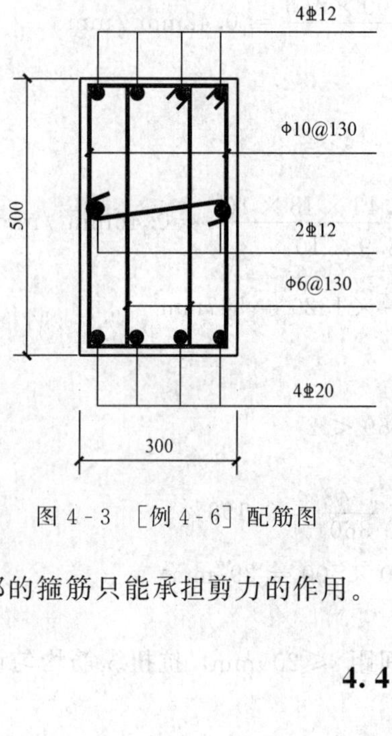

图 4-3 ［例 4-6］配筋图

验算最小配箍率

$$\rho_{sv,min}=0.28\frac{f_t}{f_{yv}}=0.28\times\frac{1.43}{270}=0.148\%$$

$$\rho_{st}=\frac{2\left(\frac{A_{sv1}}{s}+\frac{A_{st1}}{s}\right)}{b}=\frac{2\times(0.21+0.46)}{300}=0.45\%>\rho_{sv,min}$$

满足要求。

（8）绘截面配筋图。钢筋布置如图 4-3 所示。

将［例 4-5］和［例 4-6］比较，两者的主要区别在于箍筋的肢数不同，抗扭箍筋承担扭矩的作用，只能配置在构件的周边表面，而抗剪箍筋承担剪力的作用，配置在梁的表面和中部均可以。当箍筋多于 2 肢箍时，梁的表面上的箍筋能同时承担剪力和扭矩的作用，而梁中部的箍筋只能承担剪力的作用。

4.4 实际工程应用

（1）在截面中只要有扭矩作用的构件都属于受扭构件，所以在实际工程中，我们见到的很多受弯构件也属于受扭构件的范畴，比如在进行框架边梁设计时，为了减小框架边梁承担的扭矩，设计时一般认为与框架边梁整浇的楼板端支座为简支支座，对框架边梁进行抗弯和抗剪计算即可。

（2）受扭纵筋和受扭箍筋的构造要求（直径、间距、锚固等）均同第三章梁内钢筋的构造要求，这里着重强调的是梁侧面受扭纵筋与梁侧面构造钢筋两者是不同的，主要区别之处是连接与锚固不同。受扭纵筋搭接连接长度为 l_l，受扭钢筋锚固长度直锚时为 l_a；梁的侧面受扭纵筋在结构平法施工图中采用 N Φ XX 表示；梁的侧面构造钢筋搭接和锚固长度均为 15d，梁的侧面构造钢筋在结构平法施工图中采用 G Φ XX 表示。

4.5 综 合 训 练

一、填空题

1. 矩形截面的塑性抵抗矩 W_t=__________。

2. 受扭构件中，受扭钢筋包括__________和__________。

3. 受扭构件少筋破坏性质属于__________，少筋破坏时，承载力大小取决于混凝土__________（填抗拉或抗压强度）；完全超筋破坏性质属于__________，完全超筋破坏时，承载力大小取决于混凝土__________，（填抗拉或抗压强度）。适筋破坏性质属于__________，承载力大小取决于__________和__________。

4. 当受扭纵筋和受扭箍筋均达到屈服时，配筋强度比 ζ 的取值范围__________。

5. 受扭构件中，受扭纵筋应均匀对称布置，四角必须设置，间距不大于__________mm 和截面__________尺寸；受扭箍筋必须做成__________（填开口式或封闭式），弯钩端头平直段长度不小于__________。

二、选择题

1. 受扭构件合理的配筋方式应为（　　）。

A. 配置抗扭箍筋

B. 配置抗扭纵筋

C. 配置抗扭箍筋和抗扭纵筋

D. 配置与裂缝方向垂直的 45°方向的螺旋状箍筋

2. 抗扭纵筋、箍筋的配筋强度比在 0.6～1.7 之间时（　　）。

A. 均匀纵筋、箍筋部分屈服　　B. 均匀纵筋、箍筋均屈服

C. 仅箍筋屈服　　D. 不对称纵筋、箍筋均屈服

3. 受扭箍筋应做成封闭式，末端应做不小于 135°弯钩，弯钩端头平直段长度不小于（　　），d 为箍筋直径。

A. $10d$　　B. $5d$　　C. $15d$　　D. 均可以

4. 下列受扭构件的破坏形态中，属于延性破坏的是（　　）。

A. 完全超筋破坏　　B. 少筋破坏　　C. 适筋破坏　　D. 均不对

5. 受扭纵筋应均匀对称布置，其间距不应大于（　　）。

A. 200　　B. 截面短边长度　　C. A 和 B　　D. A 或 B

三、判断题

1. 框架边梁属于受扭构件。（　　）

2. 素混凝土纯扭构件破坏性质属于延性破坏。（　　）

3. 受扭钢筋最合理的配筋形式是在构件表面设置呈 45°方向的螺旋状箍筋。（　　）

4. 受扭构件部分超筋破坏属于脆性破坏。（　　）

5. 受扭构件中，受扭纵筋搭接长度可取 150mm。（　　）

6. 弯剪扭构件承载力计算时，规范仅考虑剪力和扭矩的相关性。（　　）

四、名词解释

1. 受扭构件

2. 配筋强度比

3. 叠加法

五、简答题

1. 受扭构件中一般设置哪些钢筋承担扭矩？

2. 简述钢筋混凝土受扭构件的破坏形式及特点。

3. 剪扭构件计算中，强度降低系数 β_t 的意义是什么？

4. 受扭构件中，配置受扭纵筋及箍筋应当注意哪些问题？

5. 简述弯剪扭之间的相关性。

6. 为什么受弯构件在同时受到扭矩作用时，其抗剪及抗扭承载力均有所降低？这时纵向钢筋应如何计算和构造？

7. 弯剪构件叠加法配筋的原则是什么？

六、计算题

1. 钢筋混凝土矩形截面纯扭构件，$b\times h=250\times550$mm，承受的扭矩设计值 $T=50$kN·m。混凝土采用C30，纵筋为HRB400级，箍筋为HPB300级，一类环境，$a_s=40$mm。试设计抗扭箍筋和纵筋。

2. 一均布荷载作用下矩形截面悬臂梁，$b\times h=250\times600$mm，混凝土为C30，纵筋为HRB400级，箍筋为HPB300级，一类环境，$a_s=40$mm。若在悬臂支座截面处作用设计弯矩 $M=150$kN·m，设计剪力 $V=120$kN 和设计扭矩 $T=30$kN·m，试设计配筋。

3. 已知钢筋混凝土矩形截面梁，$b\times h=200\times500$mm，承受的扭矩设计值 $T=15$kN·m，剪力设计值 $V=90$kN，弯矩设计值 $M=100$kN·m，混凝土采用C30，纵筋为HRB400级，箍筋为HPB300级，一类环境，$a_s=40$mm。试设计抗扭箍筋和纵筋。

4.6 答案要点

一、填空题

1. $(3h-b)b^2/6$。

2. 抗扭箍筋；抗扭纵筋。

3. 脆性破坏；抗拉强度；脆性破坏；抗压强度；延性破坏；抗扭箍筋数量；抗扭纵筋数量。

4. 0.6～1.7。

5. 200；短边；封闭式；$10d$。

二、选择题

1. D；2. B；3. A；4. C；5. C。

三、判断题

1. √；2. ×；3. ×；4. ×；5. ×；6. ×。

四、名词解释

1. 凡是在截面中有扭矩作用的构件为受扭构件，根据截面上作用的内力情况可分为纯扭、剪扭、弯扭、弯剪扭构件。

2. 受扭纵筋与箍筋的体积比和强度比的乘积

$$\zeta=\frac{A_{stl}s}{A_{st1}u_{cor}}\cdot\frac{f_y}{f_{yv}}$$

3. 弯剪扭构件可按叠加法进行承载力计算。即按受弯构件承载力和剪扭构件受剪、受扭承载力（考虑了承载力降低系数 β_t）分别进行计算。纵向钢筋截面面积由正截面抗弯纵筋与剪扭构件抗扭纵筋相叠加；箍筋截面面积由剪扭构件抗剪箍筋与抗扭箍筋相叠加。必须注意的是，抗弯纵筋应布置在受弯时的受拉区（对单筋截面），而抗扭纵筋和纯扭构件一样应沿截面周边均匀布置，重叠处的钢筋面积可合并后统一配置。

五、简答题

1. 受扭构件最有效的配筋形式是将抗扭钢筋布置成与主拉应力方向相一致，即沿与构件轴线成 45°角方向的螺旋形布置。在实际工程中扭矩沿构件全长不改变方向的情况是很少的，有的构件在使用过程中还会受变号扭矩的作用，而螺旋形钢筋施工复杂，且在受力上不能适应扭矩方向的改变，所以在实际结构中，一般都是采用横向封闭箍筋与纵向抗扭纵筋共同组成的空间配筋方式来抵抗截面扭矩作用。

2. 钢筋混凝土受扭构件的破坏有适筋、超筋、少筋三种破坏形式。

适筋破坏的特点是抗扭纵筋和抗扭箍筋先达到屈服强度，然后混凝土被压碎而破坏，属延性破坏。

少筋破坏的特点是裂缝一旦出现，抗扭箍筋和抗扭纵筋立即达到屈服或被拉断，构件随之破坏，属脆性破坏。

超筋破坏由完全超筋破坏和部分超筋破坏两种情况。完全超筋破坏的特点是在抗扭纵筋和抗扭箍筋屈服之前混凝土先被压碎而导致构件破坏，属脆性破坏；部分超筋破坏的特点是抗扭纵筋和抗扭箍筋中的一种钢筋达到屈服，而另一种钢筋未达到屈服的情况，具有一定的延性。

工程中应禁止少筋破坏、避免超筋破坏，将构件抗扭承载力控制在适筋范围。

3. 避免混凝土贡献的抗力被重复利用，即考虑混凝土项承载的剪力和扭矩的相关性。

4. (1) 抗扭纵筋与抗扭箍筋的数量满足配筋强度比的要求，尽量避免出现部分超筋破坏。

(2) 抗扭纵筋与抗扭箍筋的构造要求。

(3) 满足最小配筋率和配箍率的要求。

5. 抵抗某种内力的承载能力受其他同时作用内力影响的性质，称为承载力之间的相关性。当受弯构件受到扭矩作用时，扭矩的存在使构件受弯承载力降低；同时受到剪力和扭矩作用的构件，其承载力也低于剪力和扭矩单独作用时的承载力。

6. (1) 由于受弯构件在同时受到扭矩作用时，剪力和扭矩的剪应力会在构件的一个侧面上叠加，混凝土被重复利用，造成混凝土的受力加大，故抗剪及抗扭承载力均有所降低。

(2)《规范》仅考虑了混凝土项承载力之间的相关性，而由于受弯承载力主要取决于受拉钢筋，故而纵向钢筋没有考虑相关性影响。此时纵向钢筋分别按单独受弯承载力和考虑了承载力降低系数 β_t 的受扭承载力分别计算后，再进行"叠加"配置。抗弯纵向钢筋布置在截面受拉区，抗扭纵向钢筋则均匀布置在截面周边。

7. 弯剪扭构件可按叠加法进行承载力计算。即按受弯构件承载力和剪扭构件受剪、受扭承载力（考虑了承载力降低系数 β_t）分别进行计算。纵向钢筋截面面积由正截面抗弯纵筋与剪扭构件抗扭纵筋相叠加；箍筋截面面积由剪扭构件抗剪箍筋与抗扭箍筋相叠加。必须注意的是，抗弯纵筋应布置在受弯时的受拉区（对单筋截面），而抗扭纵筋和纯扭构件一样应沿截面周边均匀布置，重叠处的钢筋面积可合并后统一配置。

六、计算题

1. 抗扭箍筋 $\frac{A_{st1}}{s}=0.96\text{mm}^2/\text{mm}$，抗扭纵筋 $A_{stl}=1272\text{mm}^2$。

2. 抗弯纵筋 $A_s=800\text{mm}^2$，抗扭纵筋 $A_{stl}=788\text{mm}^2$；

剪扭箍筋的单肢总用量 $\frac{A_{st1}}{s}+\frac{A_{sv1}}{s}=0.77\text{mm}^2/\text{mm}$。

3. 抗弯纵筋 $A_s=665\text{mm}^2$，抗扭纵筋 $A_{stl}=330\text{mm}^2$；

剪扭箍筋的单肢总用量：$\frac{A_{st1}}{s}+\frac{A_{sv1}}{s}=0.56\text{mm}^2/\text{mm}$。

第5章　钢筋混凝土受压构件

5.1 学 习 提 要

本章主要学习钢筋混凝土轴心受压及偏心受压构件的承载力、设计方法及构造要求。通过本章的学习，掌握配有普通箍筋和螺旋箍筋轴心受压柱的受力特点和破坏特征，理解长细比对构件承载力影响的意义；理解大、小偏心受压构件的破坏特征及判别方法；重点掌握受压构件正截面承载能力的计算，掌握轴心受压构件普通箍筋柱正截面承载力计算方法，理解长细比对构件承载力的影响；熟练掌握矩形截面对称配筋的截面设计方法；了解偏心受压构件斜截面的计算特点。

5.2 学习重点及难点

5.2.1　受压构件的分类与构造要求

（1）受压构件分为轴心受压构件和偏心受压构件，偏心受压构件又分为单向偏心受压构件和双向偏心受压构件，实际工程中，真正的轴心受压构件不存在，工程中常见到的均为偏心受压构件。受压构件在结构中起着重要的作用，其承载力将直接影响整个结构是否破坏或倒塌。

（2）受压构件内配筋有纵向受力钢筋和箍筋两种。纵筋协助混凝土共同承担由外荷载引起的内力（弯矩和轴力），纵筋可能受拉也可能受压，防止构件发生脆性破坏；箍筋主要承担剪力，并对受压纵筋形成约束。

学习中应重点掌握受压构件内各钢筋的作用，熟悉纵筋和箍筋的相关构造要求。

5.2.2　轴心受压构件正截面承载力计算

1. 配置普通箍筋柱的承载力

（1）受压短柱的受力性能与破坏特点。当轴向压力较小时，截面内纵筋和混凝土共同承受压力；随着轴向压力的增大，截面内钢筋的应力增长速度加快，混凝土应力增长速度减慢，也即转为主要由纵向受力钢筋承担轴向压力。通常破坏发生在构件的中部。

当柱中配有中等强度的热轧钢筋时，破坏时钢筋均能达到抗压屈服强度，混凝土能达到抗压强度（极限压应变为0.0033），钢筋和混凝土的强度都能得到充分利用。

（2）正截面承载力计算公式。钢筋混凝土受压构件根据其长细比的大小分为"短柱"和"长柱"，长细比越大，柱的承载能力越低，《规范》采用稳定系数φ来反映长柱承载力的降低程度。稳定系数φ越小，则构件的承载力越低。

轴心受压构件正截面承载力计算公式为

$$N \leqslant N_u = 0.9\varphi(f_c A + f'_y A'_s) \tag{5-1}$$

运用公式时注意：当纵筋配筋率$\rho' > 3\%$时，公式中A应改用A_n，其中$A_n = A - A'_s$。

2. 配有螺旋式（或焊接环式）间接钢筋柱承载力

（1）受力性能。配有螺旋式（或焊接环式）钢筋混凝土柱，在轴向压力作用下，由于螺旋箍筋或焊接环筋有效地约束了其核心混凝土的横向变形和内部微裂缝的发展，使核心混凝土处于三向受压状态，使得混凝土的抗压强度得到提高，从而有效提高了构件的抗压承载力。

构件内螺旋箍筋或焊接环筋一旦受拉屈服，约束作用不再存在，核心混凝土即被压碎，构件破坏。

(2) 承载力计算。承载力计算时，充分考虑了螺旋箍筋或焊接环筋对核心混凝土的约束作用，计算公式为

$$N \leqslant N_u = 0.9(f_c A_{cor} + 2\alpha f_{yv} A_{sso} + f'_y A'_s) \tag{5-2}$$

5.2.3 偏心受压构件正截面承载力计算

一、偏心受压构件的正截面破坏特征

偏心受压构件根据偏心距大小和纵向钢筋配筋率不同，其破坏可分为大偏心受压、小偏心受压两种破坏形式。

大偏心受压破坏特征是受拉钢筋首先达到屈服，然后受压钢筋也能达到屈服，最后受压区混凝土达到极限压应变（0.0033）被压碎而导致构件破坏。与受弯构件适筋破坏类似，在构件破坏前有较明显的预兆，属于延性破坏。其承载能力取决于钢筋的性能以及混凝土的抗压性能。

小偏心受压破坏特征是距偏心力 N 较近一侧受压混凝土先达到极限压应变（0.0033）被压碎，而距偏心力 N 较远一侧，无论是受拉或受压，其钢筋强度均未达到屈服强度。与受弯构件超筋（或轴心受压构件）破坏类似，破坏没有明显的预兆，属于脆性破坏。其承载能力取决于混凝土的抗压强度。

小偏心受压破坏时钢筋的强度没有得到充分利用，而破坏又是无预兆的脆性破坏，故工程中应尽量避免出现小偏心受压破坏；大偏心受压破坏时由于钢筋和混凝土的性能均得到充分利用，且为有明显预兆的延性破坏，故工程设计中应将受压构件的破坏控制在大偏心受压范围内。

大、小偏心受压破坏的根本区别在于破坏时远 N 一侧钢筋能否达到屈服，这与受弯构件正截面的适筋破坏和超筋破坏两种情况完全一致。故两类偏心受压破坏的判别条件也与受弯构件适筋破坏与超筋破坏的判别条件相同。

当 $\xi \leqslant \xi_b$ 时为大偏心受压破坏，当 $\xi > \xi_b$ 时为小偏心受压破坏。

二、偏心受压构件正截面承载能力计算

1. 偏心受压构件正截面承载能力计算理论

(1) 弯矩 M 和轴力 N 对承载力的影响。偏压构件是弯矩 M 和轴力 N 共同作用的构件。弯矩 M 和轴力 N 对于构件作用彼此之间相互牵制，对于构件的破坏有很大的影响。如对给定材料、截面尺寸和配筋的偏心受压构件，在达到承载能力极限状态时，截面承受的轴力与弯矩具有相关性，即构件可以在不同的 M 和 N 组合下达到承载能力极限状态。具体地，在大偏压破坏情况下，随着构件轴力的增加，构件的抗弯承载力提高；但在小偏压破坏情况下，随着构件轴力的增加，构件的抗弯承载力反而减小；而在大、小偏心受压破坏的界限状态时，构件所能承受弯矩的能力达到最大值。

(2) 附加偏心矩 e_a。《规范》引入附加偏心距 e_a 的目的，是考虑构件在施工和使用过程中可能产生的附加偏心对承载力降低的影响。具体为在构件的计算偏心距 $e_0 = M/N$ 基础上，

再加上一个附加偏心距 e_a 值，称为初始偏心距 e_i，即

$$e_i = e_0 + e_a \tag{5-3}$$

e_a 值应取 20mm 和偏心方向截面尺寸的 1/30 两者中的较大值。

（3）设计弯矩的计算方法。

1）偏心受压长柱的附加弯矩或二阶弯矩。

受压构件在承受偏心受压荷载后，会产生纵向弯曲变形，即侧向挠度。对于长细比较大的长柱，由于侧向挠度的影响，在柱高中点处侧向挠度 f 最大的截面中的弯矩不再是 Ne_i，而变为 $N(e_i+f)$。截面计算中，将弯矩中的 Ne_i 称为初始弯矩，将 Nf 称为附加弯矩或二阶弯矩，附加弯矩 Nf 对构件的承载力有影响。

《规范》规定：弯矩作用平面内截面对称的偏心受压构件，当同一主轴方向的杆端弯矩比较接近，且长细比较大时，需考虑附加弯矩 Nf 的影响。具体规定为：

当 M_1/M_2 不大于 0.9 且设计轴压比不大于 0.9 时，若构件的长细比满足式（5-4）的要求，可不考虑该方向构件自身挠曲产生的附加弯矩影响；当不满足式（5-4）时，附加弯矩的影响不可忽略，需按截面的两个主轴方向分别考虑构件自身挠曲产生的附加弯矩影响。

$$\frac{l_0}{i} \leqslant 34 - 12\left(\frac{M_1}{M_2}\right) \tag{5-4}$$

对于长细比较小（$l_0/h \leqslant 5$）的短柱，由于侧向挠度很小，在设计时可不考虑二阶弯矩。

2）增大系数法即 C_m-η_{ns} 法。

工程设计中，通常采用增大系数法考虑附加弯矩 Nf 的影响。

①偏心距调节系数 C_m

对于单曲率弯矩，且二者接近的情况下，处于最不利的受力状态，产生的偏心距最大，需考虑偏心距调节系数 C_m。C_m 的计算公式为

$$C_m = 0.7 + 0.3\frac{M_1}{M_2} \geqslant 0.7 \tag{5-5}$$

②弯矩增大系数 η_{ns}

弯矩增大系数 η_{ns} 是考虑构件侧向挠度的影响而引入的增大系数，η_{ns} 的计算公式为

$$\eta_{ns} = 1 + \frac{1}{1300(M_2/N + e_a)/h_0}\left(\frac{l_0}{h}\right)^2 \zeta_c \tag{5-6}$$

3）控制截面设计弯矩计算方法

$$M = C_m \eta_{ns} M_2 \tag{5-7}$$

当 $C_m\eta_{ns}$ 小于 1.0 时取 1.0；对剪力墙肢及核心筒墙肢类构件，可取 $C_m\eta_{ns}$ 等于 1.0。

2. 大偏心受压构件正截面承载能力计算

（1）基本计算公式

$$N \leqslant \alpha_1 f_c bx + f'_y A'_s - f_y A_s \tag{5-8}$$

$$Ne \leqslant \alpha_1 f_c bx\left(h_0 - \frac{x}{2}\right) + f'_y A'_s (h_0 - a'_s) \tag{5-9}$$

$$e = e_i + \frac{h}{2} - a_s \tag{5-10}$$

（2）适用条件：

1）为保证破坏时受拉钢筋能达到 f_y 应满足

$$x \leqslant x_b = \xi_b h_0 \quad (\xi \leqslant \xi_b) \tag{5-11}$$

2）为保证破坏时受压钢筋能达到 f_y' 应满足

$$x \geqslant 2a_s' \tag{5-12}$$

若计算中出现 $x < 2a_s'$ 的情况时，说明破坏时受压钢筋 A_s' 没有屈服，取 $x = 2a_s'$，则

$$Ne' = f_y A_s (h_0 - a_s') \tag{5-13}$$

$$e' = e_i - \frac{h}{2} + a_s' \tag{5-14}$$

3. 小偏心受压构件承载力的计算公式及适用条件

（1）基本计算公式

$$N \leqslant \alpha_1 f_c bx + f_y' A_s' - \sigma_s A_s \tag{5-15}$$

$$Ne \leqslant \alpha_1 f_c bx \left(h_0 - \frac{x}{2}\right) + f_y' A_s' (h_0 - a_s') \tag{5-16}$$

$$\sigma_s = \frac{\xi - \beta_1}{\xi_b - \beta_1} f_y \tag{5-17}$$

$$-f_y' \leqslant \sigma_s \leqslant f_y$$

（2）适用条件

$$x > x_b = \xi_b h_0 (\text{或} \ \xi > \xi_b) \ \text{且} \ x \leqslant h$$

三、对称配筋矩形截面偏心受压构件正截面承载力计算

在实际工程中，偏心受压构件在各种不同荷载（风荷载、地震作用、竖向荷载）组合作用下，在同一截面内常承受变号弯矩，同时，为了在施工方便，一般都采用对称配筋方式。装配式柱为了保证吊装时不会出错，一般采用对称配筋。所谓对称配筋，就是截面两侧配置的相同数量、相同种类的钢筋，即 $f_y' = f_y$，$A_s' = A_s$，$a_s' = a_s$。

5.2.4 偏心受压构件斜截面承载力计算

1. 轴向压力对构件斜截面受剪承载力的影响

偏心受压构件除承受轴向压力 N 和弯矩 M 外，还伴随有剪力 V 的作用，尤其在多高层框架结构中，当承受水平地震作用或风荷载作用时，作用在柱上的剪力较大，需进行斜截面受剪承载力计算。

轴向压力 N 对构件的抗剪承载力有提高作用，但轴向压力对构件抗剪承载力的提高作用是有限度的。当轴压比 $N/(f_c bh) \leqslant 0.3$ 时，偏压构件的斜截面抗剪承载力随 N 的增大而增强；当轴压比 $N/(f_c bh)$ 在 0.3～0.5 时，抗剪承载力达到最大值；当轴压比 $N/(f_c bh) > 0.5$ 时，则构件的抗剪承载力反而会随着 N 的增大而逐渐有所下降。

2. 偏心受压构件斜截面受剪承载力计算公式

《规范》给出了偏心受压构件受剪承载力计算公式为

$$V \leqslant \frac{1.75}{\lambda + 1} f_t bh_0 + f_{yv} \frac{A_{sv}}{s} h_0 + 0.07N \tag{5-18}$$

对框架柱取 $\lambda = \dfrac{H_n}{2h_0}$。

5.3 解题指导及典型例题分析

【例 5-1】 偏心受压柱破坏形态有哪几种？破坏特征怎样？

答：(1) 大偏心受压、小偏心受压两种破坏形态，依据偏心距和配筋率划分。

(2) 大偏心受压构件中钢筋和混凝土均充分发挥，且受拉钢筋屈服在先，混凝土压碎在后，破坏时受压钢筋达到屈服强度，属于延性破坏；小偏心受压构件中离偏心距较远的钢筋未屈服，混凝土先被压碎，破坏时受压钢筋达到屈服强度，属于脆性破坏。

【例 5-2】 偏心受压承载力计算中，柱端设计弯矩怎样确定？

解答思路：柱端弯矩值应考虑以下几个方面问题：柱的控制截面在哪儿？设计弯矩值如何计算？考虑哪些影响因素及办法？

答：取弯矩设计值绝对值较大的一端作为控制截面，采用增大系数法进行计算，设计弯矩为 $M=C_m\eta_{ns}M_2$。

其中偏心距调节系数 C_m 是考虑在柱两端同方向、大小接近的单曲率弯矩作用下，构件处于最不利的受力状态而引入的，$C_m=0.7+0.3\dfrac{M_1}{M_2}\geqslant 0.7$。弯矩增大系数 η_{ns} 是考虑构件侧向挠度的影响而引入 $\eta_{ns}=1+\dfrac{1}{1300(M_2/N+e_a)/h_0}\left(\dfrac{l_0}{h}\right)^2\zeta_c$。

【例 5-3】 某现浇钢筋混凝土框架柱，截面尺寸为 450mm×450mm，承受轴向压力设计值 $N=3000$kN，柱的计算长度 $l_0=5.4$m，混凝土强度等级为 C30，钢筋采用 HRB400 级。要求确定纵筋数量 A_s'。

解：(1) 确定设计参数：查表得 $f_c=14.3\text{N/mm}^2$，$f_y'=360\text{N/mm}^2$。

(2) 计算稳定系数 φ。$l_0/b=5400/450=12.0$，查得 $\varphi=0.95$。

(3) 计算纵筋截面面积 A_s'，并校验 ρ'。

$$A_s'=\frac{\dfrac{N}{0.9\varphi}-f_cA}{f_y'}=\frac{\dfrac{3000\times10^3}{0.9\times0.95}-14.3\times450\times450}{360}=1703\text{mm}^2$$

配筋率 $\rho'=\dfrac{A_s'}{A}=\dfrac{1703}{450\times450}=0.84\%>\rho'_{min}=0.6\%$ 且 $\rho'<3\%$，满足要求。

(4) 配筋并绘截面配筋图。

1) 纵筋。由于轴心受压构件是全截面均匀受力，故纵向受力钢筋应均匀布置在截面的四周，考虑构造要求纵筋间距应≤300mm，故至少应设置 8 根纵筋。

选用 4Φ18+4Φ16 ($A_s'=1820\text{mm}^2$)，4Φ18 钢筋布置在截面四角，4Φ16 钢筋布置在截面四边中部。

截面一侧配筋率 $\rho'=\dfrac{254\times2+201}{450\times450}=0.55\%>0.35\%$，满足要求。

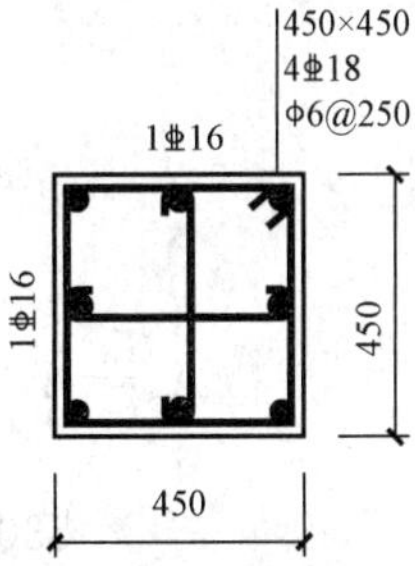

图 5-1　[例 5-3] 配筋图

2) 箍筋

直径：$\{d_{max}/4=18/4,6\}_{max}=6\text{mm}$，取 6mm。

间距：$\{15d_{min},b,400\}_{min}=270\text{mm}$，取 250mm。

即选用Φ6@250。

截面配筋图如图 5-1 所示。

【例 5-4】 某钢筋混凝土偏心受压柱，承受轴向压力设计值 $N=530$kN，柱端较大弯矩设计值 $M_2=400\text{kN}\cdot\text{m}$，截面尺寸为 $b\times h=$

400×500mm，$a_s=a_s'=40$mm，柱的计算长度 $l_0=5.2$m，采用 C30 混凝土和 HRB400 钢筋，要求进行截面对称配筋设计（按两端弯矩相等 $M_1/M_2=1$ 的框架柱考虑）。

解：(1) 确定设计参数。

C30 混凝土 $\alpha_1=1.0$，$\beta_1=0.8$，$f_c=14.3\text{N/mm}^2$。

HRB400 钢筋 $f_y'=f_y=360\text{N/mm}^2$，$\xi_b=0.518$。

$$I=\frac{bh^3}{12}=\frac{400\times500^3}{12}=4166.7\times10^6\text{mm}^4,\quad A=bh=400\times500=200\times10^3\text{mm}^2$$

$$i=\sqrt{\frac{I}{A}}=\sqrt{\frac{4166.7\times10^6}{200\times10^3}}=144.3\text{mm},\quad a_s=a_s'=40\text{mm},\quad h_0=500-40=460\text{mm}。$$

(2) 求框架柱设计弯矩 M。

由于 $M_1/M_2=1$，$i=144.3$mm，则 $l_0/i=5200/144.3=36>34-12(M_1/M_2)=22$，因此，需要考虑附加弯矩影响。

$$\zeta_c=\frac{0.5f_cA}{N}=\frac{0.5\times14.3\times200\times10^3}{530\times10^3}=2.70>1\text{，取 }\zeta_c=1.0$$

$$C_m=0.7+0.3\frac{M_1}{M_2}=1$$

$$e_a=\left\{\frac{h}{30},20\text{mm}\right\}_{\max}=\{500/30\text{mm},20\text{mm}\}_{\max}=20\text{mm}$$

$$\eta_{ns}=1+1+\frac{1}{1300(M_2/N+e_a)/h_0}\left(\frac{l_0}{h}\right)^2\zeta_c$$

$$=1+\frac{1}{1300(400\times10^6/530\,000+20)/460}\left(\frac{5200}{500}\right)^2\times1=1.05$$

则框架柱的设计弯矩值为

$$M=C_m\eta_{ns}M_2=1\times1.05\times400=420\text{kN}\cdot\text{m}$$

(3) 判别大、小偏心受压

$$x=\frac{N}{\alpha_1f_cb}=\frac{530\times10^3}{1.0\times14.3\times400}=92.7\text{mm}<\xi_bh_0=238\text{mm}$$

故属于大偏心受压，且 $x=92.7\text{mm}>2a_s'=2\times40=80\text{mm}$。

(4) 计算 A_s'和 A_s

$$e_0=\frac{M}{N}=\frac{420\times10^6}{530\times10^3}=792.5\text{mm}$$

$$e_i=e_0+e_a=792.5+20=812.5\text{mm}$$

$$e=e_i+\frac{h}{2}-a_s=812.5+500/2-40=1022.5\text{mm}$$

$$A_s'=A_s=\frac{Ne-\alpha_1f_cbx\left(h_0-\dfrac{x}{2}\right)}{f_y'(h_0-a_s')}$$

$$=\frac{530\times10^3\times1022.5-1.0\times14.3\times400\times92.7\times\left(460-\dfrac{92.7}{2}\right)}{360\times(460-40)}$$

$$=2133\text{mm}^2>0.002bh=0.002\times400\times500=400\text{mm}^2$$

(5) 选配钢筋并验算配筋率，绘截面配筋图。每侧各选配 5 ⌀ 25（$A_s'=A_s=$

$2454mm^2$)。

全部纵筋配筋率为

$$\rho=\frac{A_s+A'_s}{bh}=\frac{2454\times 2}{400\times 500}=2.45\%>0.55\%$$

满足要求。

单侧纵筋配筋率为

$$\rho=\frac{A_s}{bh}=\frac{2454}{400\times 500}=1.23\%>0.2\%$$

满足要求。

(6) 验算垂直于弯矩作用方向的轴心受压承载力

$l_0/b=5200/400=13$，查表 5-1 得 $\varphi=0.935$。

$$N_u=0.9\varphi(f_cA+f'_yA'_s)=0.9\times 0.935\times(14.3\times 400\times 500+360\times 2454\times 2)$$
$$=3\ 893\ 519N=3893.5kN>530kN$$

故在垂直于弯矩作用方向柱截面安全。

由于纵向受力钢筋均布置在截面的短边一侧，沿长边方向钢筋间距大于 300mm，不满足构造要求，故每侧增设 1 ⌀ 14 的构造钢筋。

截面配筋图如图 5-2 所示。

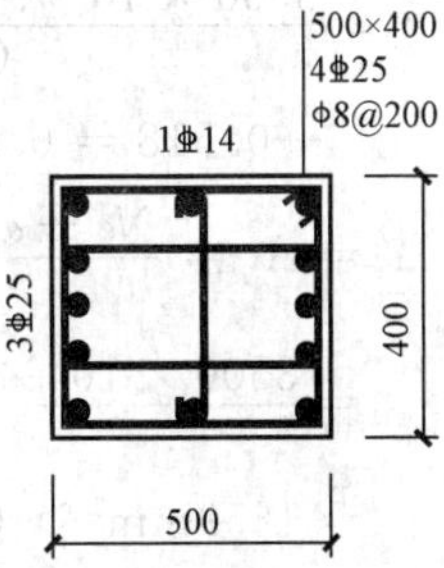

图 5-2　[例 5-4] 截面配筋图

【例 5-5】 钢筋混凝土偏心受压柱，承受轴向压力设计值 $N=3500kN$，两端弯矩设计值相等为 $M_1=M_2=300kN\cdot m$，截面尺寸为 $b\times h=400\times 700mm$，$a_s=a'_s=40mm$，柱的计算长度 $l_0=5m$，混凝土采用 C30，钢筋采用 HRB400，要求进行截面对称配筋设计。

解：(1) 确定设计参数

C30 混凝土，$\alpha_1=1.0$，$\beta_1=0.8$，$f_c=14.3N/mm^2$

HRB400 钢筋，$f'_y=f_y=360N/mm^2$，$\xi_b=0.518$

$$I=\frac{bh^3}{12}=\frac{400\times 700^3}{12}=11\ 433\times 10^6mm^4,$$

$$A=bh=400\times 700=280\times 10^3mm^2$$

$$i=\sqrt{\frac{I}{A}}=\sqrt{\frac{11\ 433\times 10^6}{280\times 10^3}}=202.1mm,$$

$$a_s=a'_s=40mm, h_0=700-40=660mm。$$

(2) 求框架柱设计弯矩 M

由于 $M_1/M_2=1$，$i=202.1mm$，则 $l_0/i=5000/202.1=24.8>34-12(M_1/M_2)=22$

因此，需要考虑附加弯矩影响。

$$\zeta_c=\frac{0.5f_cA}{N}=\frac{0.5\times 14.3\times 280\times 10^3}{3500\times 10^3}=0.572<1\quad 取\ \zeta_c=0.572$$

$$C_m=0.7+0.3\frac{M_1}{M_2}=1$$

$$e_a=\left\{\frac{h}{30},20mm\right\}_{max}=\{700/30mm,20mm\}_{max}=23.3mm$$

$$\eta_{ns}=1+1+\frac{1}{1300(M_2/N+e_a)/h_0}\left(\frac{l_0}{h}\right)^2\zeta_c$$

$$= 1 + \frac{1}{1300(300 \times 10^6/3\ 500\ 000 + 23.3)/660}\left(\frac{5000}{700}\right)^2 \times 0.572 = 1.136$$

则框架柱的设计弯矩值为

$$M = C_m \eta_{ns} M_2 = 1 \times 1.136 \times 300 = 340.8\text{kN} \cdot \text{m}$$

（3）判别大、小偏心受压，假定大偏心受压求 ξ

$$\xi = \frac{x}{h_0} = \frac{N}{\alpha_1 f_c b h_0} = \frac{3500 \times 10^3}{1.0 \times 14.3 \times 400 \times 660} = 0.927 > \xi_b = 0.518$$

故属于小偏心受压，重新按小偏心受压计算。

（4）计算 A_s' 和 A_s

$$e_0 = \frac{M}{N} = \frac{340.8 \times 10^6}{3500 \times 10^3} = 97.4\text{mm}$$

$$e_i = e_0 + e_a = 97.4 + 23.3 = 120.7\text{mm}$$

$$e = e_i + \frac{h}{2} - a_s = 120.7 + 700/2 - 40 = 430.7\text{mm}$$

$$\xi = \frac{N - \xi_b \alpha_1 f_c b h_0}{\dfrac{Ne - 0.43\alpha_1 f_c b h_0^2}{(\beta_1 - \xi_b)(h_0 - a_s')} + \alpha_1 f_c b h_0} + \xi_b$$

$$= \frac{3500 \times 10^3 - 0.518 \times 1.0 \times 14.3 \times 400 \times 660}{\dfrac{3500 \times 10^3 \times 430.7 - 0.43 \times 1.0 \times 14.3 \times 400 \times 660^2}{(0.8 - 0.518) \times (660 - 40)} + 1.0 \times 14.3 \times 400 \times 660}$$

$$+ 0.518 = 0.649$$

则 $$A_s' = A_s = \frac{Ne - \alpha_1 f_c b h_0^2 \xi(1 - 0.5\xi)}{f_y'(h_0 - a_s')}$$

$$= \frac{3500 \times 10^3 \times 430.7 - 1.0 \times 14.3 \times 400 \times 660^2 \times 0.649 \times (1 - 0.5 \times 0.649)}{360 \times (660 - 40)}$$

$$= 1859\text{mm}^2 > 0.002bh = 0.002 \times 400 \times 700 = 560\text{mm}^2$$

（5）选配钢筋并验算配筋率，绘截面配筋图

考虑钢筋间距不宜大于 300mm，每侧各选配 4 Φ 25（$A_s' = A_s = 1964\text{mm}^2$）。

全部纵筋配筋率为 $\rho = \dfrac{A_s + A_s'}{bh} = \dfrac{1964 \times 2}{400 \times 700} = 1.4\% > 0.55\%$

单侧纵筋配筋率为 $\rho = \dfrac{A_s}{bh} = \dfrac{1964}{400 \times 700} = 0.70\% > 0.2\%$

满足要求。

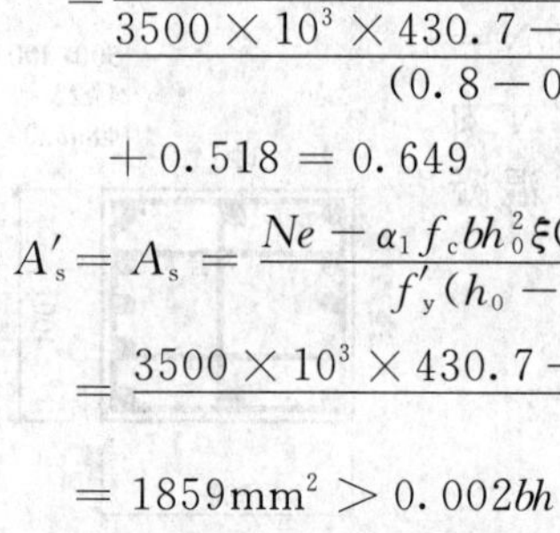

图 5-3 ［例 5-5］截面配筋图

（6）验算垂直于弯矩作用方向的轴心受压承载力，$l_0/b = 5000/400 = 12.5$，查得 $\varphi = 0.9425$。

$$N_u = 0.9\varphi(f_c A + f_y' A_s') = 0.9 \times 0.9425 \times (14.3 \times 400 \times 700 + 360 \times 1964 \times 2)$$

$$= 4\ 595\ 890\text{N} = 4595.9\text{kN} > 3500\text{kN}$$

故在垂直于弯矩作用方向柱截面安全。

截面配筋图如图 5-3。

【例 5-6】 某钢筋混凝土框架结构中的框架柱，$b \times h = 400\text{mm} \times 400\text{mm}$，$a_s = 45\text{mm}$，净高 $H_n = 3\text{m}$。采用 C30

混凝土和 HPB300 钢筋，柱端作用轴力设计值 $N=700\text{kN}$，剪力设计值 $V=212\text{kN}$，求箍筋数量。

解：(1) 确定设计参数

C30 混凝土，$f_c=14.3\text{N/mm}^2$，$f_t=1.43\text{N/mm}^2$；HPB300 钢筋，$f_{yv}=270\text{N/mm}^2$

(2) 验算截面尺寸

$$h_w = h_0 = h - a_s = 400 - 45 = 355\text{mm}$$

$$h_w/b=\frac{355}{400}=0.9<4$$

$$0.25\beta_c f_c bh_0=0.25\times1.0\times14.3\times400\times355=508\text{kN}>V=212\text{kN}$$

(3) 计算是否需要按计算配箍

$$\lambda = H_n/(2h_0) = 3000/(2\times355) = 4.23 > 3 \quad 取\ \lambda = 3$$

$$N/(f_cA) = \frac{700\times10^3}{14.3\times400\times400} = 0.306 > 0.3$$

取 $N=0.3f_cA=0.3\times14.3\times400^2\times10^{-3}=686.4\text{kN}$

$$\frac{1.75}{\lambda+1}f_tbh_0+0.07N=\frac{1.75}{3+1}\times1.43\times400\times355+0.07\times686.4\times10^3$$
$$=136.9\text{kN}<V=212\text{kN}$$

需要按计算配置箍筋。

(4) 计算箍筋用量

$$\frac{A_{sv}}{S}=\frac{V-\dfrac{1.75}{\lambda+1}f_tbh_0-0.07N}{1.0f_{yv}h_0}=\frac{212\times10^3-139.6\times10^3}{1.0\times270\times355}=0.755\text{mm}^2/\text{mm}$$

(5) 选配箍筋

选直径 $d=8\text{mm}$，肢数选 3 肢。

$$s=\frac{3\times50.3}{0.755}=200\text{mm}$$

故选择配箍：ϕ 8@200 (3×3)(箍筋的肢数与每侧纵筋的根数和截面边长尺寸有关)。

分析：本题确定箍筋用量只考虑了承载力计算要求，在实际工程设计中，不仅要考虑箍筋的直径、间距和肢数的构造要求，还须满足体积配箍率的要求；在抗震结构中还应满足抗震构造措施要求。

5.4 实际工程应用

配有螺旋式（或焊接环式）钢筋的轴压柱，通过螺旋箍筋或焊接环筋对核心混凝土的约束，可间接地提高混凝土及构件的承载力。该种方法以横向约束来提高构件承载力，故在工程中可应用于受压构件的工程加固。

实际工程中，真正的轴心受压构件是不存在的，构件大多为偏心受压构件，并且为双向偏心受压构件，且构件内的弯矩大多为变号弯矩，如框架柱、剪力墙中的墙肢等。在构件中任何一侧的纵向钢筋均可能受拉，故构件内纵筋的锚固和连接均应满足受拉钢筋的构造要求。

在构件设计中，由于偏心受压构件的弯矩设计值取的是弯矩较大一侧的柱端弯矩，故偏压构件在同层内的配筋是一样的，即均按最不利内力进行构件截面承载力配筋计算。

在实际工程中，钢筋的配置必须满足承载力要求、《规范》的相关构造要求。在抗震结构中，还应满足《抗震规范》的要求。如抗震框架柱中的箍筋，不仅要满足抗剪承载力的需要，还要满足箍筋直径、间距和肢数等《规范》的构造要求，满足《抗震规范》中箍筋直径、间距以及体积配箍率等抗震构造的要求。箍筋的确定通常是由抗震措施起控制作用的。

工程施工中，柱中纵筋在搭接处会出现钢筋净距过小，甚至有可能出现"筋碰筋"现象，在浇筑混凝土时有可能产生严重的蜂窝麻面现象，严重时甚至会出现漏筋现象，形成薄弱部位而导致柱身承载力下降。

在柱混凝土浇筑时，如果浇筑自由落高太大混凝土会产生离析，或存在不认真振捣密实等操作问题，易造成孔洞、柱（墙）"烂根"、构件中出现几乎没有水泥浆的石子堆（俗称"米花糖"）等严重问题，甚至导致建筑物倒塌。

5.5 综合训练

一、填空题

1. 受压构件根据长细比不同可分为__________和__________；其中__________承载力较高。

2. 轴心受压构件中配置纵向钢筋的作用①__________、②__________。纵筋的最小间距__________。

3. 受压构件的材料宜采用较高强度的__________，不宜采用高强度__________。

4. 钢筋混凝土轴心受压构件计算公式中，φ 是考虑__________的系数，φ 值随构件长细比的增大而__________。

5. 钢筋混凝土轴心受压构件设计中，纵筋的抗压强度设计值主要是依据__________为控制条件确定的。f'_y 最大取值限值为__________N/mm^2。

6. 受压构件全部纵筋的配筋率不宜大于__________，单侧配筋率不得小于__________。

7. 钢筋混凝土偏心受压构件的破坏形态有__________、__________，划分依据是__________和__________。其中__________属于延性破坏。

8. 判别大小偏压破坏的界限条件是__________。

9. 偏心受压构件计算时，附加偏心距 e_a 取值为__________。

10. 受压构件中箍筋的作用是①__________；②__________；③__________。

二、选择题

1. 螺旋箍筋柱与普通箍筋柱相比，二者承载能力关系为（　　）。

A. 螺旋箍筋柱承载能力高　　B. 普通箍筋柱承载能力高

C. 二者承载能力相等　　D. 不一定

2. 关于受压构件的材料下列说法正确的是（　　）。

A. 宜采用高强度等级的混凝土，以减小构件截面尺寸

B. 宜采用高强度等级的混凝土，以及高强钢筋

C. 宜采用高强钢筋，低强度等级的混凝土

D. 宜采用低强度等级的混凝土，以及低强度钢筋

3. 均匀受压情况下，混凝土的极限压应变为（ ）。

A. 0.002　B. 0.0033　C. 0.0015　D. 0.008

4. 关于轴心受压柱的纵筋，下列说法不正确的是（ ）。

A. 可以协助混凝土承受压力，以减小构件尺寸

B. 应沿截面四周均匀对称布置

C. 可防止构件突然的脆性破坏

D. 宜采用多根数，小直径的钢筋

5. 柱纵向钢筋连接接头应相互错开，对于焊接连接，在同一截面内钢筋接头面积百分率不应大于（ ）。

A. 50%　B. 40%　C. 30%　D. 20%

6. 受压构件的箍筋采用（ ）。

A. 开口箍筋　B. 封闭箍筋　C. 两者都可使用

7. 轴向压力对构件抗剪强度的影响是（ ）。

A. 轴向压力可提高构件的抗剪强度

B. 轴向压力对构件抗剪强度影响不大

C. 轴向压力可降低构件的抗剪强度

D. 轴向压力可提高构件的抗剪强度；但轴向压力过大时，却反而降低构件抗剪强度

8. 大偏心受压构件与小偏心受压构件破坏的共同点是（ ）。

A. 远 N 一侧纵筋受压　B. 近 N 一侧受压钢筋达到屈服强度

C. 受拉区混凝土拉裂　D. 远 N 一侧钢筋受拉

9. 弯矩增大系数是考虑（ ）的影响引入的系数。

A. 混凝土质量不均匀　B. 施工偏差

C. 附加偏心距　D. 侧向挠度

10. 小偏心受压构件的破坏性质为（ ）。

A. 延性破坏　B. 脆性破坏　C. 不确定

三、判断题

1. 为了节约材料，减小构件的截面尺寸，受压构件中宜采用高强度的钢筋。（ ）

2. 一般轴心受压柱以方形为主，偏心受压柱以矩形为主。（ ）

3. 受压构件中纵向受力钢筋的直径宜采用根数较少，直径较大的钢筋，以保证骨架刚度。（ ）

4. 一般情况下，对于轴心受压构件，长细比愈大，稳定性系数愈大，构件载力愈大。（ ）

5. 大偏压与小偏压破坏的共同点是受压区边缘的混凝土都能达到极限压应变，受压一侧纵向受力钢筋总能达到屈服强度。（ ）

6. 偏心受压构件的斜截面抗剪能力随着轴向压力的增大而增大，也就是说轴向压力越大，抗剪能力越大。（ ）

7. 偏心受压构件中，无论截面配筋状况如何，偏心距大则发生大偏心受拉破坏，偏心距小则发生小偏心受压破坏。（ ）

8. 小偏心受压构件破坏性质属于脆性破坏，故在实际工程中不得采用。（ ）

9. 大偏心受压构件中，受压钢筋是否屈服与受压区高度有关。（ ）

10. 偏心受压构件截面上同时存在弯矩和剪力，但二者之间没有联系 （ ）

四、名词解释

1. 短柱

2. 稳定系数 φ

3. 大偏心受压构件

4. 附加偏心距 e_a

5. 偏压构件的对称配筋

五、简答题

1. 在受压构件中，为什么轴心受压长柱的受压承载力低于短柱？

2. 轴心受压构件中纵筋及箍筋的作用是什么？

3. 施工人员在保持钢筋级别和配筋率不变的前提下，将受压钢筋由粗钢筋换成细钢筋，是否会影响轴心受压构件的承载能力？为什么？

4. 偏心受压构件正截面破坏形态有哪几种？破坏特征各是什么？

5. 偏心受压构件计算中为什么引入弯矩增大系数 η_{ns} 和附加偏心距 e_a？各如何确定？

六、计算题

1. 某钢筋混凝土柱截面尺寸为 400×400mm，承受轴向压力设计值 N=2500kN，柱计算长度 L=5.6m，混凝土为 C30，钢筋为 HRB400 级，求纵筋面积。

2. 一钢筋混凝土现浇柱截面尺寸为 350mm×350mm，计算长度 L=4.2m，配有 HRB400 级钢筋，4 ⏀ 25 纵向钢筋，混凝土为 C30，柱承受的轴向力设计值 N=2200kN，复核此柱是否安全。

3. 矩形截面柱，截面尺寸 $b\times h$=400mm×500mm，$a_s=a_s'$=35mm，承受轴向压力设计值 N=500kN，柱端弯矩 M_1=300kN·m，M_2=320kN·m，混凝土 C30，钢筋 HRB400 级，计算高度 L=4.0m，对称配筋，求纵向钢筋面积。

4. 偏心受压柱，$b\times h$=400mm×600mm，承受轴向压力设计值 N=300kN，柱端弯矩 $M_1=M_2$=90kN·m，混凝土强度等级 C30，钢筋 HRB400 级，柱计算长度 L=6.2m，$a_s=a_s'$=40mm，对称配筋，求纵向数量。

5. 某钢筋混凝土偏心受压柱，承受轴向压力设计值 N=2000kN，柱端弯矩 $M_1=M_2$=500kN·m 截面尺寸为 $b\times h$=400×550mm，$a_s=a_s'$=40mm，柱的计算长度 l_0=6.3m，采用 C30 混凝土和 HRB400 级钢筋，采用对称配筋，使计算柱所需的纵向钢筋。

5.6 答 案 要 点

一、填空题

1. 长柱；短柱；短柱。

2. ①协助混凝土承担内力；

②承担混凝土收缩和温度变化产生的拉应力；50mm。

3. 混凝土；钢筋。

4. 长柱承载力降低；减小。

5. 混凝土的峰值压应变 $\xi_0=0.002$；410。

6. 5%；0.2%。

7. 大偏心受压破坏；小偏心受压破坏；偏心距大小；纵筋配筋率；大偏心受压破坏。

8. $x=x_b=\xi_b h_0$。

9. $\{20，h/30\}_{max}$。

10. 约束受压钢筋，防止纵筋外凸；固定纵筋位置；抵抗剪力。

二、选择题

1. D；2. A；3. A；4. D；5. A；6. B；7. D；8. B；9. D；10. B。

三、判断题

1. ×；2. √；3. √；4. ×；5. ×；6. ×；7. ×；8. ×；9. √；10. ×。

四、名词解释

1. 当矩形截面柱的长细比 $l_0/b\leqslant 8$、圆形截面柱的长细比 $l_0/d\leqslant 7$ 时为短柱。

2. 轴心受压柱的承载力与其长细比有关，《规范》采用稳定系数 φ 来反映长柱承载力随长细比增大而降低的程度。

3. 当受压构件截面相对偏心距较大且配置的受拉钢筋合适时所发生的破坏为大偏心受压破坏，破坏时远 N 一侧纵筋受拉且先屈服，然后受压区混凝土边缘被压碎。发生此类破坏的受压构件称为大偏心受压构件。

4. 由于实际工程中存在着荷载作用位置的不定性、混凝土质量不均匀及施工偏差等因素，可能产生附加偏心矩使构件承载力降低，《规范》引入附加偏心距 $e_a=\{20，h/30\}_{max}$。

5. 偏心受压构件在不同荷载作用下，同一截面常承担变号弯矩，同时为了施工方便，偏心受压构件一般采用对称配筋，即在截面两侧配置相同数量、相同种类、相同排布的钢筋。

五、简答题

1. 随着柱长细比的增大，由于各种因素造成的微小初始偏心距将使构件产生的侧向弯曲增大，向外凸出的一侧可能由受压转变为受拉，致使长柱承载力降低。

2. 纵筋作用：①协助混凝土承担内力，②承担混凝土收缩和温度变化产生的拉应力。

箍筋的作用：①约束受压钢筋，防止纵筋外凸，②固定纵筋位置，③抵抗剪力。

3. （1）会使构件承载力降低。（2）从理论上不会降低构件的承载力，因为 $N_u=0.9\varphi(f_cA+f'_yA'_s)$ 与钢筋直径粗细无关；但实际上用细直径钢筋会使钢筋骨架刚度降低，纵筋在施工时容易弯曲，会导致受压承载力在一定程度上有所降低。

4. （1）大偏心受压破坏和小偏心受压破坏。（2）大偏心受压破坏特征是受拉钢筋首先达到屈服，然后受压钢筋一般也能达到屈服，受压区混凝土达到极限压应变（0.0033）被压碎而导致构件破坏，属于延性破坏。小偏心受压破坏特征是距偏心力 N 较近一侧受压混凝土先达到极限压应变（0.0033）被压碎，而距偏心力 N 较远一侧，纵筋无论是受拉还是受压，其钢筋强度均未达到屈服强度，属于脆性破坏。

5. （1）由于实际工程中存在着荷载作用位置的不定性、混凝土质量不均匀及施工偏差等因素，可能产生附加偏心矩使构件承载力降低，《规范》引入附加偏心距 $e_a=\{20，h/30\}_{max}$。

(2) 弯矩增大系数 η_{ns} 考虑侧向挠度的影响，$\eta_{ns}=\dfrac{1}{1300(M_2/N+e_a)/h_0}\left(\dfrac{l_0}{h}\right)^2\zeta_c$。

六、计算题

1. $A_s=2030\text{mm}^2$。
2. 不安全（$N_u=2102<2200$）。
3. $A_s'=A_s=1542\text{mm}^2$。
4. $A_s'=A_s=480\text{mm}^2$（$>A_{s,\min}$）。
5. $A_s'=A_s=2733\text{mm}^2$。

第6章　钢筋混凝土梁板结构

6.1 内 容 提 要

梁板结构是建筑工程中常用的结构形式，如楼盖、屋盖、筏板基础、水池的底板和顶板，以及楼梯、阳台和雨篷等。其中现浇混凝土楼盖可以分为肋梁楼盖、井式楼盖和无梁楼盖，本章重点学习现浇肋梁楼盖的结构布置、各构件的计算简图、荷载传递、内力计算、截面设计及施工图的绘制。通过本章的学习，要求掌握单、双向板肋梁楼盖的划分、受力特点、传力途径；掌握单向板肋梁楼盖板、次梁、主梁的计算简图、荷载折算、内力计算和主梁包络图的绘制；单向板肋梁楼盖中的板、次梁按塑性方法计算的塑性铰、塑性内力重分布概念，构件截面设计及构造要求，楼盖中各构件施工图的绘制；双向板的受力特点，及按弹性方法的计算特点及其配筋构造；板式及梁式楼梯的受力特点和传力途径，板式楼梯设计和施工图的绘制；掌握悬臂构件的结构组成、力学特点及配筋构造。熟悉11G101-1系列平法图集中涉及非框架梁、楼板、楼梯的构造详图。

6.2 学习重点及难点

6.2.1　现浇单向板肋梁楼盖

现浇整体式楼盖按楼板受力和支承条件的不同分为梁板体系和平板体系。梁板体系如现浇肋梁楼盖（主次梁楼盖）、井式楼盖（不分主次梁），平板体系如无梁楼盖、现浇空心楼盖等。梁板体系设计简单，传力明确，受力性能和抗震性能较好，土木结构中普遍采用。

现浇肋梁楼盖分为单向板肋梁楼盖和双向板肋梁楼盖。当 $l_2/l_1 \geqslant 3.0$ 时，按沿短边方向受力的单向板计算，相应的楼盖称为单向板肋梁楼盖；当 $l_2/l_1 \leqslant 2.0$ 时，应按两个方向同时受力的双向板计算；当 $2.0 < l_2/l_1 < 3.0$ 时，宜按双向板计算，相应的楼盖称为双向板肋梁楼盖。

单向板短边方向为受力钢筋，按计算＋构造确定；长边方向为分布钢筋，按分布钢筋的构造要求选配钢筋。双向板两个方向都为受力钢筋，均按计算＋构造确定。当 $2.0 < l_2/l_1 < 3.0$ 时，宜按双向板计算，双向均为受力钢筋；若为了简化计算，按单向板计算时，短边方向为受力钢筋，在长跨方向应配置足够数量的构造钢筋，而不能按分布钢筋的构造要求配置。

单向板肋梁楼盖设计步骤为：

(1) 结构平面布置，并初步拟定板厚和主、次梁的截面尺寸。

(2) 确定梁、板的计算简图。

(3) 梁、板的内力分析和计算。

(4) 截面配筋和构造措施。

(5) 绘制施工图。

一、结构平面布置

结构平面布置主要任务是确定楼盖类型、布置竖向承重构件和楼盖中的主、次梁，从而划分板的区格。楼盖结构平面布置的主要依据是：

（1）所需设计楼盖相关的下、上层建筑平面图，下层主要看房间分隔以布置竖向承重构件，上层主要看墙体、设备、洞口等的位置、尺寸等，作为梁及洞口布置的依据。

（2）与所需设计的楼盖相关的下、上层竖向构件的结构平面图，如柱、剪力墙结构平面布置图，作为布梁及确定板区格的依据。

楼盖结构平面布置的原则：满足房屋的正常使用要求；结构受力合理；技术先进，经济合理；便于施工。

单向板肋梁楼盖一般由板、次梁和主梁组成，楼盖则支承在墙、柱等竖向承重构件上。其中，次梁的间距决定了板的跨度，主梁的间距决定了次梁的跨度，柱或墙的间距决定了主梁的跨度。工程实践表明，单向板、次梁、主梁的经济跨度为：

单向板　1.7m～2.7m之间，荷载较大时取较小者，一般不宜超过3m；

次　梁　4～6m；

主　梁　5～8m。

二、计算简图的建立

1. 支座的简化

单向板肋梁楼盖中板的计算简图取为支承在次梁上的连续梁，次梁取为支承在主梁上的连续梁，主梁在一定条件下也可以按支承在柱（或墙）上的连续梁计算，这是对实际结构进行简化计算后得到的。

但在按连续梁计算时，忽略了支承构件对被支承构件的转动约束。考虑了等跨连续构件支承处的转动主要由活荷载的不利布置产生，为了使计算结果比较符合实际情况，并考虑不利影响，采取增大恒荷载、相应减小活荷载，维持总荷载不变的方法处理，即计算连续梁内力时，采用折算荷载。

连续板　　$g'=g+q/2$，　$q'=q/2$

连续次梁　　$g'=g+q/4$，　$q'=3q/4$

特别注意：①按塑性理论计算内力时，不用折算荷载，即直接取荷载为 $g+q$；②主梁不考虑折算荷载。

2. 确定计算跨度和跨数

对于“三等”（即等跨、等截面、等荷载）连续杆件计算跨数确定原则：若跨数小于5跨取实际跨数，若跨数超过5跨近似取5跨。5跨中必须包括杆件两端各两跨，其余中间跨均简化为1跨，等跨是指跨度相差不超过10%的杆件。

跨度是指结构中沿受力方向两个相邻支座间的距离，分净跨度、标志跨度和计算跨度。净跨度是指两个相邻支座内边缘间的距离；标志跨度是指两个相邻支座定位轴线间的距离，即施工图纸上标注的某一构件相邻支承构件定位轴线之间的距离，如次梁是板的支座，图纸中标注的两个相邻次梁间的距离就是这一跨板的标志跨度；计算跨度是指力学计算模型中，按照规定确定的两个相邻支座计算截面间的距离。

3. 确定计算单元及负荷范围

为了减少计算工作量，结构内力分析时，常常不是对整个结构进行分析，而是从实际结构中选取一部分作为计算、分析的对象，即计算单元。计算单元应该基本反映结构的受力特性。

对于梁式板，1m 宽度和整个板块的受力是一样的，故板可取 1m 宽度的板带作为其计算单元，在此范围内的楼面均布荷载便是该板带承受的荷载，该荷载范围称为负荷范围。

主、次梁的截面形状都是两侧带翼缘（板）的 T 形截面，每侧翼板的计算宽度取与相邻梁中心距的一半。次梁承受板传来的均布线荷载，其负荷范围为次梁两侧板跨度中心距间的范围，为均布荷载；一根次梁的负荷范围与主梁两侧次梁跨度中心距的交集范围即为主梁的集中荷载范围，主梁承受的主要是次梁传来的集中荷载。具体如图 6-1 所示。

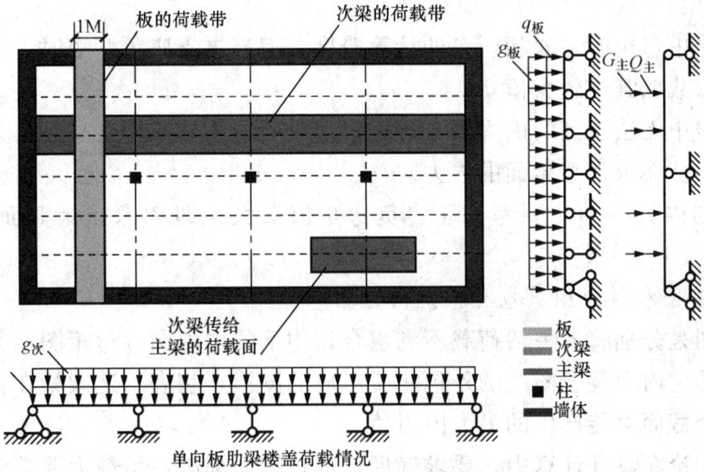

图 6-1　单向板肋梁楼盖计算简图

三、内力计算

（一）按弹性方法计算内力

按弹性理论计算连续板、连续梁的内力时，认为结构的破坏标志是——构件内任一截面达到极限弯矩，比较严谨，计算结果偏于安全，故而需考虑活荷载的最不利布置问题，即考虑活荷载如何布置，在与恒载组合后，对某一指定截面的内力为最不利的问题，从而找出各截面上可能发生的最大内力。

1. 活荷载的最不利位置

作用在梁、板上的荷载有恒荷载和活荷载，恒荷载位置固定，活荷载则随机布置。多跨连续梁、板中，当活荷载布置在一定位置时，梁、板内某一截面出现内力绝对值最大，这种布置称为活荷载的最不利布置。

活荷载的最不利布置规律如下：

（1）当求连续梁某跨跨中最大正弯矩时，除应在该跨布置活荷载外，两边应每隔一跨布置活荷载。

（2）当求连续梁各中间支座的最大（绝对值）负弯矩时，应在该支座的左、右两跨布置活荷载，然后隔跨布置活荷载。

（3）当求连续梁各支座截面（左侧或右侧）的最大剪力时，应在该支座的左、右两跨布置活荷载，然后隔跨布置活荷载。

简单总结为：跨中最大，本跨＋隔跨；支座最大，邻跨＋隔跨。

2. 内力计算——内力系数法

均布荷载作用下

$$M=k_1 gl_0^2+k_2 ql_0^2 \tag{6-1}$$

$$V=k_3 gl_0+k_4 ql_0 \tag{6-2}$$

集中荷载作用下

$$M=k_1 Gl_0+k_2 Ql_0 \tag{6-3}$$

$$V=k_3 G+k_4 Q \tag{6-4}$$

应注意的是：

(1) 在求跨中弯矩时，取相应跨的计算跨度；但当求支座负弯矩时，计算跨度可取相邻两跨的平均值（或取其中较大值）。

(2) 对于表中无法找到的内力系数，可以通过剪力系数求得各支座反力系数，把结构转化为静定结构，从而求任意截面的内力。

(3) 最不利内力叠加时要考虑正、负弯矩值最大，即考虑控制截面是否会承担变号弯矩。

3. 内力包络图和材料图（也称抵抗内力图）

内力包络图是分别将各种活荷载不利组合作用下的内力图（弯矩图、剪力图等）叠画在同一坐标图上的“内力叠合图”的外包线所形成的图形，它表示连续梁在各种活荷载最不利布置情况下各个截面可能产生的最大内力值。

由于弹性理论在设计计算中，要求确保构件各截面都满足承载力要求，因此，钢筋的走向须通过内力包络图和抵抗内力图来确定。弯矩包络图是计算和配置纵筋的依据，即梁上部纵向钢筋的切断和下部纵向钢筋的弯起位置均通过弯矩包络图并绘制抵抗弯矩图确定；剪力包络图是计算横向钢筋（即箍筋）的依据。

4. 弹性理论计算的特点

(1) 弹性理论认为结构的任一截面达到极限弯矩，即意味着整个结构的破坏，结构构件具有较高的可靠度。

(2) 弹性理论考虑了活荷载的不利布置，计算结果偏安全保守，钢筋得不到有效利用。

(3) 连续梁的内支座截面弯矩通常较大，配筋较多导致钢筋拥挤，施工不方便，影响施工质量。

（二）按塑性内力重分布的方法计算内力

为解决弹性理论内力计算方法中存在钢筋浪费、且支座钢筋拥挤等问题，创立了塑性计算理论。塑性理论的基础是塑性铰的出现和塑性内力重分布原理。

1. 塑性铰

(1)“塑性铰”的概念。受弯构件中，纵筋屈服时的弯矩为 M_y，其后在弯矩增加不多的情况下，曲率急剧增大，在“屈服”截面附近形成了一个集中的转动区域，相当于一个铰，称为“塑性铰”。

“塑性铰”处的受力状态为适筋梁带裂缝工作的 II_a 状态，与适筋梁破坏阶段 III_a 状态相比较，不同点是塑性铰处钢筋应变 $\varepsilon_s=\varepsilon_y$，受压区边缘混凝土尚未达到极限压应变 ε_{cu} 未被压碎，此时相应的弯矩为屈服弯矩 M_y；而适筋梁 III_a 状态控制截面处钢筋应变 $\varepsilon_s>\varepsilon_y$，受压区边缘混凝土达到了极限压应变 ε_{cu} 已被压碎，此时相应的弯矩为极限弯矩为 M_u。M_y 略小于 M_u。

(2)“塑性铰”的特点。“塑性铰”与理想铰不同，理想铰不能承受（或传递）任何弯矩，能不受任何限制地自由转动，而“塑性铰”能承受相应于截面“屈服”的极限弯矩 M_y，但只能在 M_u 作用下使截面沿 M_u 方向作有限的转动，其转动能力与配筋率 ρ 及混凝土极限压应变 ε_{cu} 有关。

(3)“塑性铰”对结构的影响。在超静定结构中，一个“塑性铰”的出现，并不意味着结构的破坏，只意味着结构减少了一个多余约束，只要结构仍然保持几何不变体系，就不会丧失承载力，只是结构的内力分布发生了变化，即产生了内力重分布，而结构中的承载力储备可以得到充分利用。随着荷载的增加，“塑性铰”在其他截面上陆续出现，当出现足够数量的“塑性铰”而使结构形成破坏机制（即几何可变体系）时结构才达到破坏状态。

2. 超静定结构的塑性内力重分布

(1) 塑性内力重分布过程。在多跨连续梁中，通常人为地通过控制支座截面的配筋量，在中间支座边缘截面制造“塑性铰”，随着荷载加大，其支座弯矩的增值为零，弯矩增量只能由跨中弯矩承担，即支座截面的弯矩实现了向跨中截面的转移。在形成破坏机制时，结构的内力分布规律和“塑性铰”出现前按弹性理论计算的内力分布规律不同，这个过程称为“塑性内力重分布”。

(2) 结构塑性内力重分布的限制条件。塑性铰的形成和延性发展是超静定结构实现塑性内力重分布的关键，但是弯矩下降幅度过大，有可能在使用阶段该截面已经接近屈服，裂缝有过大的开展而影响使用。为此，《规范》采取了如下技术措施：

1) 宜采用塑性较好的钢筋；

2) 塑性铰处截面的相对受压区高度应满足 $\xi=x/h_0\leqslant0.35$；

3) 弯矩下调幅度应控制在按弹性理论计算所得的弯矩值的 20%以内。

受弯构件正截面承载力计算可知，在设计弯矩一定的情况下，截面内受拉钢筋面积 A_s 越大，ξ 值也越大，所以按塑性理论设计计算并选配支座处负弯矩钢筋时，一定不要盲目扩大配筋面积，从而与设计目的背道而驰。

3. 塑性理论计算的特点

(1) 超静定结构的破坏标志，不是某一截面达到极限弯矩，而是结构出现足够数目的塑性铰，使整个结构形成可变体系，使结构在破坏时有较多的截面达到其承载力。既节约了钢筋，又充分发挥了结构的潜力，有效地利用材料。

(2) 通过合理调整钢筋布置（适当减少支座截面配筋），可以改善支座钢筋拥挤现象，简化配筋构造，方便施工。

(3) 在一定条件和范围内人为地控制了结构中的弯矩分布（弯矩由支座截面向跨中截面转移），从而使设计得以简化。

在设计中考虑了塑性内力重分布，虽然较按弹性理论计算方法设计节省材料，但不可避免地会导致使用荷载作用下构件的变形较大、裂缝较宽的结果。因此，考虑塑性内力重分布的计算方法并不是在任何情况下都适用的。在下列情况下不能采用：在使用阶段不允许开裂或对裂缝开展有较严格限制的结构；重要部位和可靠度要求较高的结构（如主梁）；直接承受动力荷载的构件；处于三 a、三 b 环境中的结构。

4. 塑性内力重分布的计算方法

弯矩 $$M=\alpha(g+q)l_0^2 \tag{6-5}$$

剪力 $$V=\beta(g+q)l_n \tag{6-6}$$

(三) 弹性理论与塑性内力重分布理论分析比较

弹性理论与塑性内力重分布理论内力分析方法比较见表 6-1，详细内容见前述。

表 6-1 弹性理论与塑性内力重分布理论比较

<table>
<tr><th colspan="3">方法
比较</th><th>弹性理论</th><th>塑性内力重分布理论</th></tr>
<tr><td colspan="3">破坏标志</td><td>只要结构的任一截面达到极限弯矩，即意味着整个结构破坏</td><td>超静定结构的破坏标志，不是某一截面达到极限弯矩，而是结构出现足够数目的塑性铰，使整个结构变成几何可变体系</td></tr>
<tr><td rowspan="4">内力计算要点</td><td colspan="2">相同点</td><td colspan="2">支承条件简化相同；
计算跨数取值原则相同（取≤5 跨）；
荷载传递途径相同（板→次梁→主梁→墙或柱→基础）；
计算单元取值相同［板：1m 板带宽，均布荷载；次梁：所算次梁两侧板的实际跨度之和的 1/2 板带宽，等跨板即为次梁间距，均布荷载；主梁：板跨度×次梁跨度（等跨时），简化为集中荷载］</td></tr>
<tr><td rowspan="3">不同点</td><td>支座计算截面位置</td><td>整浇时取至支座中心线
（如中间跨 $l_0=l_c$）</td><td>整浇时取至支座边缘
（如中间跨 $l_0=l_n$）</td></tr>
<tr><td>荷载</td><td>连续板、次梁用折算荷载</td><td>不考虑荷载折算</td></tr>
<tr><td>活荷载不利布置及内力组合</td><td>考虑</td><td>不考虑</td></tr>
<tr><td colspan="3">特点</td><td>可靠度高，裂缝挠度小，承受动力荷载和重复荷载性能好。但不经济，支座处难施工，设计复杂</td><td>较经济，便于施工，设计简单。但可靠度降低，裂缝挠度较大，承受动力荷载和重复荷载性能差</td></tr>
<tr><td colspan="3">适用范围</td><td>重要构件、承受动力荷载和重复荷载结构、裂缝和刚度要求高结构、腐蚀性强环境结构</td><td>静态荷载作用下的连续板、次梁等</td></tr>
</table>

四、截面设计及构造要求

(一) 板的计算要点及构造要求

1. 计算要点

多跨连续板一般可按塑性内力重分布的方法计算。板一般不需进行抗剪计算。

四周与梁整浇的板，考虑内拱水平推力的有利影响，板中间跨的跨中截面及中间支座，计算弯矩可减少 20%，但边跨跨中及第一内支座的弯矩不予降低。边区格板一律不折减。实际工程设计中，为方便计算和配筋，有时不再考虑内拱作用对弯矩数值的折减，但是概念要清楚，明白均匀分布的板块哪些部位整浇约束对板受力是有利的，原因是什么。

2. 选配钢筋

根据弯矩算出各控制截面的钢筋面积后要选配钢筋，确定布筋的规格和间距。选配钢筋原则：保证 $A_{s实} \geqslant A_{s计}$ 和满足构造要求前提下，尽量方便施工。直径、间距要适中，同一跨内板底筋与板面筋间距尽量一致，根据弯矩调整配筋直径；一块板中钢筋规格尽量少，一跨内尽量用一种直径，避免两种规格接近的钢筋间排，如Φ 6/8@150，避免施工中造成不便或错误。为保证配筋协调（直径、间距协调），应按先内跨后边跨，先跨中后支座的顺序选配钢筋。

3. 构造要求

现浇板的支承长度应满足其受力钢筋在支座内锚固的要求，且一般不小于板厚，当搁置在砖墙上时，不少于 120mm。

连续板受力钢筋有弯起式和分离式两种配筋方式，一般采用分离式。受力钢筋、分布钢筋构造要求同教材第三章，配筋方式见教材本部分内容。

板的构造钢筋有分布钢筋和板面附加钢筋，有时设防裂构造钢筋。

（1）板面附加钢筋。为了承担实际存在的负弯矩，应在嵌固于承重砌体墙内现浇板的周边、单向板长边支座处配置一定数量的能承受负弯矩的构造钢筋。

板面附加钢筋构造要求：直径不宜小于 8mm，间距不宜大于 200mm，配筋面积不宜小于跨中相应方向板底钢筋截面面积的 1/3；钢筋应在支座内可靠锚固。从支座边缘伸入板内的长度：

1）板角部分加强区不宜小于 $l_0/4$，离板角点 $l_0/4$ 范围内应双向配置。

2）板与混凝土梁、柱、墙整浇支座处，不宜小于 $l_0/4$。

3）砌体墙支座处钢筋除板角范围外，其他部位不宜小于 $l_0/7$。计算跨度 l_0 对单向板按受力方向考虑，对双向板按短边方向考虑。

（2）防裂构造钢筋。在温度、收缩应力较大的现浇板区域，应在板面双向布置防裂构造钢筋。配筋率均不宜小于 0.10%，间距不宜大于 200mm。防裂构造钢筋可利用原有钢筋贯通布置，也可另行设置钢筋并与原有钢筋按受拉钢筋的要求搭接或在周边构件中锚固。

楼板平面的瓶颈部位宜适当增加板厚和配筋。延板的洞边、凹角部位宜加配防裂构造钢筋，并采取可靠的锚固措施。

（二）次梁的计算要点及构造要求

1. 设计要点

次梁一般可按塑性内力重分布的方法计算。

配筋计算时，跨中可按 T 形截面计算，但支座只能按矩形截面计算。计算腹筋时，一般只利用箍筋抗剪；但当荷载、跨度较大时，宜在支座附近设置弯起钢筋，以减少箍筋用量。

2. 构造要求

次梁一般构造要求详见教材第 3 章构造要求。

次梁跨中及支座截面分别按计算的最大弯矩确定配筋数量后，沿梁长的钢筋布置，应按弯矩和剪力包络图确定。但对于相邻跨跨度相差不大于 20%，活载和恒载的比值 $q/g \leqslant 3$ 次梁，其纵筋的弯起和截断可按构造措施确定。

要说明的是，纵筋弯起和截断的构造措施也是根据《规范》有关纵筋的规定，结合对大量工程实例的分析总结，在满足承载力和纵筋锚固的前提下，而给出的便于工程人员操作的偏于安全的实用数据，目的是免除设计人员绘制弯矩包络图与抵抗弯矩图的复杂工作。

（三）主梁（连续梁）的计算要点及构造要求

1. 计算要点

（1）主梁按弹性理论计算，不考虑塑性内力重分布。

（2）截面配筋计算时，跨中可按T形截面计算，但支座只按矩形截面计算。

（3）主梁支座截面有效高度取值：

受力钢筋一排布置时，$h_0=h-(60\sim65)$；

受力钢筋两排布置时，$h_0=h-(80\sim90)$。

a_s取值主要与混凝土保护层厚度及梁钢筋的排布有关。如支座处次梁保护层20mm，箍筋8mm，次梁上部纵筋20mm，主梁上部纵筋25mm，单排布置，则$a_s=20+8+20+12.5=60.5$mm，近似取60mm；若主梁上部纵筋两排布置，重心近似放在两排钢筋间距的中线上，则$a_s=20+8+20+25+12.5=85.5$mm，近似取85mm。

2. 构造要求

主梁的一般构造要求与次梁相同。但主梁纵向受力钢筋的弯起和截断，应按弯矩包络图确定，并应满足有关构造要求。

在主梁上的次梁与之相交处，应设置附加横向钢筋。附加横向钢筋有箍筋和吊筋两种，应优先采用箍筋。第一道附加箍筋距次梁边缘50mm。附加箍筋布置范围为$s=2h_1+3b$。

现浇单向板肋梁楼盖的学习难点是主梁按弹性理论进行内力计算，利用内力系数表求各种荷载作用下的内力值较为困难；而同时考虑活荷载的最不利布置进行连续梁内力组合及绘制内力包络图成为难中之难；此外按计算和构造选取合理配筋方案并正确绘制结构施工图亦是学习的一个难点。

6.2.2 整体式双向板肋梁楼盖

一、双向板的受力特点

1. 四边简支双向板

承受均布荷载的四边简支双向板，短跨l_x方向的跨中弯矩M_x较大，故裂缝首先出现在短跨的板底，并沿着平行于l_y的方向伸展，在板的四角形成斜向发展的裂缝。在双向配有受力钢筋的双向板中，短跨跨中钢筋先达到屈服强度，板底裂缝宽度开展扩大，与裂缝相交的钢筋依次屈服。

在荷载作用下，简支双向板的四角有翘起趋势，板传给四边支承梁的压力并非均匀分布，而是中部较大，两端较小。

2. 四边连续双向板

四边连续双向板，随荷载增加，板顶面沿长边的支座处出现第一批裂缝，第二批裂缝出现在板顶面沿短边支座处及板底短跨跨中与长边平行方向。继续加载，板顶裂缝沿支座边向四角延伸，板底裂缝沿平行于长边的方向延伸，接近短边时裂缝分叉向四角延伸。通常，短跨支座截面负弯矩钢筋首先达到屈服，随后短跨跨中钢筋屈服，直到长跨支座和跨中钢筋相继屈服。

双向板在两个方向受力都较大，故都需配置受力钢筋。在其他条件相同时，采用强度等级较高的混凝土较为优越。当用钢量相同时，采用细而密的配筋较采用粗而疏的配筋有利，且将板中间部分钢筋排列较密些要比均匀排列更适宜。

二、双向板的内力计算要点

1. 单跨双向板的内力计算

单跨双向板内力计算步骤：建立计算简图→计算跨度比（短跨 l_x 与长跨 l_y 之比 l_x/l_y）→查弯矩系数→求控制截面弯矩设计值。

（1）计算简图。根据板的边界约束条件，在均布荷载作用下的四边支承板，可分为：四边简支；三边简支，一边固定；两对边简支，两对边固定；两邻边简支，两邻边固定；三边固定，一边简支；四边固定六种计算简图。一般板搁置于砖墙上视为简支边，板与支承构件整浇视为固定边。

（2）弯矩计算

$$M=\text{表中系数}\times(g+q)l_x^2 \tag{6-7}$$

注意：1）x 角标代表短边方向，y 角标代表长边方向。max 角标代表跨内最大，不带此角标的是板跨中点弯矩系数。

2）l_x 为板短跨方向的计算跨度，而不一定是水平方向计算跨度，同样 l_y 为长跨方向计算跨度。

3）注意弯矩系数所代表的方向和位置。

2. 连续双向板的内力计算

多跨连续双向板的内力计算是很复杂的，在工程中多采用按弹性理论计算、以单区格板计算为基础的"实用计算方法"。

（1）跨内最大正弯矩。欲求连续板跨中最大正弯矩，应考虑均布活荷载 q 的最不利位置布置，其最不利位置为棋盘式布置。

为便于利用单区格板的计算表格，可将最不利方式布置的荷载（满布各跨的均布恒荷载 g 和隔跨布置的均布活荷载 q）等效分解为"对称型"满布各跨的均布荷载 $g+q/2$ 和"反对称型"隔跨布置的均布活荷载 $\pm q/2$ 两部分之和。

在"对称型"荷载 $g+q/2$ 作用下，连续板各中间支座（即内支承边）简化为固定边；边区格板的一个、角区格板的两个外支承边（即整块楼盖的周边）应根据楼盖四周的实际支承条件简化：搁置在砖墙上，简化为简支边；与周边的主梁或框架梁整浇，简化为固定边。在"反对称型"荷载 $\pm q/2$ 作用下，连续板各中间支座（即内支承边）简化为简支边；边区格板的一个、角区格板的两个外支承边据实简化，方法同上。

最后，将各区格板在上述两种荷载作用下的跨中弯矩叠加，即可求出各区格的跨中最大正弯矩。

（2）求支座最大负弯矩。求支座最大负弯矩时，可近似地在各区格按满布活荷载考虑，即各区格板面上作用的荷载均为"对称型"$(g+q)$。在"对称型"荷载 $g+q$ 作用下，内区格板简化为四边固定；而楼盖周边区格板其外边界的支座按实际情况确定。两相邻板块同一支座弯矩的平均值即为此支座的最大负弯矩。

三、双向板的设计及构造要求

（1）截面有效高度 h_0。双向板短跨方向是主要受力方向，故短向受力筋应位于长向受力筋外侧，以期达到较大的截面有效高度。若短跨方向跨中截面的有效高度为 h_{01}，则长跨方向截面的有效高度 $h_{02}=h_{01}-d$。

(2) 对于周边与梁整体连接的双向板，考虑内拱水平推力的有利影响，设计时其截面的弯矩值可予以减少。

对中间跨的跨中截面及中间支座截面，减少 20%，如教材算例中的 A 区格跨中及周边支座处，乘了 0.8 的弯矩折减系数。

对边跨的跨中截面及自楼板边缘算起的第二支座截面：当 $l_{02}/l_{01}<1.5$ 时，减少 20%；当 $1.5\leqslant l_{02}/l_{01}\leqslant 2$ 时，减少 10%，如教材算例中的 B.D 区格，均满足 $l_{02}/l_{01}<1.5$，所以跨中计算弯矩乘了 0.8 的弯矩折减系数。

楼板的角区格板不应减少，如算例中 C 区格板跨中及两邻边支座处，均不能折减。

(3) 配筋计算。单位宽度内受拉钢筋 A_s 按近似计算式 $A_s=\dfrac{M}{0.90f_yh_0}$。

6.2.3 钢筋混凝土楼梯

钢筋混凝土楼梯常用结构形式有板式楼梯和梁式楼梯两种。

一、板式楼梯的计算与构造

板式楼梯由梯段斜板、平台板和平台梁组成。梯段板是一块自带三角形踏步的斜板，板端分别支承在平台梁及楼层梁上，底层下段一般支承在地垄墙上。

1. 梯段斜板

板式楼梯的梯段板可近似按简支单向平板计算，板跨取上下平台梁中心至中心的斜长。斜板的截面计算高度取垂直于斜板轴线的最小高度，不考虑三角形踏步部分的作用；均布荷载 q 包括踏步板与板的自重和楼梯间均布活荷载。考虑到现浇楼梯结构中平台梁对斜板的嵌固约束作用，简支斜板的跨中最大弯矩近似取 $M_{max}=\dfrac{1}{10}(g+q)l_0^2$。

2. 平台梁和平台板

平台板视支承条件可能简化为单向板、双向板或悬臂板，按相应方法设计计算。

平台梁一般支承在两边支座上，承受梯段斜板、平台板传来的均布荷载及平台梁自重，可按简支的倒 L 形梁计算。平台梁的截面高度取 $h\geqslant l_0/12$。其他构照要求与一般的梁相同。

二、现浇梁式楼梯的计算与构造

梁式楼梯由踏步板、斜梁、平台板和平台梁组成。

梁式楼梯中各构件均可简化为简支受弯构件计算。与板式楼梯不同之处在于，梁式楼梯中的平台梁除承受平台板传来的均布荷载外，还承受斜梁传来的集中荷载。

1. 踏步板

梁式楼梯的踏步板为两端支承在梯段斜梁上的单向板，计算时取一个踏步作为计算单元，近似按简支板计算。现浇楼梯结构中，板的跨中弯矩近似为 $M=\dfrac{1}{10}(g+q)l_0^2$；踏步板的截面为梯形，板厚取梯形踏步的平均高度为 $h=\dfrac{c}{2}+\dfrac{\delta}{\cos\alpha}$，斜板最小厚度 $\delta=40$mm。踏步板配筋除按计算确定外，要求每个踏步内一般不少于 2 Φ 8 受力钢筋布置在踏步下面斜板中。此外，沿整个梯段斜梁方向应布置间距不大于 250mm 的分布钢筋，位于受力钢筋的内侧。

2. 梯段斜梁

梯段斜梁承受由踏步板传来的均布荷载及自重，按简支受弯构件进行设计，计算原理与板式楼梯中的梯段斜板相同。现浇结构中，斜梁可按倒 L 形截面梁计算，踏步板下斜板为其受压翼缘。梯段梁的截面高度一般取 $h \geqslant l_0/20$。斜梁端部纵筋必须放在平台梁纵筋上面，梁端上部应设置负弯矩钢筋。

3. 平台梁与平台板的计算与构造

梁式楼梯的平台梁、平台板的计算与板式楼梯基本相同，其不同之处仅在于，梁式楼梯中的平台梁除承受平台板传来的均布荷载和平台梁自重外，还要承受梯段斜梁传来的集中荷载。因此在平台梁与斜梁相交处，应在平台梁中斜梁两侧设置附加箍筋或吊筋，要求同钢筋混凝土主梁内附加钢筋。

三、现浇楼梯的一些构造处理

(1) 当楼梯下净高不够时，可将楼层梁向内移动，这时板式楼梯的梯段板成为折线形。这时应注意两个问题：一是梯段板中的水平段，其板厚应与梯段斜板相同，不能和平台板同厚；二是折角处的下部受拉钢筋不允许沿板底弯折，应将此处纵筋断开，各自延伸至上面再行锚固。若板的弯折位置靠近楼层梁，板内可能出现负弯矩，则板上面还应配置承担负弯矩的短钢筋。

(2) 楼层梁内移后，会出现折线形斜梁。折线梁内折角处的受拉纵向钢筋应分开配置，并各自延伸以满足锚固要求，同时还应在该处增设足以承受一定数量的附加箍筋。

6.2.4　钢筋混凝土悬挑构件

建筑工程中常见的钢筋混凝土悬挑构件有雨篷、外阳台、挑檐、挑廊等，这些悬挑构件除了按一般悬臂板、梁进行截面设计外，还可能对其进行抗倾覆验算。

一、钢筋混凝土雨篷

钢筋混凝土悬臂板式雨篷由雨篷板和雨篷梁组成。雨篷梁一方面支承雨篷板，另一方面又兼做门过梁承受上部墙体的自重以及楼面梁、板或楼梯平台传来的荷载。这种雨篷可能发生的破坏形式有三种：雨篷板在根部受弯断裂破坏；雨篷梁受弯、剪、扭破坏；雨篷整体倾覆破坏。为防止雨篷可能发生的破坏，应进行雨篷板的受弯承载力计算、雨篷梁的弯剪扭计算、雨篷整体的抗倾覆验算，以及采取相应的构造措施。

雨篷板取根部板厚进行截面设计。受力钢筋应布置在板顶，且必须伸入雨篷梁与梁中钢筋连接，并应满足受拉钢筋锚固长度 l_a 的要求。其分布钢筋应布置在受力钢筋的内侧。

雨篷梁嵌入墙内的支承长度不应小于 370mm。

二、钢筋混凝土现浇挑檐

钢筋混凝土现浇挑檐可分为延伸悬挑板和纯悬挑板两种情况。延伸悬挑板是将挑檐板与支承梁和屋面板一起整浇，其板面负筋与屋面板的板面负筋拉通一起配置；纯悬挑板是只将挑檐板和支承梁一起整浇，其板面负筋应伸入支承梁内并满足受拉钢筋锚固长度 l_a 的要求。

在挑檐板挑出部分转角处，须配置附加构造钢筋。挑檐板转角分阳角和阴角，结构构件中，阴角与阳角处的配筋构造有很大不同，要特别注意。所谓阳角部分就是两个方向的挑檐板拐角的顶点指向建筑物以外的部位，由于阳角挑出部位有双向受弯趋势，应双向配置板面负筋，但考虑到双向设钢筋无法锚固，悬挑阳角附加构造负筋采用放射状设置，锚固进角部支承构件，放射状构造负筋取两向配筋中的大值，间距（按 $l/2$ 处计算）不大于 200mm，锚固长度 $l_a \geqslant l$（l 为挑檐板挑出长度）。所谓阴角是两个方向的挑檐板拐角的顶点指向建筑物以内的部位，在阴角处很容易出现竖向撕裂现象，故悬挑阴角附加筋也应斜向放置于悬挑板的阴角部位，且位于板面受力钢筋的下层。

6.3 解题指导及典型例题分析

【例 6-1】 利用教材 6.3.5 中“整体式双向板肋梁楼盖设计实例”做具体分析阐述。

某整体式双向板肋梁楼盖，板厚 $h=120mm$，恒荷载设计值 $g=4kN/m^2$，楼面活荷载设计值 $q=8kN/m^2$。试用弹性理论计算 A 区格跨中最大弯矩，A 与 B、A 与 D 间的支座弯矩。

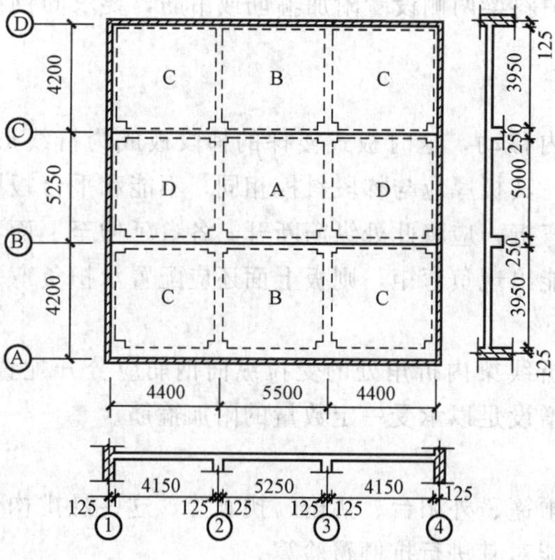

图 6-2 ［例 6-1］双向板结构平面布置图

解：在各区格板的计算中 l_x 为短边方向，l_y 为长边方向。

1. 计算 A 区格板的弯矩

（1）确定计算跨度，计算 l_x/l_y：

短向计算跨度：两端与梁整浇

$$l_x=l_c=5.25m$$

长向计算跨度：两端与梁整浇

$$l_y=l_c=5.5m$$

$$l_x/l_y=5.25/5.5=0.95$$

（2）确定计算荷载：

对称型荷载 $g'=g+q/2=4+8/2=8kN/m^2$；

反对称型荷载 $q'=\pm q/2=8/2=4kN/m^2$（取绝对值）；

荷载满布 $g+q=4+8=12kN/m^2$。

（3）确定弯矩系数：A 区格板为中间板块，求跨内最大弯矩时，在对称型荷载 g' 作用下，简化为四边固定板块，查内力系数表中“四边固定”“$l_x/l_y=0.95$”相应内力系数。在反对称型荷载 q' 作用下，简化为四边简支板块，查内力系数表中“四边简支”“$l_x/l_y=0.95$”相应内力系数。求支座最大负弯矩时，在对称型荷载（$g+q$）作用下中间支座均简化为固定边，与对称型荷载 g' 作用下的内力系数相同。具体数值见表 6-2。

表 6-2　A 区格板弯矩系数表

l_x/l_y	支承条件	α_x	α_y	α'_x	α'_y
0.95	四边固定	0.0227	0.0205	−0.055	−0.0528
	四边简支	0.0471	0.0432	—	—

（4）求跨内弯矩及支座弯矩：

1）求跨内弯矩最大值（支承对称板块，跨内弯矩最大值出现在跨中）。

A 区格板跨中弯矩，应为对称型荷载 g' 和反对称型荷载 q' 分别作用下跨内弯矩的叠加。应注意的是，弯矩计算时的计算跨度统一取短向计算跨度 l_x。

短边跨中，即 l_x 方向

$$M_x = \alpha_x \times (g+q/2) \times l_x^2 + \alpha_x \times q/2 \times l_x^2$$
$$= 0.0227 \times (4+8/2) \times 5.25^2 + 0.0471 \times 8/2 \times 5.25^2 = 10.20\text{kN} \cdot \text{m}$$

长边跨中，即 l_y 方向

$$M_y = \alpha_y \times (g+q/2) \times l_x^2 + \alpha_y \times q/2 \times l_x^2$$
$$= 0.0205 \times (4+8/2) \times 5.25^2 + 0.0432 \times 8/2 \times 5.25^2 = 9.28\text{kN} \cdot \text{m}$$

2）求 A 区格板支座弯矩。

求支座最大负弯矩时，应为对称型荷载（$g+q$）作用下的支座弯矩：

短向支座，即Ⓑ轴与Ⓒ轴处支座弯矩

$$M_x' = \alpha_x' \times (g+q) \times l_x^2 = -0.055 \times (4+8) \times 5.25^2 = -18.19\text{kN} \cdot \text{m}$$

长向支座，即②轴与③轴处支座弯矩

$$M_y' = \alpha_y' \times (g+q) \times l_x^2 = -0.0528 \times (4+8) \times 5.25^2 = -17.46\text{kN} \cdot \text{m}$$

2. 计算 B 区格板的支座弯矩

B 区格板为边区格板，②、③、Ⓑ轴处为中间支座，简化为固定边，Ⓐ轴处为边支座，搁置在砖墙上，简化为简支边。B 区格板短向 4200mm，一边固定，一边简支；长向 5500mm，两边固定。荷载为（$g+q$）。

（1）确定计算跨度，计算 l_x/l_y：

短边方向：一端简支，一端与梁整浇　$l_x = l_n + h/2 + b/2 = 3.95 + 0.06 + 0.125 = 4.13\text{m}$

长边方向：两端均与梁整浇　$l_y = l_c = 5.5\text{m}$

$$l_x/l_y = 4.13/5.5 = 0.75$$

（2）确定弯矩系数：

查内力系数表中"一边简支、三边固定"，且长边 l_y 方向支座为固定边"$l_x/l_y = 0.75$"相应内力系数。具体数值见表 6-3。

表 6-3　B 区格板弯矩系数表

l_x/l_y	支承条件	α_x	α_y	α_x'	α_y'
0.75	三边固定，一边简支	0.0390	0.0273	−0.0837	−0.0729
	四边简支	0.0673	0.0420	—	—

（3）求支座弯矩：

Ⓑ轴线支座处（短向支座）

$$M_x' = -0.0837 \times (g+q) \times l_x^2 = -0.0837 \times (4+8) \times 4.13^2 = -17.13\text{kN} \cdot \text{m}$$

②、③轴线支座处（长向支座）

$$M_y' = -0.0729 \times (g+q) \times l_x^2 = -0.0729 \times (4+8) \times 4.13^2 = -14.92\text{kN} \cdot \text{m}$$

3. 计算 D 区格板的支座弯矩

D 区格板也为边区格，②、Ⓑ、Ⓒ轴处为中间支座，简化为固定边，①轴处为边支座，搁置在砖墙上，简化为简支边。D 区格板短向为 4400mm，一边固定，一边简支；长向 5250mm，两边固定。荷载为（$g+q$）。

（1）确定计算跨度，计算 l_x/l_y：

短边方向：一端简支，一端与梁整浇　$l_x = l_n + h/2 + b/2 = 4.15 + 0.06 + 0.125 = 4.34\text{m}$

长边方向：两端均与梁整浇　$l_y = l_c = 5.25\text{m}$

$$l_x/l_y=4.34/5.25=0.83$$

（2）确定弯矩系数：查内力系数表中“一边简支、三边固定”，且长边 l_y 方向支座为固定边“$l_x/l_y=0.83$”相应内力系数。表中未能直接查到内力系数，用线性内插法计算，在 $l_x/l_y=0.80$ 和 $l_x/l_y=0.85$ 的内力系数间插入。如：$\alpha'_x=-\left[0.0707-\dfrac{0.0707-0.0683}{0.85-0.80}\times(0.83-0.80)\right]=-0.0693$。具体数值见表 6-4。

表 6-4　D 区格板弯矩系数表

l_x/l_y	支承条件	α_x	α_y	α'_x	α'_y
0.83	三边固定，一边简支	0.0326	0.0274	−0.0735	−0.0693
	四边简支	0.0584	0.0430	—	—

②轴线支座处（短向支座）

$$M'_x=-0.0735\times(g+q)\times l_x^2=-0.0735\times(4+8)\times4.34^2=-16.61\text{kN}\cdot\text{m}$$

Ⓑ、Ⓒ轴线支座处（长向支座）

$$M'_y=-0.0693\times(g+q)\times l_x^2=-0.0693\times(4+8)\times4.34^2=-15.66\text{kN}\cdot\text{m}$$

4. 计算 A 与 B 间的支座弯矩（Ⓑ、Ⓒ轴线支座处）

A、B 区格板Ⓑ轴、Ⓒ轴处支座均为短向支座，A 区格板支座弯矩为 $M'_x=-18.19\text{kN}\cdot\text{m}$；B 区格板支座弯矩为 $M'_x=-17.13\text{kN}\cdot\text{m}$，则 A 与 B 间的支座弯矩为

$$M'_{AB}=-\frac{18.19+17.13}{2}=-17.645\text{kN}\cdot\text{m}$$

5. 计算 A 与 D 间的支座弯矩（②、③轴线支座处）

A 区格板在②轴、③轴处支座弯矩为长向弯矩　$M'_y=-17.46\text{kN}\cdot\text{m}$

D 区格板在②轴、③轴处支座弯矩为短向弯矩　$M'_x=-16.61\text{kN}\cdot\text{m}$

则 A 与 D 间的支座弯矩为　$M'_{AD}=-\dfrac{17.46+16.61}{2}=-17.035\text{kN}\cdot\text{m}$

【例 6-2】　某公共建筑现浇板式楼梯，楼梯结构平面布置如图 6-3 所示。层高 3.6m，踏步尺寸 150×300mm。采用 C25 混凝土，梯段板和平台板采用 HPB300 级钢筋，平台梁采用 HRB335 级钢筋。楼梯间采用水磨石地面，重度 0.65kN/m^2；石灰砂浆顶棚，厚度 20mm，石灰砂浆重度 17kN/m^3；混凝土重度 25kN/m^3。楼梯上均布活荷载标准值 $q_k=3.5\text{kN/m}^2$，组合值系数 $\psi_c=0.7$。一类环境，安全等级二级。试设计此楼梯。

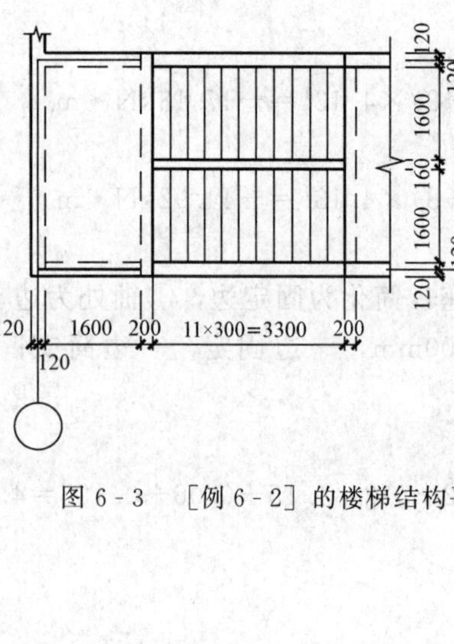

图 6-3　［例 6-2］的楼梯结构平面

解： 1. 梯段板计算（取 1m 宽板带作为计算单元）

取梯段板板厚 $h=120\text{mm}$，板倾斜度 $\tan\alpha=150/300=0.5$，$\cos\alpha=0.894$。

（1）荷载计算。

1）计算或选取荷载标准值，详见表 6 - 5。

表 6 - 5　梯段板荷载标准值计算表

荷载种类		荷载标准值算式	荷载标准值结果（kN/m）
永久荷载	水磨石面层	$0.65\times(0.3+0.15)\times\frac{1}{0.3}\times1.0$	0.98
	三角形踏步	$25\times\frac{1}{2}\times0.3\times0.15\times\frac{1}{0.3}\times1.0$	1.88
	斜板	$25\times0.12\times\frac{1}{0.894}\times1.0$	3.36
	板底抹灰	$17\times0.02\times\frac{1}{0.894}\times1.0$	0.38
	小计 g_k		6.6
可变荷载 q_k		3.5×1.0	3.5

2）荷载效应基本组合：

由永久荷载效应控制的组合，$\gamma_G=1.35$，$\gamma_Q=1.4$，$\psi_c=0.7$，则

$$p_1=1.35\times6.6+1.4\times0.7\times3.5=12.34\text{kN/m}$$

由可变荷载效应控制的组合，$\gamma_G=1.2$，$\gamma_Q=1.4$，则

$$p_2=1.2\times6.6+1.4\times3.5=12.82\text{kN/m}$$

荷载设计值取二者中的大值，取 $p=12.82\text{kN/m}$。

（2）截面设计。

板水平计算跨度　$l_n=3.3\text{m}$

弯矩设计值　$M=\frac{1}{10}pl_n^2=\frac{1}{10}\times12.82\times3.3^2=13.96\text{kN}\cdot\text{m}$

$$h_0=h-\alpha_s=120-20=100\text{mm}$$

$$\alpha_s=\frac{M}{\alpha_1 f_c bh_0^2}=\frac{13.96\times10^6}{1.0\times11.9\times1000\times100^2}=0.117$$

$$\xi=1-\sqrt{1-2\alpha_s}=1-\sqrt{1-2\times0.117}=0.125<\xi_b=0.576$$

$$A_s=\frac{\alpha_1 f_c b\xi h_0}{f_y}=\frac{1.0\times11.9\times1000\times0.125\times100}{270}=551\text{mm}^2$$

$$\rho=\frac{A_s}{bh}=\frac{551}{1000\times120}\times100\%=0.46\%>\rho_{min}=0.45\times\frac{1.27}{270}=0.21\%>0.2\%$$

选配Φ 10@140，$A_s=551\text{mm}^2$。

分布筋选配Φ 8@250，要求每级踏步下最少一根。

2. 平台板计算

按短边受力的单向板计算。

设平台板厚 $h=80\text{mm}$，取 1m 宽板带作为计算单元。

（1）荷载计算。

1）计算或选取荷载标准值，详见表 6 - 6。

表 6-6　　平台板荷载标准值计算表

荷载种类		荷载标准值算式	荷载标准值结果（kN/m^2）
永久荷载	水磨石面层		0.65
	80mm 厚混凝土板	25×0.08	2.0
	板底抹灰	17×0.02	0.34
	小计		2.99
可变荷载			3.5

2）荷载效应基本组合：

根据永久荷载和可变荷载大小，知可变荷载起控制作用，则

$$p=(1.2\times2.99+1.4\times3.50)\times1.0=8.49\text{kN/m}$$

（2）截面设计

平台板计算跨度　$l_0=1.8-\frac{0.2}{2}+\frac{0.12}{2}=1.76\text{m}$

弯矩设计值　$M=\frac{1}{10}pl_0^2=\frac{1}{10}\times8.49\times1.76^2=2.63\text{kN}\cdot\text{m}$

$$h_0=h-\alpha_s=80-20=60\text{mm}$$

$$\alpha_s=\frac{M}{\alpha_1 f_c b h_0^2}=\frac{2.63\times10^6}{1.0\times11.9\times1000\times60^2}=0.061$$

$$\xi=1-\sqrt{1-2\alpha_s}=1-\sqrt{1-2\times0.061}=0.063<\xi_b=0.576$$

$$A_s=\frac{\alpha_1 f_c b\xi h_0}{f_y}=\frac{1.0\times11.9\times1000\times0.063\times60}{270}=167\text{mm}^2$$

$$\rho=\frac{A_s}{bh}=\frac{167}{1000\times80}\times100\%=0.21\%\geqslant\rho_{\min}=0.45\times\frac{1.27}{270}=0.21\%>0.2\%$$

选配受力钢筋Φ 6@150，$A_s=189\text{mm}^2$；分布钢筋Φ 6@250。

3. 平台梁 TL1 计算

设平台梁截面尺寸　　$b\times h=200\text{mm}\times350\text{mm}$

（1）荷载计算。平台梁荷载计算详见表 6-7。

表 6-7　　平台梁荷载计算表

荷载来源及种类	荷载设计值算式	荷载设计值结果（kN/m）
平台板传至平台梁上	8.49×1.8/2	7.641
梯段板传至平台梁上	12.82×3.3/2	21.153
梯梁自重	1.2×25×0.2×(0.35－0.08)	1.620
梯梁两侧抹灰重	1.2×17×0.02×(0.35－0.08)×2	0.220
小计		30.634

注　平台板、梯段板传至平台梁上的荷载近似按简支构件考虑，所以传至平台梁上的荷载面积取各自实际跨度的一半。

（2）截面设计。

计算跨度　$l_n=3.6-0.24=3.36\text{m}$，$l_0=l_c=3.6\text{m}$

弯矩设计值　$M=\frac{1}{8}pl_0^2=\frac{1}{8}\times30.634\times3.6^2=49.627\text{kN}\cdot\text{m}$

剪力设计值　$V=\frac{1}{2}pl_n=\frac{1}{2}\times30.634\times3.36=51.465\text{kN}$

1）正截面承载力计算。

截面按倒 L 形计算，$b_f'=l_0/6=3.6/6=0.6\text{m}<b+s_n/2=0.2+1.8/2=1.1\text{m}$，取 $b_f'=0.6\text{m}$。

判断截面类型　$h_0=h-\alpha_s=350-40=310\text{mm}$

$$
\begin{aligned}
Mu^*&=\alpha_1 f_c b_f' h_f'(h_0-h_f'/2)=1.0\times11.9\times600\times80\times(310-80/2)\times10^{-6}\\
&=154.224\text{kN}\cdot\text{m}>M=49.627\text{kN}\cdot\text{m}
\end{aligned}
$$

属第一类 T 形截面。

$$\alpha_s=\frac{M}{\alpha_1 f_c b_f' h_0^2}=\frac{49.627\times10^6}{1.0\times11.9\times600\times310^2}=0.072$$

$$\xi=1-\sqrt{1-2\alpha_s}=1-\sqrt{1-2\times0.072}=0.075<\xi_b=0.550$$

故不会超筋破坏。

$$A_s=\frac{\alpha_1 f_c b_f'\xi h_0}{f_y}=\frac{1.0\times11.9\times600\times0.075\times310}{300}=553\text{mm}^2$$

$$\rho=\frac{A_s}{bh}=\frac{553}{200\times350}\times100\%=0.79\%$$

$$\geqslant\rho_{\min}=0.2\%>0.45\frac{f_t}{f_y}=0.45\times\frac{1.27}{300}=0.19\%$$

故不会少筋破坏。

选用平台梁下部受力钢筋为 3 Φ 16，$A_s=606\text{mm}^2$。

2）斜截面承载力计算。

验算截面尺寸，$h_w/b=h_0/b=310/200=1.55<4$，则

$0.25\beta_c f_c bh_0=0.25\times1.0\times11.9\times200\times310\times10^{-3}=184.45\text{kN}>V=51.465\text{kN}$

截面尺寸满足要求。

验算是否需要按构造配置箍筋

$0.7f_t bh_0=0.7\times1.27\times200\times310\times10-3=55.118\text{kN}>V=51.465\text{kN}$，

需要按构造配置箍筋，且不需满足最小配筋率要求。

选用Φ 6@200 的双肢箍，延梁长均匀布置。

根据配筋构造要求，选用平台梁上部受力钢筋为 2 Φ 10（$A_s=157\text{mm}^2$）或 2 Φ 12（$A_s=226\text{mm}^2$）作为平台梁支座顶面处构造钢筋兼作架立钢筋，满足大于 $A_s/4$ 的要求（$A_s/4=606/4=152\text{mm}^2$）。

楼梯施工图及构造详图参见 11G101-2 现浇混凝土板式楼梯制图规则及构造详图部分，此处不再表示。

6.4 实际工程应用

（1）随着各种结构计算软件的开发，手算逐渐被淘汰。但软件的研发是建立在各种

计算理论的基础上，所以弄清结构特点和内力计算理论，对正确选择和使用软件是十分必要的。

（2）混凝土楼盖是建筑结构的主要组成部分，对于6～12层的框架结构，楼盖用钢量占全部结构用钢量的50％左右；对于混合结构，其用钢量主要在楼盖中。因此，楼盖结构选型和布置的合理性以及结构计算和构造的正确性，对建筑的安全性和经济性至关重要。学习时以及今后工作中要注意积累此方面的数据，多做经济分析比较。

（3）在塑性理论设计计算中，由于对某些部位进行了适度调幅，即适度降低了支座弯矩。如果支座负弯矩调幅幅度偏大，在工程中，可能会在楼盖中出现顺着板支承梁的方向，在板顶面支承梁的对应位置处每隔一定间距均匀出现明显通长的裂缝，将影响后期的正常使用；若在屋盖处产生，还可能造成屋面防水层反复开裂，造成漏水现象。

（4）当主、次梁相交时，在主梁上设置附加箍筋时应特别注意：

1）h_1 为主梁与次梁底面高差，不一定是主梁与次梁梁高之差，当二者顶面齐平时，为梁高之差。

2）附加箍筋范围内梁正常箍筋或加密区箍筋照设，附加箍筋只能布置在次梁两侧，主梁箍筋可以位于次梁内，按设计间距放置。

3）次梁两侧规定范围内的正常箍筋和附加箍筋的最小间距为50mm。两侧道数之和为附加箍筋道数 m＋正常箍筋道数 p［p 可近似按 $2(h_1+b)/s$ 计算，然后取整。此处 s 为正常箍筋的间距］。

（5）重视楼盖配筋构造要求，施工中一定要保证正确摆放、绑扎钢筋。审查图纸时重点要看配筋构造是否满足构造要求。比如板的支座顶面处的钢筋伸入板内净长度不足时，在靠近支座扣筋截断处板面上可能沿支座方向出现通长裂缝；悬臂板较薄，钢筋网片刚度较差，上部受力钢筋施工时容易踩踏下陷，影响了承载力，拆模后容易在板的根部顶面出现通长裂缝，严重的甚至坍塌。总之，实际工程中出现的各种问题有的和设计有关，有的与施工有关，也有的与使用阶段盲目加大荷载有关，都要引起足够的重视。

（6）结构设计选用参数时，尽量避免选用边界值，而要考虑参数的选择对结构可靠度的影响，留有余地。如截面尺寸、配筋尽量不要选择最小值，箍筋间距尽量不要选择最大值等，即结构设计在满足规范要求的前提下，除满足正常情况下的设计外，还要留有余地，以保证一定的安全储备。当然从受力角度、设计理念和经济角度考虑，也不能盲目扩大配筋量和一些设计参数，所以，结构设计概念要清楚。比如，连续梁、连续板人为考虑中间支座处出现塑性铰，所以此处选配钢筋时就不能盲目扩大，让塑性铰位置转移。塑性铰出现后，支座弯矩向跨内转移，所以选配跨中受力钢筋时应比计算值适当扩大，以抵抗非正常情况下的弯矩增大值。

（7）工程中导致钢筋混凝土雨篷倾覆坠落的主要原因，是在施工时悬挑雨篷过早拆模导致的。悬挑雨篷的拆模时间不仅取决于混凝土强度，还与雨篷梁上的压重、雨篷的稳定性有关。如雨篷梁上的砖砌体不够高、或砌体上的构件没有安装前就拆除雨篷的模板及支撑，均可导致雨篷整体倾覆坠落。

6.5 综 合 训 练

一、填空题

1. 现浇楼盖类型按楼板受力和支承条件的不同分为________和________。

2. 现浇肋梁楼盖分为________、________和________。

3. 单向板肋梁楼盖一般由________、________、________三部分组成。

4.《规范》规定，对于四边有支承的钢筋混凝土板，当 $l_2/l_1 \geqslant$________时，按单向板设计；当________$< l_2/l_1 <$________时，宜按双向板设计；当 $l_2/l_1 \leqslant$________时，应按双向板设计。

5. 单向板肋梁楼盖设计中，应综合考虑房屋的使用要求和梁板的合理跨度。通常板的跨度为________，次梁的跨度为________，主梁的跨度为________。

6. 连续板、连续梁的中间支座一般简化为________，忽略了次梁对板、主梁对次梁的作用。

7. 弹性理论计算连续构件内力时用折算荷载，连续板折算荷载取值为________和________；连续次梁折算荷载取值为________和________。

8. 某单向板肋梁楼盖，承受均布恒荷载标准值为 3.6kN/m²，均布活荷载标准值为 3.5kN/m²，次梁间距 3.0m，则此楼盖连续板的折算荷载 $g'=$________kN/m²，$q'=$________kN/m²；连续次梁的折算荷载 $g'=$________kN/m，$q'=$________kN/m。

9. 按弹性理论设计时，结构达到承载能力极限状态的标志是________；按塑性理论设计时，结构达到承载能力极限状态的标志是________。

10. 为保证结构塑性内力重分布的实现，一方面要求塑性铰具有足够的________，另一方面塑性铰的转动幅度又不宜________。

11.《规范》规定，为实现塑性内力重分布，钢筋宜采用________较好的钢筋，同时控制塑性铰处 $\xi \leqslant$________。板负弯矩调幅幅度不宜大于________，梁支座或节点边缘的负弯矩调幅幅度不宜大于________。

12. 现浇单向板肋梁楼盖中，板和次梁一般可按________方法计算内力，主梁应按________方法计算内力。

13. 板截面设计时一般只需进行________承载力计算，不需进行________承载力计算。

14. 在竖向荷载作用下，板截面设计时，中间跨的跨中截面及中间支座计算弯矩可减少20%，即把设计弯矩乘以________的折减系数进行配筋计算，主要考虑的是________的有利影响，但________及________的弯矩不予降低。________一律不折减。

15. 某单向板肋梁楼盖，承受均布恒荷载标准值为 3.0kN/m²，均布活荷载标准值为 2.0kN/m²，则 $q/g=$________。板净跨度 2.4m，则支座负弯矩钢筋每侧从支座边缘伸入板内的水平段的长度为________mm。次梁宽 200mm，板厚 80mm，混凝土保护层厚度 15mm，则此编号钢筋竖直段长度为________mm，单根钢筋总长度为________mm。

（$q/g \leqslant 3$ 时，$a=l_n/4$；当 $q/g > 3$ 时，$a=l_n/3$。其中 g、q 分别为均布恒载和活载设计值。）

16. 塑性铰的转动能力取决于________、________和________。

17. 按塑性内力重分布方法计算连续梁时，为保证塑性铰有足够的转动能力，应限制 $\xi \leqslant$ ________，且 ξ 不宜< ________。

18. 现浇梁板结构中，梁的跨中截面可按________截面计算，支座截面应按________截面计算。

19. 在次梁与主梁相交处，位于________内应设置附加横向钢筋。附加横向钢筋包括________和________两种形式，宜优先采用________。

20. 常见的现浇混凝土楼梯结构形式有________和________。

21. 按弹性方法利用内力系数计算连续杆件弯矩时，若求某跨跨中弯矩，取________的计算跨度；若求支座负弯矩时，计算跨度可取相邻两跨的________或取二者中的________。

22. 绘制弯矩包络图的目的，在于能合理地确定纵向受力钢筋________和________的位置，还可以检查构件截面承载力是否________、材料用量是否________。

23. 按弹性理论计算时，求得的支座截面最大内力均为________处的内力，实际上，控制截面应在________。

24. 按弹性理论计算时，支座边缘截面的弯矩设计值计算式为________，剪力设计值计算式为________。

25. 某连续次梁 C 支座中心线处截面弯矩值为 $M_c=-91.4$kN·m，$V_{c右}=10.8$kN，$V_{c左}=-19.26$kN，按简支梁计算的支座中心线处的剪力设计值为 $V_0=82.98$kN，支座宽度为 300mm，梁上作用的均布荷载的设计值为 27.66kN/m，则支座边缘截面的弯矩为 $M_b=$________kN·m，剪力 $V_{cb右}=$________kN，$V_{cb右}=$________kN。

26. ________的形成是超静定结构实现塑性内力重分布的关键。

27. 双向板弯矩计算公式 $M=$表中弯矩系数$\times(g+q)l^2$中，l 指双向板________方向的________。

28. 钢筋混凝土悬臂板式雨篷由________和________组成。

29. 雨篷一般分为________和________两种。当外挑长度>1.2m 时，宜设计成含有悬臂梁的________。

30. 雨篷梁嵌入墙内的支承长度不应小于________。

31. 悬臂式雨篷板取________进行截面设计；根部厚度不应小于________，端部厚度不小于________。

32. 悬臂式雨篷板受力钢筋应布置在________，且必须伸入雨篷梁，满足________的要求。

33. 在挑檐板挑出部分转角处，须配置________。

二、判断题

1. 塑性铰的转动能力适筋范围内随着受拉纵筋配筋率的增大而增大。 ( )

2. 不论静定结构还是超静定结构，都存在内力的塑性重分布。 ( )

3. 影响连续梁塑性转动能力大小的主要因素之一是截面相对受压区高度 ξ，ξ 值愈大，塑性铰转动能力愈小。 ( )

4. 梁式楼梯中，斜梁的跨中弯矩与支座处的剪力可取同荷载下斜梁水平投影长度的简支梁的跨中弯矩和支座剪力计算。 ( )

5. 凡是 $l_2/l_1 \leqslant 2$ 的钢筋混凝土板，均为双向板。 ( )

6. 对于跨数多于五跨的等跨、等刚度、等荷载的连续梁板，可近似地按五跨计算。（ ）

7. 单向板肋梁楼盖中，板、次梁、主梁承受的荷载均为均布荷载。（ ）

8. 对于多跨连续梁，当所有荷载同时布满梁上各跨时，将产生最大的内力。（ ）

9. 现浇整体式单向板肋梁楼盖的板、次梁、主梁和柱均整浇在一起，计算时将板与梁整体连接的支承简化为铰支座，由此引起的误差在内力计算时应加以调整。（ ）

10. 现浇楼盖中由于板对梁有加强作用，所以梁的各个控制截面正截面承载力计算均取T型截面。（ ）

11. 按塑性理论方法计算，能节省材料改善配筋，因此可适用任何情况。（ ）

12. 由于分离式配筋施工方便，配筋锚固好且节约钢筋，故《规范》建议尽量采用分离式配筋。（ ）

13. 在配筋率一定的情况下，受弯构件受力钢筋采用较细直径更为有利。（ ）

14. 双向板在均布荷载作用下，板传给四边支承梁的压力沿边长是均匀分布的。（ ）

15. 在钢筋混凝土肋梁楼盖中，板底沿纵横两个方向配置的钢筋均为受力钢筋。（ ）

16. 按塑性理论计算梁板内力时，不考虑折算荷载问题。（ ）

17. 单向板短边尺寸很小，所以短跨方向弯矩很小，可以忽略不计，只需按构造要求配置钢筋。（ ）

18. 四边简支矩形板在承受均布荷载时，沿长跨方向最大弯矩不在跨中截面上。（ ）

19. 钢筋混凝土双向板中，长向和短向均配有受力钢筋，其中短向钢筋应布置在长向钢筋的内侧。（ ）

20. 井式楼盖中，井字梁互相交叉，互为支座，所以应在交叉点顶面配置支座负弯矩钢筋。（ ）

三、选择题

1. 周边支承的钢筋混凝土板。设其长边跨度为 l_2，短边跨度为 l_1，单向板是指（ ）。

A. $l_2/l_1 \geqslant 2$　　B. $l_2/l_1 < 2$

C. $l_2/l_1 \geqslant 3$　　D. $l_2/l_1 < 3$

2. 某一边嵌固的钢筋混凝土板式阳台，当 $l_2/l_1 < 2$ 时，该板为（ ）。

A. 双向板　　B. 单向板

C. 悬臂板　　D. 外伸板

3. 按弹性理论计算现浇单向板肋梁楼盖时，对板和次梁应采用折算荷载进行计算，是因为（ ）。

A. 实际上板及次梁存在塑性内力重分布的有利影响

B. 实际支座并非理想铰支座对计算所带来的误差的修正办法

C. 计算时忽略了长边方向也能传递一部分荷载而进行的修正办法

D. 活荷载最不利布置的情况在实际当中出现的可能性不大

4. 按弹性方法计算连续主梁弯矩时，若求某支座最大负弯矩，下列（ ）说法正确。

A. 考虑使用折算荷载

B. 每跨布置恒荷载

C. 每跨布置活荷载

D. 计算跨度可取相邻两跨的平均值或取二者中的较大值

5. 钢筋混凝土连续次梁按塑性内力重分布方法设计，当（　　）时，认为结构达到了破坏。

A. 支座截面出现塑性铰

B. 跨中截面出现塑性铰

C. 形成几何可变体系

D. 任一截面钢筋应力达到屈服强度

6. 钢筋混凝土楼盖中，附加吊筋或者附加箍筋设置在下列（　　）位置。

A. 梁的支座处　　B. 主梁内，主次梁交叉处

C. 梁跨中部位　　D. 次梁内，主次梁交叉处

7. 梁板结构中，关于附加吊筋或者附加箍筋，下列（　　）说法正确。

A. 优先设置附加箍筋

B. 优先设置附加吊筋

C. 附加箍筋不足时可以设置附加吊筋

D. 附加吊筋不足时可以设置附加箍筋

E. 附加箍筋必须设置在一定范围内

F. 附加箍筋放置位置无严格限制

8. 梁板结构中，在主次梁交叉处配筋构造，下列（　　）说法正确。

A. 第一道附加箍筋距次梁边缘 50mm

B. 第一道附加箍筋距主梁边缘 50mm

C. 次梁箍筋可以按间距排进主梁内

D. 次梁第一道箍筋距主梁边缘 50mm

E. 附加箍筋处主梁箍筋正常设置

F. 附加箍筋可以代替主梁正常箍筋

9. 下列（　　）图形可以表示受弯构件各个截面所能承担的最大弯矩值。

A. 设计弯矩图　　B. 抵抗弯矩图

C. 弯矩包络图　　D. 以上答案都不对

10. 单向板肋梁楼盖在进行板截面设计时，下列（　　）位置计算弯矩可减少 20%。

A. 中间板块的跨中截面　　B. 中间板块的中间支座（包括第一内支座）

C. 边区格的跨中截面　　D. 边区格的支座截面

11. 现浇整体式楼板采用分离式配筋比弯起式配筋（　　）。

A. 整体式好　　B. 省钢筋

C. 施工方便　　D. 承受动力性能好

12. 现浇肋梁楼盖中，下列（　　）部位应设置板面附加钢筋。

A. 板嵌固于承重砌体墙处　　B. 双向板的四边支座处

C. 与单向板整浇的次梁位置　　D. 与单向板整浇的主梁位置

13. 关于支座处板、次梁和主梁的顶面钢筋位置，下列（　　）说法正确。

A. 短向板面钢筋在最外层，长向板面钢筋在其内侧

B. 次梁支座处顶面钢筋位于短向板面钢筋之下

C. 次梁支座处顶面钢筋位于长向板面钢筋之下

D. 主梁支座处顶面钢筋位于次梁支座处顶面钢筋之下

14. 现浇肋梁楼盖中，假定主梁受力钢筋一排布置，关于主梁截面有效高度下列（　　）说法正确。

A. 跨中截面 $h_0=h-(40\sim45)$

B. 跨中截面 $h_0=h-(60\sim65)$

C. 支座截面 $h_0=h-(60\sim65)$

D. 支座截面 $h_0=h-(40\sim45)$

15. 关于主梁受剪钢筋，下列（　　）说法正确。

A. 宜优先采用箍筋抗剪　　B. 宜优先采用弯起钢筋抗剪

C. 宜优先采用抗剪鸭筋　　D. 只要满足斜截面受剪承载力，都可以

16. 多跨连续双向板按弹性理论计算法求跨内最大弯矩，下列（　　）说法错误。

A. 考虑活荷载的不利布置

B. 荷载等效分解为对称型和反对称型

C. 在对称型荷载作用下，与板整浇的中间支座简化为固定边

D. 在对称型荷载作用下，与板整浇的中间支座简化为简支边

E. 在反对称型荷载作用下，与板整浇的中间支座简化为固定边

F. 在反对称型荷载作用下，与板整浇的中间支座简化为简支边

17. 多跨连续双向板按弹性理论方法求支座最大负弯矩，下列（　　）说法错误。

A. 考虑活荷载的不利布置

B. 不考虑活荷载的不利布置

C. 与板整浇的中间支座均简化为固定边

D. 与板整浇的中间支座均简化为简支边

18. 若双向板板厚 100mm 短跨方向跨中截面的有效高度为 h_{01}，长跨方向截面的有效高度为 h_{02}，混凝土保护层厚度为 15mm，两向受力钢筋直径均为 10mm，下列（　　）说法正确。

A. $h_{01}=85$mm　　B. $h_{01}=80$mm

C. $h_{01}=75$mm　　D. $h_{02}=75$mm

E. $h_{02}=70$mm　　F. $h_{02}=65$mm

19. 四边与梁整体连接的板，考虑周边支承梁对板的有利影响，截面设计时应将计算所得弯矩值予以减少。下列（　　）说法错误。

A. 对中间跨的跨中截面及中间支座截面，减少 20%

B. 对边跨的跨中截面及自楼板边缘算起的第二支座截面据情况减少 10%～20%

C. 楼板的角区格板减少 5%

D. 楼板的角区格板不应减少

20. 为满足板的刚度要求，双向简支板厚应不小于 $l_0/45$，连续板厚不小于 $l_0/50$，l_0 为（　　）。

A. 双向板短边方向计算跨度　　B. 双向板长边方向计算跨度

C. 双向板短边方向标志跨度　　D. 双向板长边方向标志跨度

E. 双向板短边方向净跨度　　F. 双向板长边方向净跨度

21. 关于双向板均布荷载传至支承梁的简化方法，下列（　）说法错误。

A. 荷载传递遵循路线最短原则

B. 从板四角作 45°角平分线，连接角平分线的交点

C. 短跨支承梁上的荷载为三角形分布

D. 长跨支承梁上的荷载为三角形分布

E. 短跨支承梁上的荷载为梯形分布

F. 长跨支承梁上的荷载为梯形分布

22. 关于井式楼盖与双向板肋梁楼盖的区别，下列（　）说法错误。

A. 井式楼盖有主次梁之分

B. 双向板肋梁楼盖有主次梁之分

C. 井式楼盖也可能布置成单向板

D. 井式楼盖只能布置成双向板

E. 井字梁交叉点处无柱

F. 井字梁与井式楼板四边一般支承在框架梁上

23. 关于井字梁的配筋构造，下列（　）说法正确。

A. 井字梁交叉点处，短向梁钢筋应放在长向梁钢筋之下

B. 井字梁交叉点处，短向梁钢筋应放在长向梁钢筋之上

C. 长短方向梁的截面有效高度 h_0 相同

D. 井式楼盖只能布置成双向板

24. 关于井字梁交叉点处的配筋构造，下列（　）说法正确。

A. 井字梁交叉点处，梁顶两个方向应各配置纵向构造负筋

B. 纵向构造负筋应由梁中线交点向两侧伸入各自梁格净宽的 1/4 加梁宽的 1/2

C. 短跨梁箍筋在相交范围内通长设置

D. 相交处双向两侧各附加 3 道箍筋，间距 50mm

25. 简支斜板内力计算公式为：$M_{\max}=\frac{1}{8}(g+q)l_0^2$，$V_{\max}=\frac{(g+q)l_0\cos\alpha}{2}$，下列（　）说法正确。

A. l_0 为斜板几何长度　　B. l_0 为斜板水平投影长度

C. α 为斜面与水平面夹角　　D. α 为斜面与竖直面夹角

26. 关于板式楼梯斜板中的配筋构造，下列（　）说法正确。

A. 板底受力钢筋平行于平台梁，放在外侧

B. 板底受力钢筋垂直于平台梁，放在外侧

C. 板底分布钢筋垂直于平台梁，放在内侧

D. 板底分布钢筋平行于平台梁，放在内侧

27. 关于梁板式楼梯的踏步板，下列（　）说法错误。

A. 踏步板板厚取梯形踏步的平均高度

B. 承载力计算时不考虑踏步三角形部分参与工作

C. 踏步受力钢筋垂直于梯段斜梁

D. 踏步分布钢筋垂直于梯段斜梁

28. 关于挑檐板挑出部分转角处的附加构造钢筋，下列（　）说法错误。

A. 悬挑阳角附加构造负筋采用放射状设置

B. 放射状构造负筋取挑檐板两向配筋中的大值

C. 悬挑阴角附加筋斜向放置于悬挑板的阴角部位

D. 悬挑阴角附加筋位于板上部受力钢筋之上

29. 求下列图中连续梁 B 支座的最大负弯矩时，（　）活荷载布置正确。

A.

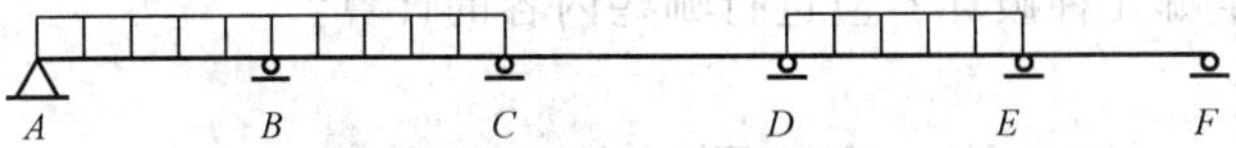

B.

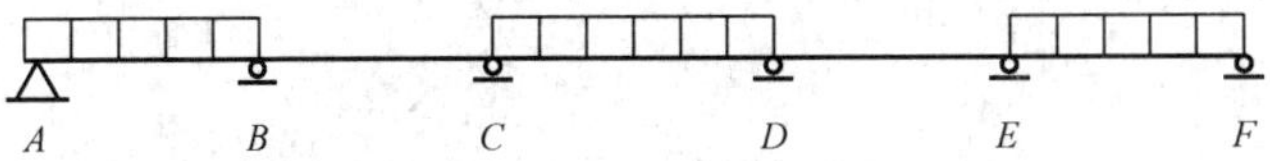

C.

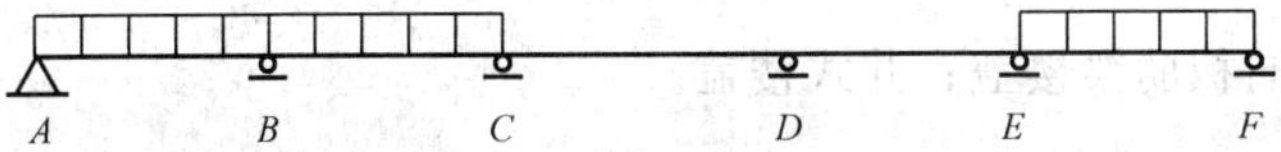

30. 某公共建筑的钢筋混凝土楼梯跨度为 4.2m，当不考虑建筑要求时宜选用（　）。

A. 板式楼梯　　B. 梁式楼梯

C. 剪刀式楼梯

四、名词解释

1. 单向板和双向板

2. 塑性铰

3. 内力包络图

4. 材料图

五、简答题

1. 简述现浇钢筋混凝土楼盖的设计步骤。

2. 单向板肋梁楼盖由哪些构件组成？荷载传递路线是什么？

3. 楼盖结构平面布置的任务是什么？

4. 简述楼盖结构平面布置的主要依据。

5. 楼盖结构平面布置的原则是什么？

6. 确定连续板、连续梁计算跨度应考虑哪些因素？对于“三等”（即等跨、等截面、等荷载）连续杆件计算跨数如何确定？

7. 现浇单向板肋梁楼盖板、次梁、主梁计算单元是如何确定的？

8. 楼盖上的荷载有哪两类？其标准值各如何确定？

9. 连续板、连续梁的内力计算方法有哪几种？哪种方法需要考虑活荷载的不利布置？用哪种方法设计的楼盖比较经济？

10. 连续板、连续次梁一般允许在什么部位出现“塑性铰”？为什么？

11. “塑性铰”与力学中的理想铰相比，具有哪些特点？

12. 结构采用塑性内力重分布方法进行设计具有哪些优点？

13. 在哪些情况下不能采用塑性内力重分布的方法进行结构内力计算？

14. 按配筋构造分，板中配筋种类分为哪些？在板中位置如何？

15. 按配筋构造分，梁中配筋种类分为哪些？在梁中位置如何？

16. 简述活荷载不利布置规律。

17. 试列举单跨双向板常见的边界约束条件。

18. 双向板的板厚有何构造要求？支座负筋伸出支座边的长度应为多少？

19. 举例说明实际工程中何处可能做悬臂板？悬臂板的受力钢筋位于板的什么位置？为什么？

20. 悬臂板式雨篷可能发生哪几种破坏？应进行哪些内容的计算？

6.6 答 案 要 点

一、填空题

1. 梁板体系；平板体系。

2. 单向板肋梁楼盖；双向板肋梁楼盖；井式楼盖。

3. 板；次梁；主梁。

4. 3.0；2.0；3.0；2.0。

5. 1.7～2.7m；4～6m；5～8m。

6. 铰支座；转动约束作用。

7. 连续板 $g'=g+q/2$；$q'=q/2$；连续次梁 $g'=g+q/4$；$q'=3q/4$。

8. 连续板 $g'=6.77$；$q'=2.45$；连续次梁 $g'=16.635$；$q'=11.025$。

注：题面给的是均布荷载标准值，考虑为可变荷载控制的组合，所以板荷载设计值为 $g=1.2\times3.6\times1.0=4.32$，$q=1.4\times3.5\times1.0=4.90$；次梁间距 3.0m，所以梁荷载设计值为 $g=4.32\times3.0=12.96$，$q=4.90\times3.0=14.7$。

9. 结构任一截面达到极限弯矩；结构出现足够数目的塑性铰（或结构形成可变体系）。

10. 转动能力；过大。

11. 塑性性能；≤0.35；20%；25%。

12. 塑性内力重分布法（或塑性理论）；弹性理论。

13. 正截面；斜截面。

14. 0.8；内拱水平推力；边跨跨中；第一内支座；边区格板。

15. 0.78；600；65；1530。

16. 钢筋种类；混凝土强度等级；相对受压区高度。

17. 0.35；0.10。

18. T形；矩形。

19. 附加箍筋；附加吊筋；附加箍筋。

20. 板式楼梯；梁式楼梯。

21. 相应跨；平均值；较大值。

22. 弯起，切断，安全，经济。

23. 支座中心线；支座边缘。

24. $M_b=M-V_0\cdot\frac{b}{2}$；$V_b=V-(g+q)\frac{b}{2}$。

25. 78.95；6.661；15.111。

26. 塑性铰。

27. 短边；计算跨度。

28. 雨篷板；雨篷梁。

29. 梁板式雨篷；悬臂板式雨篷；梁板式雨篷。

30. 370mm。

31. 根部；70mm；50mm。

32. 板顶；锚固长度 l_a。

33. 附加构造钢筋。

二、判断题

1. ×；2. ×；3. √；4. ×；5. ×；6. √；7. ×；8. ×；9. ×；10. ×；11. ×；12. ×；13. √；14. ×；15. ×；16. √；17. ×；18. ×；19. ×；20. ×。

三、选择题

1. C；2. C；3. B；4. BD；5. C；6. B；7. ACE；8. ADE；9. B；10. A；11. C；12. AD；13. ABD；14. AC；15. A；16. DE；17. AD；18. BE；19. C；20. A；21. DE；22. AC；23. A；24. ABCD；25. B；26. BD；27. BD；28. D；29. A；30. B。

四、名词解释

1. 单向板（也称梁式板）指两对边支承板，按垂直支座方向弯曲受力；四边支承板，当 $l_2/l_1\geqslant3.0$ 时，为沿短边方向受力的单向板。

双向板：四边支承板，当板区格的长边 l_2 与短边 l_1 之比较小时，板上的荷载将通过两个方向同时传递到四边支座上，此时板沿两个方向受力，称为双向板。《规范》规定，当 $l_2/l_1\leqslant2.0$时，应按两个方向同时受力的双向板计算；当 $2.0<l_2/l_1<3.0$ 时，宜按双向板计算。

2. 塑性铰指当构件加荷至弯矩较大的截面纵向受拉钢筋屈服后，随着荷载的稍许增加，钢筋将产生较大的塑性变形，受压区混凝土被压缩，屈服截面形成一个塑性变形集中的区域，在这个区域内截面两侧产生较大的相对转动，犹如一个能够转动的“铰”，称为塑性铰。

3. 内力包络图分别将各种活荷载不利组合作用下的同一种内力图（弯矩图、剪力图等）叠画在同一坐标图上的“内力叠合图”的外包线所形成的图形。它表示结构或构件在各种活荷载最不利布置情况下各个截面可能产生的最大内力值。

4. 材料图是由构件材料强度、截面形状尺寸、配筋决定的构件各个截面处同一种承载力数值绘制的图形（抵抗弯矩图、抵抗剪力图等），它表示构件各个截面上的某一种承载能力形成的封闭图形。

五、简答题

1. ①楼盖选型；②结构平面布置，初步确定构件尺寸；③确定内力计算方法，建立内力计算简图；④计算构件荷载及内力；⑤进行构件截面设计，包括选材及配筋计算；⑥结合构造要求选配钢筋；⑦绘制楼盖结构施工图。

2. 单向板肋梁楼盖一般由板、次梁和主梁组成。荷载传递路线一般为：荷载→板→次梁→主梁→柱（墙）。

3. 楼盖结构平面布置的任务是根据建筑平面图和房屋功能等，合理确定楼盖结构形式，并合理布置竖向承重构件和梁格，把楼盖划分为符合建筑功能要求的板区格。

4. ①楼盖设计需要的建筑平、立、剖面图；②建筑物结构选型，如框架结构、剪力墙结构等；③竖向承重构件的布置平面图；④设备专业提供的条件图，如洞口、埋件、设备位置及尺寸等。

5. ①满足房屋正常使用要求；②结构受力合理；③节约材料、经济合理。

6. 考虑因素：①内力计算方法，即弹性理论还是塑性理论；②构件类型，即构件是板还是梁；③跨数，即单跨还是多跨；④构件支承条件，即支承是搁置端（简支）还是与支承构件整浇。

计算跨数：若跨数小于5跨取实际跨数，若跨数超过5跨近似取5跨。5跨中必须包括杆件两端各两跨，其余中间跨均简化为1跨。

7. 板取1m宽板带作为计算单元。次梁取宽度为板跨度 l_1 的负荷带作为计算单元。主梁的负荷面积近似取板跨度 l_1 与次梁跨度 l_2 的乘积，即计算单元为 $l_1 \times l_2$。

8. 楼盖上的荷载有恒荷载和活荷载两类。其中楼盖恒荷载的标准值可由其几何尺寸和材料单位体积重量计算，楼盖的活荷载标准值可从《荷载规范》中查得。

9. 连续板、连续梁的内力计算有弹性理论和塑性内力重分布理论两种方法。其中按弹性理论计算连续板、连续梁内力时需要考虑活荷载的不利布置，按塑性内力重分布理论设计的楼盖比较经济。

10. 一般允许在连续板、连续梁的内支座截面出现塑性铰。

理由：①改变支座截面钢筋拥挤现象；②连续构件破坏时支座与跨中截面都可能达到承载力，经济；③内支座截面出现塑性铰比跨中截面出现塑性铰构件变形小，破坏时抗连续倒塌性能好，相对危害性小。

11. ①“塑性铰”能承受相应于截面“屈服”的极限弯矩；②“塑性铰”不是集中于一点，而是发生在一小段局部变形很大的区域；③“塑性铰”只能沿弯矩作用方向作有限的转动。

12. ①经济。适当考虑塑性内力重分布，可以使结构在破坏时有较多的截面达到其承载力，从而充分发挥结构的潜力，有效地利用材料。②施工方便。人为降低支座负弯矩，可以减少中间支座配筋，改善支座钢筋拥挤现象，方便施工。③简化设计。等跨、等截面、等荷载连续杆件采用塑性内力重分布方法进行设计不用考虑折算荷载、活荷载最不利布置和最不利荷载效应组合及绘制内力包络图，大大简化了设计。

13. ①使用阶段不允许开裂的结构；②重要部位的结构，要求可靠度较高的结构；③直接承受动力荷载的构件；④处于三a、三b环境中的结构。

14. 板底：单向板为受力钢筋和分布钢筋，分布钢筋位于受力钢筋内侧；双向板为双向受力钢筋，长向钢筋位于短向钢筋内侧。板面：受力钢筋或板面附加钢筋、分布钢筋，受力钢筋位于受力方向与板整浇支座板面处，板面附加钢筋位于板的简支边或非受力方向的支座板面上，分布钢筋位于板面受力钢筋或板面附加钢筋内侧。板面的温度、收缩钢筋，位于板区格顶面中间区域，与板面受力钢筋或板面附加钢筋搭接，有时也可以把部分板面受力钢筋或板面附加钢筋贯通，作为板面的温度、收缩钢筋。

15. 在一般的钢筋混凝土梁中，通常配置有纵向受力钢筋、箍筋、弯起钢筋及架立钢筋。梁中必有纵向受拉钢筋，位于梁顶面或底面，即截面受拉区的边缘。双筋截面中有纵向受压钢筋，位于梁顶面或底面，即截面受压区的边缘。架立钢筋位于单筋截面受压区边缘，一般在梁的顶面。弯起钢筋是把跨中钢筋在不需要之处（靠近支座处）向上弯起至梁顶面。箍筋为横向钢筋，位于梁的横截面内。当梁的截面高度较大时，还应在梁侧设置纵向构造钢筋。在主梁上的次梁与之相交处，应设置附加横向钢筋。附加横向钢筋有箍筋和吊筋两种，应优先采用箍筋。附加横向钢筋应布置在长度为 $s=2h_1+3b$ 的范围内。第一道附加箍筋距次梁边 50mm。

16. ①当求连续梁某跨跨中最大正弯矩时，除应在该跨布置活荷载外，两边应每隔一跨布置活荷载；②当求连续梁各中间支座的最大（绝对值）负弯矩时，应在该支座的左、右两跨布置活荷载，然后隔跨布置活荷载。③当求连续梁各支座截面（左侧或右侧）的最大剪力时，应在该支座的左、右两跨布置活荷载，然后隔跨布置活荷载。

简单总结为：跨中最大，本跨＋隔跨；支座最大，邻跨＋隔跨。

17. 在均布荷载作用下单跨双向板常见的六种边界约束条件：①四边简支；②三边简支，一边固定；③两对边简支，两对边固定；④两邻边简支，两邻边固定；⑤三边固定，一边简支；⑥四边固定。

18. 双向板的板厚应满足规范要求，一般为 80～160mm。为满足板的刚度要求，板厚宜不小于 $l_0/40$，l_0 为短边的计算跨度。

双向板的支座负筋伸出支座边的长度不小于 $l_1/4$（l_1 为板的短跨）。

19. 挑檐、雨篷、阳台等处可能做悬臂板。因为在竖直向下的荷载作用下，悬臂板在板面处出现负弯矩，即板面受拉，所以其受力钢筋位于板面处，且垂直于支座布置。

20. 悬臂板式雨篷由雨篷板和雨篷梁组成。雨篷梁一方面支承雨篷板，另一方面又兼做门过梁承受上部墙体的自重以及楼面梁、板或楼梯平台传来的荷载。这种雨篷可能发生的破坏形式有三种：①雨篷板在根部受弯断裂破坏；②雨篷梁受弯、剪、扭破坏；③雨篷整体倾覆破坏。

为防止雨篷可能发生的破坏，应进行雨篷板的受弯承载力计算、雨篷梁的弯剪扭计算、雨篷整体的抗倾覆验算，以及采取相应的构造措施。

第7章 预应力混凝土构件基本知识

7.1 内 容 提 要

本章主要从预应力的概念入手，了解施加预应力的目的，施加预应力的方法，预应力混凝土结构材料要求，张拉控制应力的确定以及各种预应力损失值、预应力损失的组合值，以及预应力混凝土构件的构造要求。通过本章的学习，掌握预应力混凝土的概念，了解预应力混凝土结构对材料性能的要求，重点熟悉预应力的各项损失以及减少损失的措施，理解张拉控制应力的取值以及对构件的不利影响；掌握预应力混凝土构件的主要构造要求等。

7.2 学习重点及难点

7.2.1 预应力混凝土基本概念

1. 预应力混凝土的原理、特点及应用

普通混凝土构件由于受到裂缝的控制，高强度材料无法得到应用；对一些裂缝控制要求较严格的结构构件，普通混凝土无法满足要求，为此产生了预应力混凝土结构。

预应力混凝土的工作原理是在构件受外荷载作用之前，预先通过张拉钢筋，利用钢筋的回弹，借助于锚具或黏结力使受拉区的混凝土产生预压应力，用以减小或抵消由外荷载作用下所产生的混凝土拉应力，从而延缓混凝土开裂或使构件不开裂。

预应力混凝土的主要优点是提高了构件的抗裂性能和刚度，延缓了裂缝的出现和开展，减小了构件的变形，提高了结构的耐久性，扩大了构件的适用范围。

预应力混凝土构件具有很多的优点，但其缺点是构造、施工和计算均较复杂，造价高，且延性也较差。下列结构宜优先采用预应力混凝土结构：

(1) 要求裂缝控制等级较高的结构。

(2) 大跨度或受力很大的构件。

(3) 对构件的刚度和变形控制要求较高的结构构件。

2. 张拉预应力钢筋的方法

张拉预应力钢筋的方法主要有先张法、后张法两种。先张法是在浇筑混凝土之前张拉钢筋的方法，其预应力是通过钢筋与混凝土之间的黏结力来传递的；后张法是在结硬后的混凝土构件上张拉钢筋的方法，其预应力是依靠钢筋端部的锚具来传递的。

3. 预应力混凝土的材料性能要求

(1) 混凝土应满足的要求：

1) 高强度。以承受较高的预压应力，在先张法中提高钢筋与混凝土之间的黏结力，在后张法构件中提高锚固端的局部承压承载力。

2) 徐变、收缩变形小。以减少由收缩、徐变引起的预应力损失。

3) 快硬、早强。可尽早施加预应力，减小混凝土的收缩、徐变变形，加速施工进度。

《规范》规定，预应力混凝土结构的混凝土强度等级不宜低于 C40，且不应低于 C30。

（2）预应力钢筋的要求：

1）高强度、低松弛。以承受较高的张拉应力，减小钢筋松弛产生的预应力损失。

2）具有一定的塑性。以避免预应力混凝土构件发生脆性破坏，尤其在低温环境或冲击荷载作用时，必须保证预应力钢筋具有足够的塑性和抗冲击韧性。

3）具有良好的加工性能。要求有良好的可焊性，并且钢筋在墩粗后不影响原来的力学性能。

4）与混凝土之间有良好的黏结性能。先张法是通过预应力筋与混凝土之间的黏结力来传递预应力的。

《规范》规定，预应力钢筋宜采用预应力钢丝、钢绞线和预应力螺纹钢筋。

7.2.2　张拉控制应力与预应力损失

1. 张拉控制应力 σ_{con}

张拉控制应力 σ_{con} 是指张拉预应力筋时需要达到的应力，是预应力钢筋在构件受荷以前所经受的最大应力。

σ_{con} 取值越高，预应力钢筋对混凝土的预压作用越大，但 σ_{con} 取值过高，会产生以下问题：由于钢筋强度的离散性，有可能在张拉过程中使个别钢筋被拉断；使构件的开裂荷载于破坏荷载很接近，构件破坏呈无预兆的脆性破坏；在施工阶段受弯构件反拱大，构件上部出现裂缝，对后张法构件可能造成端部混凝土局压破坏。《规范》规定：

（1）消除应力钢丝、钢绞线　$\sigma_{con} \leqslant 0.75 f_{ptk}$。

（2）中强度预应力钢丝　$\sigma_{con} \leqslant 0.70 f_{ptk}$。

（3）预应力螺纹钢筋　$\sigma_{con} \leqslant 0.85 f_{pyk}$。

σ_{con} 取值过低，则预应力钢筋经过各种损失后，对混凝土产生的预压应力过小，不能有效地提高构件的抗裂度和刚度。《规范》规定：消除应力钢丝、钢绞线、中强度预应力钢丝 σ_{con} 不应小于 $0.4 f_{ptk}$，预应力螺纹钢筋 σ_{con} 不应小于 $0.5 f_{pyk}$。

由此看来，控制 σ_{con} 的大小，是个很重要的问题，既不能过大，也不能过小。σ_{con} 的取值与预应力钢筋的钢种有关。

2. 预应力损失

预应力损失是指预应力钢筋张拉到 σ_{con} 后，由于种种原因，预应力钢筋的预应力将逐步降低到一定程度。经过预应力损失后，预应力钢筋的预应力值才是有效的预应力 σ_{pe}，即 $\sigma_{pe} = \sigma_{con} - \sigma_l$。

预应力损失的大小直接影响到预应力的效果，因此，准确地预估和尽可能地减小预应力损失具有十分重要的意义。此部分是本章学习的重点，应在了解预应力损失的种类及其产生原因的基础上，对应分析可采取的相应措施。

（1）张拉端锚具变形和钢筋内缩引起的预应力损失 σ_{l1}。在预应力钢筋回缩时，由于锚具受力后的变形、钢筋在锚具中的内缩滑移以及垫板缝隙被压紧等引起。此项损失在先张法、后张法施工时均会产生。

减小 σ_{l1} 损失可采取的措施有：

1）选择变形和钢筋内缩值小的锚具，尽量减少垫板的块数。

2）增加先张法台座长度。

(2) 预应力钢筋与孔道壁之间的摩擦引起的预应力损失 σ_{l2}。后张法张拉钢筋时，由于预应力钢筋将与孔壁接触而产生摩擦阻力而产生。

减小 σ_{l2} 损失可采取的措施是：采用两端张拉或“超张拉”工艺。

(3) 混凝土加热养护时，预应力钢筋与张拉设备之间温差引起的预应力损失 σ_{l3}。先张法构件中，为了缩短生产周期，浇筑混凝土后常采用蒸汽养护的办法加速混凝土的结硬。升温时，钢筋受热自由膨胀伸长，即产生了预应力损失 σ_{l3}。

减小 σ_{l3} 损失可采取的措施有：

1) 采用二次升温养护。先升温 20℃，待混凝土强度达到 7～10N/mm^2 时再逐渐升温至规定的养护温度。此时，钢筋与混凝土已结成整体，能够一起胀缩而不引起应力损失。

2) 在钢模上张拉预应力钢筋。预应力钢筋锚固在钢模上，升温时两者温度相同，可以不考虑此项损失。

(4) 预应力钢筋应力松弛引起的预应力损失 σ_{l4}。钢筋在高应力作用下，其塑性变形会随时间而增长，在钢筋长度保持不变的条件下，钢筋的应力会随时间的增长而逐渐降低，即钢筋产生应力松弛。钢筋的应力松弛将引起预应力损失 σ_{l4}。此项损失在先张法、后张法施工时均会产生。

减小 σ_{l4} 损失可采取的措施有采用超张拉工艺和采用低松弛的高强钢材。

(5) 混凝土收缩和徐变引起的预应力损失 σ_{l5}。由于混凝土的收缩和徐变，使构件长度缩短，预应力钢筋也随之回缩，造成预应力损失 σ_{l5}。在先张法、后张法施工时均会产生。

此项损失约占全部损失的 50%左右，故减小 σ_{l5} 尤为重要。减小 σ_{l5} 损失的措施有：

1) 采用高标号水泥，减少水泥用量，降低水灰比，采用干硬性混凝土。

2) 采用级配较好的骨料，加强振捣，提高混凝土的密实性。

3) 加强养护，以减少混凝土的收缩。

4) 控制混凝土的加载龄期，尽量使混凝土压应力 σ_{pc} 和 σ'_{pc} 值小于 $0.5f'_{cu}$。

(6) 用螺旋式预应力钢筋作配筋的环形构件，由于混凝土的局部挤压引起的预应力损失 σ_{l6}。采用螺旋式配筋的预应力混凝土构件，由于采用后张法施工直接在构件上张拉，预应力钢筋对混凝土形成局部挤压，使环形构件直径减小，预应力钢筋的拉应力降低，而引起预应力损失 σ_{l6}。

σ_{l6} 的大小与环形构件的直径 d 成反比，直径越小，损失越大。《规范》规定，当直径 $d>3$m 时，$\sigma_{l6}=0$。

所以由于预应力钢筋应力损失很高，有时可达 200N/mm^2，强度不高的钢筋不宜于做预应力筋的。

3. 预应力损失值的组合

预应力损失中，有的仅在先张法构件中发生，有的仅在后张法构件中发生，有的两种构件均会产生，且发生的时间先后也不尽相同。为此，把在混凝土建立起初始预压应力之前或同时发生的预应力损失称为第一批损失，用 $\sigma_{l\text{I}}$ 表示；把在混凝土建立起初始预压应力后发生并逐渐完成的预应力损失称为第二批损失，用 $\sigma_{l\text{II}}$ 表示。

考虑到各项预应力的离散性，实际损失值可能比按《规范》的计算值高，所以当求得的预应力总损失值 σ_l 小于下列数值时，则按下列数值取用。

先张法构件：100N/mm^2；

后张法构件：80N/mm²。

7.2.3　预应力混凝土构件的主要构造要求

预应力混凝土构件的主要构造要求主要体现在配筋方式、净间距和端部加强措施上，特别注意先张法与后张法的不同点，这些构造措施是绝对不可忽视的。应在理解其相应作用的基础上的进行学习和掌握。

7.3　解题指导及典型例题分析

【例 7-1】 何谓张拉控制应力？张拉控制应力过高或过低将出现什么问题？

答：(1) 张拉控制应力是指预应力钢筋在张拉时，所控制达到的最大应力值。其值为张拉设备所指示的总张拉力除以预应力钢筋截面面积而得出的应力值。

(2) σ_{con}取值过低，则预应力钢筋经过各种损失后，对混凝土产生的预压应力过小，预应力混凝土的效果不明显，构件的刚度和抗裂度降低。

(3) σ_{con}取得太高，可能会导致预应力钢筋已超过实际屈服强度而失去回缩能力，或已发生脆断；其次构件的开裂荷载与破坏荷载接近，构件的延性下降；再则可能在构件的某些部位在施工时就出现裂缝。

所以，张拉控制应力取值宜高一些，但不能太高也不能太低。

7.4　实际工程应用

预应力混凝土由于它自身特有的特点，目前已经广泛地应用于大型公共建筑、高层及超高层建筑、大跨度桥梁和多层工业厂房等现代工程。

预应力混凝土中，张拉控制应力的取值决定着预应力的作用效果，取值既不能过高也不能过低。在预应力施工时，张拉控制应力量值控制尤为重要。实际工程中常由于张拉设备不良、仪器不检验、操作疏忽，导致应力不足或过拉，引发工程质量问题。因此在施工中，应严格管理，对张拉设备和仪器进行认真检查和检验，操作人员持证上岗，严把技术关。

由于预应力损失的产生，会严重降低预应力的效果，因此应尽可能地降低预应力损失值。混凝土的收缩、徐变损失约占总损失值的一半，所以减小此项损失的意义尤为重要。而此项损失的大小基本均可在施工中控制，所以在施工时应在混凝土的配比（水灰比、水泥强度和用量）、骨料的选择和级配是否良好，以及养护条件和混凝土的浇筑振捣方面加以重视，避免过早拆模、过早作用过重的施工荷载以及超载。

7.5　综合训练

一、填空题

1. 采用预应力混凝土构件的目的是为了防止普通混凝土构件过早____________，充分利用____________。

2. 预应力混凝土可以延缓____________，提高构件的____________，并可取得减轻____________，达到节约____________的效果。

3. 先张法是________________，后________________。

4. 后张法是________________，后________________。

5. 在预应力混凝土构件中，先张法是依靠________________来传递预应力的，后张法是靠________________来传递预应力的。

6. 当材料强度等级和构件截面尺寸相同时，预应力混凝土构件的承载力和普通混凝土构件的承载力________________。

7. ________________施工方法适宜采用配置直线及曲线预应力钢筋的构件。

8.《规范》规定预应力混凝土结构的混凝土强度等级不宜低于________________，且不应低于________________。

9.《规范》规定，当计算求得的预应力总损失值小于下列各值时，应接下列数值取用，先张法________________，后张法构件________________。

10. 普通混凝土构件与预应力混凝土构件相比，________________的延性好。

11. 预应力损失主要有________________、________________、________________、________________、________________和用螺旋式预应力钢筋作配筋的环形构件由于混凝土的局压引起的。

二、选择题

1. 一般来讲，预应力混凝土不适用于以下（　）构件。

A. 轴心受拉构件　　B. 轴心受压构件

C. 受弯构件　　D. 偏心受压构件

2. 用先张法施工的预应力混凝土构件，以下（　）描述是正确的。

A. 后张拉钢筋，先浇灌混凝土　　B. 浇混凝土与张拉钢筋同时进行

C. 无法确定　　D. 先张拉钢筋，后浇灌混凝土

3. 以下（　）措施可以减小预应力钢筋松弛引起的预应力损失。

A. 一端张拉　　B. 两端张拉

C. 超张拉　　D. 一端张拉，另一端补拉

4. 以下（　）措施可以减小预应力钢筋与台座间温差引起的预应力损失。

A. 采用钢模台座　　B. 超张拉

C. 两端张拉　　D. 一次升温养护

5. 对混凝土构件施加预应力，下列（　）叙述是错误的。

A. 提高了构件的抗裂能力　　B. 可以减小构件的刚度

C. 可以增大构件的刚度　　D. 可以充分利用高强钢筋

6. 下述特点中（　）不是先张法的。

A. 工艺简单无需永久性锚具　　B. 需要台座或钢模

C. 一般采用直线预应力筋　　D. 适于施工现场制作大、中型构件

7. 预应力混凝土的特点有（　）。

A. 抗裂性低　　B. 不能充分利用高强度的材料

C. 可节约材料减轻自重　　D. 工艺简单，造价低

8. 关于预应力混凝土的论述（　）为正确。

A. 预应力混凝土可用来建造大跨度结构是由于有反拱，挠度小

B. 软钢或中等强度钢筋不宜当作预应力钢筋是因为它的有效预应力低

C. 对构件施加预应力是为了提高其承载力

D. 先张法适用于大型预应力构件施工

9. 先张法和后张法的预应力混凝土构件，其传递预应力方法的区别是（　　）。

A. 先张法靠钢筋与混凝土间的黏结力传递预应力，后张法靠工作锚具传递预应力

B. 后张法靠钢筋与混凝土间的黏结力传递预应力，先张法则靠工作锚具传递预应力

C. 先张法依靠传力架保持预应力，后张法则靠千斤顶来保持预应力

D. 先张法依靠夹具保持预应力，而后张法则靠锚具来保持预应力

10. 对构件施加预应力的目的是为了（　　）。

A. 提高构件的承载力　　B. 减小构件的混凝土收缩

C. 提高构件的承载力和抗裂度　　D. 提高构件的抗裂度或减小裂缝宽度

11. 下列各种现象，在日常生活中不是采用预应力原理的情况是（　　）。

A. 用铁环（或竹箍）箍紧木桶　　B. 辐条收紧车轮圈

C. 麻绳绷紧木锯的锯条　　D. 用手搬砖

12. 先张法施工中待混凝土达到一定强度后，约为设计强度的（　　）以上，切断钢筋。

A. 50%　　B. 75%　　C. 70%　　D. 80%

13. 锚具变形引起损失只考虑了（　　），因为在张拉钢筋时（　　）的锚具已被后紧不会引起预应力损失。

A. 张拉端　固定端　　B. 固定端　张拉端

C. 张拉端　张拉端　　D. 固定端　固定端

14. 下列在先张法中不存在的预应力损失有（　　）。

A. 由于锚具变形和钢筋的内缩所引起的　　B. 预应力钢筋的应力松弛引起的

C. 混凝土的收缩、徐变引起的　　D. 预应力钢筋与孔道壁之间摩擦引起的

三、判断题

1. 对构件施加预应力的目的是为了提高构件的抗裂度。（　　）

2. 先张法预应力混凝土构件的预应力是通过钢筋和混凝土之间黏结力传递的。（　　）

3. 后张法预应力混凝土构件的预应力是通过钢筋和混凝土之间黏结力传递的。（　　）

4. 预应力混凝土应选用收缩、徐变大的混凝土。（　　）

5. 预应力混凝土应选用高强度、不易加工的钢筋。（　　）

6. 预应力混凝土构件中受力钢筋必须都是预应力钢筋。（　　）

7. 预应力的存在，使构件抗裂度和斜截面抗剪能力得到提高。（　　）

8. 对构件施加预应力的目的是为了提高构件的承载力。（　　）

9. 部分预应力混凝土就是只在构件受拉区配置预应力钢筋的构件。（　　）

10. 预应力不仅可以提高构件的抗裂性能，同时还提高了构件的正截面极限承载力。（　　）

11. 后张法适宜于采用配置直线及曲线预应力钢筋的构件。（　　）

12.《规范》规定预应力总损失的下限值对后张法构件是 $100N/mm^2$，先张法构件是 $80N/mm^2$。（　　）

13. 张拉控制应力定得越高，混凝土中获得的预应力钢筋被利用的越充分，构件的抗裂性能则提高就越多。所以σ_{con}越高就越好。（ ）

14. 为提高构件的抗裂性能，预应力钢筋的张拉控制应力越高越有利。（ ）

15. 后张法施工的预应力混凝土构件中，预应力筋必须与混凝土之间有足够的黏结力。（ ）

16. 在先张法中，高强度的混凝土可提高钢筋与混凝土之间的黏结强度。（ ）

17. 预应力混凝土结构可以避免构件裂缝的过早出现。（ ）

18. 采用“超张拉”工艺，既可减少摩擦损失，还可减少钢筋应力松弛损失和混凝土收缩徐变损失。（ ）

19. 采用预应力构件的主要目的是提高构件正常使用的性能。（ ）

20. 张拉控制应力的确定是越小越好。（ ）

四、名词解释

1. 张拉控制应力
2. 预应力损失
3. 第一批预应力损失

五、简答题

1. 什么是预应力混凝土结构？
2. 简述预应力混凝土的特点。
3. 施加预应力的方法有哪几种？它们的主要区别是什么？
4. 何谓无黏结预应力混凝土？有何特点？
5. 什么是张拉控制应力？为什么其取值不能过高或过低？与哪些因素有关？
6. 预应力混凝土对材料有哪些要求？
7. 预应力损失有哪些？它们是如何产生的？采取什么措施可以减少这些损失？
8. 对不同的裂缝控制等级，预应力混凝土轴心受拉构件使用阶段的抗裂度验算应分别满足什么要求？
9. 为什么要对构件的端部局部加强？其构造措施有哪些？
10. 对预应力构件有哪些构造要求？

7.6 答 案 要 点

一、填空题

1. 出现裂缝；高强度材料。
2. 构件开裂；抗裂度和刚度；构件自重；钢材。
3. 先张拉钢筋；后浇混凝土。
4. 先浇混凝土；后张拉钢筋。
5. 黏结力；锚具。
6. 相同。
7. 后张法。
8. C40；C30。

9. 100N/mm^2；80N/mm^2。

10. 普通混凝土构件。

11. 张拉端锚具变形和钢筋内缩引起的预应力损失；预应力钢筋与孔道壁之间的摩擦引起的预应力损失；混凝土加热养护时，预应力钢筋与张拉设备之间温差引起的预应力损失；预应力钢筋应力松弛引起的预应力损失；混凝土收缩和徐变引起的预应力损失。

二、选择题

1. B；2. D；3. C；4. A；5. B；6. D；7. C；8. B；9. A；10. D；11. D；12. B；13. A；14. D。

三、判断题

1. √；2. √；3. ×；4. ×；5. ×；6. ×；7. √；8. ×；9. ×；10. ×；11. √；12. ×；13. ×；14. ×；15. ×；16. √；17. √；18. √；19. √；20. ×。

四、名词解释

1. 张拉控制应力是指预应力钢筋在张拉时，所控制达到的最大应力值。其值为张拉设备所指示的总张拉力除以预应力钢筋截面面积而得出的应力值。

2. 预应力损失是指预应力钢筋张拉到σ_{con}后，由于种种原因，预应力钢筋的预应力将逐步降低的一种现象。

3. 第一批预应力损失指在混凝土建立起初始预压应力之前或同时发生的预应力损失称为第一批预应力损失。

五、简答题

1. 预应力混凝土结构，是在结构构件受外力荷载作用前，先人为地对它施加压力，由此产生的预应力状态用以减小或抵消外荷载所引起的拉应力，即借助于混凝土较高的抗压强度来弥补其抗拉强度的不足，达到推迟受拉区混凝土开裂的目的。

由于混凝土的过早开裂，导致高强度钢筋的强度无法充分利用，也限制了高强度钢筋的应用；同时，混凝土的开裂还导致构件的刚度降低，变形增大。因而对裂缝控制要求较严格的构件，以及具有较高密闭性和耐久性要求的结构构件就有必要要施加预应力。

2. 优点：提高构件的抗裂性，能够充分利用高强材料的性能，节约材料，减轻自重。提高构件的抗剪能力。

缺点：构件的施工、计算及构造较复杂，且延性较差，需要专用的张拉设备和锚具，造价较高。

3. 施加预应力的方法及主要区别见表 7-1。

表 7-1　施加预应力的方法及主要区别

张拉方法	张拉程序	传力途径	特点
先张法	先在台座上按规定设计要求将钢筋张拉到控制应力→并用锚具临时固定→浇注混凝土→待混凝土达到设计强度75%以上切断放松钢筋	依靠钢筋与混凝土的黏结力传递预压力	施工简单、靠黏结力自锚，不必耗费特制锚具，临时锚具可以重复使用（一般称工具式锚具或夹具），大批量生产时经济，质量稳定。使用于中小型构件工厂化生产
后张法	为埋管制孔→浇混凝土→抽管→养护穿筋张拉→锚固→灌浆（防止钢筋生锈）	依靠锚具阻止钢筋的弹性回弹，使截面混凝土获得预压应力	这种方法设备简单，不需要张拉台座，生产灵活，但需要可靠的锚具及千斤顶，锚具用钢量大，适用大型构件的现场施工

4. 无黏结预应力混凝土：指预应力筋伸缩，滑动自由，不与周围混凝土黏结的预应力混凝土结构。特点：使用性能好，结构自重轻，施工简便，速度快，抗腐蚀能力强；防火性能可靠；抗震性能好。

5.（1）张拉控制应力是指预应力钢筋在张拉时，所控制达到的最大应力值。其值为张拉设备（如千斤顶上的油压表）所指示的总张拉力除以预应力钢筋截面面积而得出的应力值，以 σ_{con} 表示。

（2）如果 σ_{con} 取值过低，则预应力钢筋经过各种损失后，对混凝土产生的预压应力过小，预应力混凝土的效果不明显。

（3）如果 σ_{con} 取得太高，可能出现下列问题：预应力钢筋已超过实际屈服强度而失去回缩能力，或已发生脆断。现象。构件的开裂荷载与破坏荷载接近，使构件在破坏前无明显预兆，构件的延性较差。

6.（1）预应力筋要求：预应力钢筋的强度高、具有一定的塑性，具有良好的加工性能，以满足对钢筋焊接、镦粗的加工要求，具有低松弛性和与混凝土良好的黏结性能。《规范》规定，预应力钢筋宜采用预应力钢丝、钢绞线和预应力螺纹钢筋。

（2）混凝土材料要求：要求采用高强混凝土，徐变较小，强度早期发展较快。《规范》规定预应力混凝土构件的混凝土强度等级不宜低于 C40，且不应低于 C30。

7.（1）锚固损失 σ_{l1}：

原因：锚具变形引起预应力筋的回缩、滑移。

措施：①选择变形小或预应力钢筋内缩小的锚具，尽量减少垫板数；②对先张法构件，选择长台座。

（2）摩擦损失 σ_{l2}：

原因：在预应力筋张拉过程中，后张法预应力筋与孔道壁之间的摩擦，先张法预应力筋与锚具之间以及折点处的摩擦，也会使张拉应力造成损失。

措施：①对较长的构件可在两端进行张拉；②采用“超张拉”工艺，张拉程序为：

$$0 \longrightarrow 1.03\sigma_{con}(\text{或 } 1.05\sigma_{con}) \xrightarrow{\text{持荷 2min}} \sigma_{con}$$

（3）温差损失 σ_{l3}：

原因：先张法中的热养护引起的温差损失。

措施：①采用二次升温养护。②在钢模上张拉预应力钢筋。

（4）应力松弛损失 σ_{l4}：

原因：长度不变的预应力筋，在高应力的长期作用下会产生松弛，会引起预应力损失。

措施：超张拉或者松弛小的预应力钢筋。

（5）混凝土的收缩和徐变引起的损失 σ_{l5}：

原因：混凝土结硬时产生体积收缩，在预压力作用下，混凝土发生徐变使构件缩短，构件中的预应力钢筋跟着回缩，造成预应力损失。

措施：①采用高标号水泥，减少水泥用量，降低水灰比，采用干硬性混凝土；②采用级配较好的骨料，加强振捣，提高混凝土的密实性；③加强养护，以减少混凝土的收缩；④控制混凝土的加载龄期，尽量使混凝土压应力 σ_{pc} 和 σ'_{pc} 值小于 $0.5f'_{cu}$。

（6）环形配筋损失 σ_{l6}：

原因：用螺旋式预应力钢筋作配筋的环形构件由于混凝土的局部挤压引起的损失。

σ_{l6}的大小与环形构件的直径 d 成反比，直径越小，损失越大。《规范》规定，当直径 $d>3$m 时，$\sigma_{l6}=0$。

8. 对严格要求不出现裂缝的构件（一级构件）$\sigma_{ck}-\sigma_{pc}\leqslant 0$；

对一般要求不出现裂缝的构件（二级构件）$\sigma_{ck}-\sigma_{pc}\leqslant f_{tk}$；

对于允许出现裂缝的构件（三级）$w_{max}\leqslant w_{lim}$。

9.（1）先张法构件：

由于先张法是在构件端部钢筋弹性回弹与混凝土产生相对滑动趋势（产生相对滑动趋势的长度称为传递长度），通过在端部黏结力的积累阻止其回弹，为了尽快阻止其回弹，其目的是减少传递长度所以端部要采取加强措施。

先张法端部加强措施：

1）对单根预应力钢筋，其端部宜设置长度≥150mm 且不少于 4 圈螺旋筋；当有可靠经验时，亦可利用支座垫板上的插筋代替螺旋筋但不少于 4 根，长度≥120mm。

2）对多根预应力钢筋，其端部 $10d$ 范围内，应设置 3～5 片与预应力钢筋垂直的钢筋网。

3）对钢丝配筋的薄板，在端部 100mm 范围内应适当加密横向钢筋。

（2）后张法构件：

为了提高锚具下混凝土的局部混凝土的抗压强度，防止局部混凝土压碎，应在端部预埋钢板（厚度≥10mm），并应在垫板下设置附加横向钢筋网片或螺旋式钢筋图等措施。

后张法端部加强措施：

1）在局部受压间接钢筋配置区以外，在构件端部长度 l 不小于 $3e$（e 为截面重心线上部或下部预应力钢筋的合力点至邻近边缘的距离）但不大于 $1.2h$（h 为构件端部截面高度）、高度为 $2e$ 的附加配筋区范围内，应均匀配置附加箍筋或网片。

2）当构件在端部有局部凹进时，应增设折线构造钢筋或其他有效的构造钢筋。

10. 主要有钢筋的净距及保护层要求；后张法（有黏结力预应力混凝土）孔道及排气孔要求；先、后张法端部加强措施。

第 8 章　钢筋混凝土单层厂房排架结构

8.1　内　容　提　要

钢筋混凝土单层厂房的结构形式主要有排架结构和刚架结构两种。本章仅介绍了混凝土排架结构的组成、排架荷载计算、内力组合、柱子和牛腿等主要构件的设计和构造要求。通过本章的学习，要求了解混凝土排架结构的组成、结构布置、传力途径及支撑布置；掌握厂房排架的内力分析，包括横向排架计算简图、排架荷载计算、排架控制截面的最不利内力组合，排架柱以及柱上牛腿的受力特点、计算方法与构造要求；熟悉柱与其他构件的连接构造。

8.2　学习重点及难点

8.2.1　单层厂房排架结构的组成及结构布置

钢筋混凝土单层厂房的结构类型主要分为排架结构和刚架结构两种。排架结构传力明确，构造简单，施工方便且适合于预制装配，所以是目前常用的单层厂房的结构形式。

排架结构是由多种构件组成的空间整体体系，总体上可分为承重结构和围护结构两大类，承重结构和围护结构的组成构件如图 8-1 所示。

- 排架结构
  - 承重结构
    - 屋盖结构
      - 有檩体系：小型屋面板、檩条和屋架
      - 无檩体系：大型屋面板屋架(多采用)
    - 横向平面排架：横梁、横向柱列和基础
    - 纵向平面排架：连系梁、吊车梁、纵向柱列(包括柱间支承)和基础
  - 围护结构：纵向墙、横墙、连系梁、抗风柱、基础梁等

图 8-1　排架结构构成图

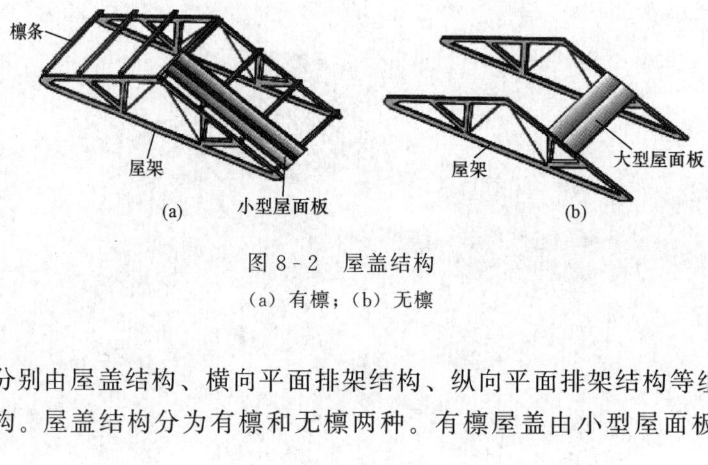

图 8-2　屋盖结构
(a) 有檩；(b) 无檩

1. 承重结构

承重结构又分别由屋盖结构、横向平面排架结构、纵向平面排架结构等组成。

(1) 屋盖结构。屋盖结构分为有檩和无檩两种。有檩屋盖由小型屋面板、檩条和屋架

（包括屋盖支撑）组成，如图 8-2 所示；无檩屋盖由大型屋面板、屋面梁或屋架（包括屋盖支撑）组成；单层厂房多采用无檩屋盖。屋盖结构的具有承重和维护双重作用，并将其承受荷载传给排架柱。

（2）横向平面排架。横向平面排架由柱、屋架（或屋面梁）及柱基组成，如图 8-3 所示。横向排架承担着厂房的主要荷载，包括屋盖荷载（屋盖自重、雪荷载及屋面活荷载等），吊车荷载（竖向荷载及横向水平荷载）、横向风荷载、横向地震作用及纵横墙（或墙板）的自重等，是厂房排架结构的基本承重结构。

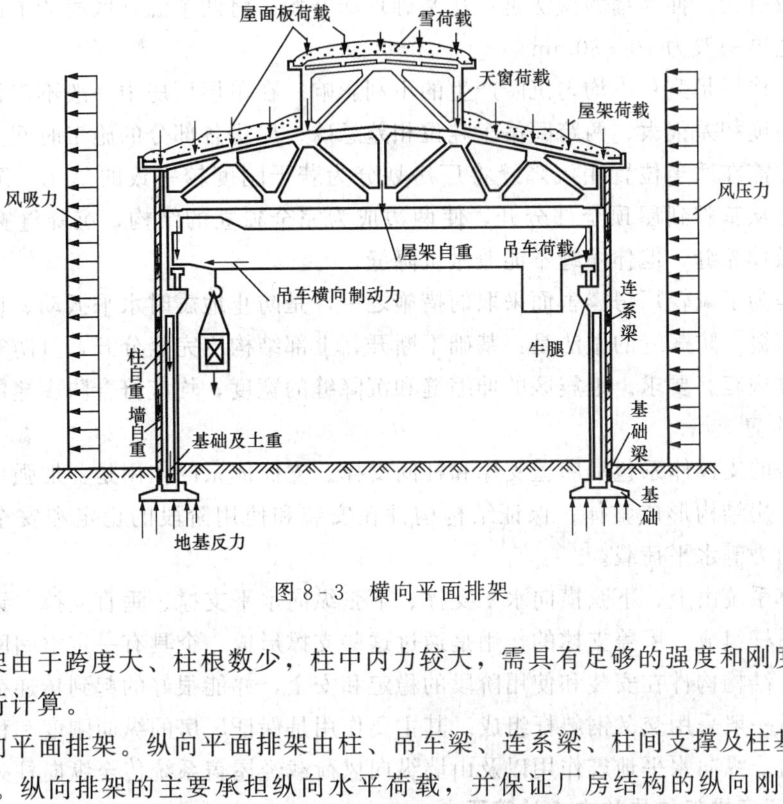

图 8-3　横向平面排架

横向排架由于跨度大、柱根数少，柱中内力较大，需具有足够的强度和刚度，故对横向排架必须进行计算。

（3）纵向平面排架。纵向平面排架由柱、吊车梁、连系梁、柱间支撑及柱基所组成，如图 8-4 所示。纵向排架的主要承担纵向水平荷载，并保证厂房结构的纵向刚度和稳定性。其中吊车梁，具有承受吊车荷载和联系纵向柱列的双重作用，也是厂房结构中的重要组成构件。

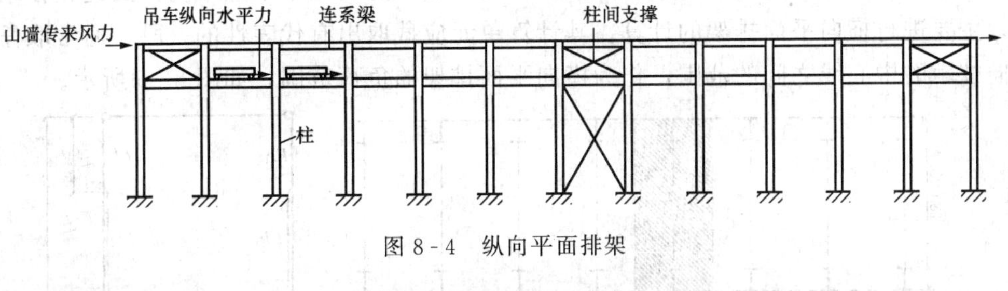

图 8-4　纵向平面排架

纵向排架由于承担的荷载较小，且纵向柱根数多，又有柱间支撑的加强，故纵向排架具有较高的刚度，且柱中内力较小，一般可不作计算。

2. 围护结构

围护结构由纵墙、横墙（山墙）、连系梁、抗风柱（有时设抗风梁或桁架）和基础梁等构件组成，兼有围护和承重作用。这些构件所承受的荷载，主要是墙体和构件的自重以及作用在墙面上的风荷载。

3. 变形缝

变形缝包括伸缩缝、沉降缝和防震缝三种。

伸缩缝的作用是减小厂房的温度应力，将厂房结构分为若干个温度区段，使各个区段内温度应力不致过大。伸缩缝的做法是：从基础顶面开始，将两个温度区段的上部结构全部分开，伸缩缝宽度一般为20～30mm。

沉降缝的作用是避免不均匀沉降产生的不利影响，在单层厂房中一般不需设置。只有在相邻两部分高度相差很大、两跨间吊车吨位相差悬殊、厂房各部分的施工时间先后相差很大等情况时，才需在适当位置用沉降缝将厂房划分为若干刚度较一致的单元。沉降缝的做法是：将建筑物从基础到屋顶全部分开，使两边成为完全独立的结构，沉降缝宽度≥50mm。沉降缝可兼做伸缩缝，但伸缩缝不能兼做沉降缝。

防震缝是为了减轻厂房震害而采取的措施之一，是防止地震时水平振动、房屋相互碰撞而设置的隔离缝。防震缝的做法是：基础不断开，上部结构应完全分开，且防震缝最小宽度应满足《抗震规范》要求。地震区的伸缩缝和沉降缝的宽度，均应符合防震缝的宽度。

4. 支撑布置

单层厂房的支撑体系包括屋盖支撑和柱间支撑。支撑体系的作用是：加强厂房结构的空间刚度，使厂房结构形成整体；保证结构构件在安装和使用阶段的稳定和安全；传递风荷载、吊车制动力等水平荷载。

屋盖支撑系统由上、下弦横向水平支撑、下弦纵向水平支撑、垂直支撑、天窗架支撑以及纵向水平系杆组成。屋盖支撑的作用是通过这些支撑形成一个具有一定空间刚度的上部楼盖结构，保证结构构件在安装和使用阶段的稳定和安全，并能很好的起到传递荷载的作用。

柱间支撑一般采用交叉钢斜杆组成。其主要作用是保证厂房的纵向刚度和稳定性；将吊车纵向制动力、纵向水平地震作用以及山墙纵向风荷载经屋盖系统传至纵向柱列上去。

8.2.2 单层厂房排架结构的内力计算要点

一、排架计算简图

横向排架承担着厂房的大部分主要荷载，是单层厂房的基本承重结构，因此，在结构设计中，主要进行横向平面排架的计算。其计算单元应截取出有代表性的一段，通常取任意相邻纵向柱距的中心线之间的范围，作为横向平面排架的负荷范围，如图8-5所示。

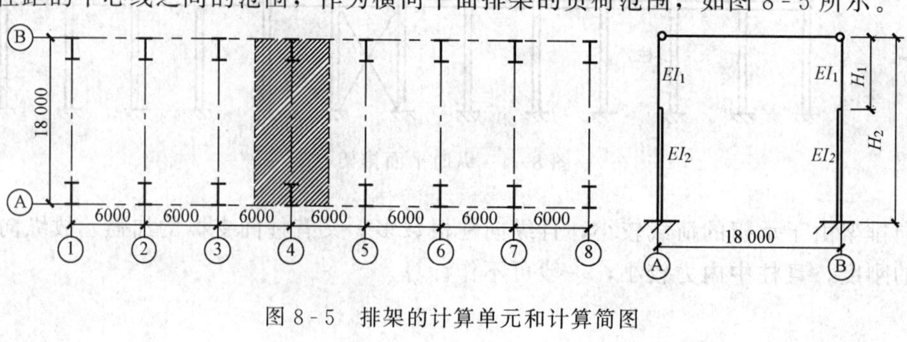

图8-5 排架的计算单元和计算简图

在确定排架结构的计算简图时，作了以下假定：

(1) 柱上端与屋架（或屋面梁）铰接：屋架或屋面梁与柱顶连接处，仅用预埋钢板焊牢，抵抗转动的能力很小。

(2) 柱下端与基础固结：将预制柱插入基础杯口一定深度，并用高强度等级的细石混凝土浇筑密实，因此，排架柱与基础连接处可按固定端考虑。

(3) 排架横梁为无轴向变形的刚性杆，横梁两端处柱水平位移是相等的：对于一般钢筋混凝土屋架或预应力混凝土屋架，下弦刚度较大，这个假定是适用的。

二、排架上的荷载

作用在排架上的荷载有恒荷载和活荷载两类。

1. 恒荷载

恒荷载一般包括屋盖自重 G_1、上柱自重 G_2、下柱自重 G_3、吊车梁与轨道连结件等自重 G_4 及有时支承在柱牛腿上的围护结构自重 G_5 等。

2. 活荷载

活荷载一般包括屋面活荷载 Q_1、吊车竖向荷载 D_{max}（D_{min}）、吊车横向水平荷载 T_{max}、横向均布风荷载 q 及作用于排架柱顶的集中风荷载 F_w 等。

荷载的作用方向有竖向荷载和水平荷载两大类，其传力途径分别见图 8-6 和图 8-7。

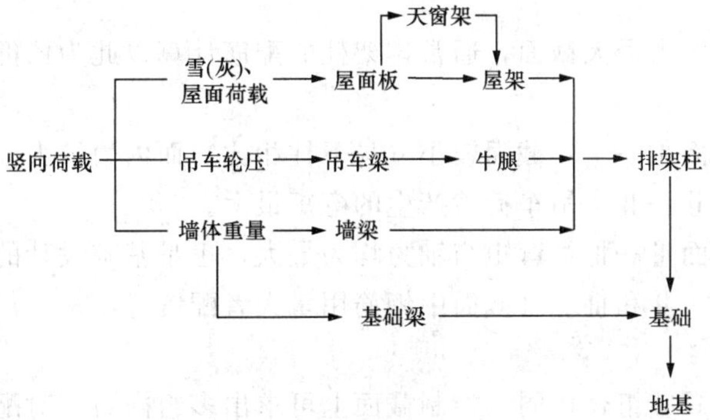

图 8-6　竖向荷载传力途径示意图

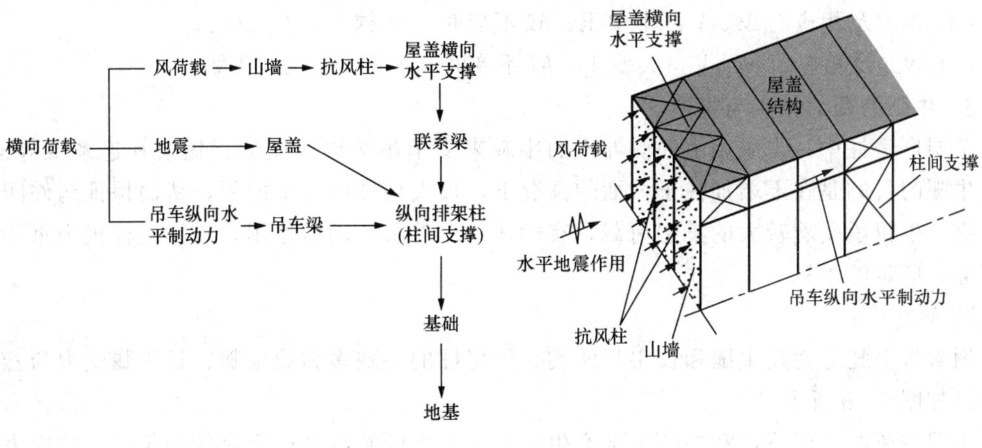

图 8-7　水平荷载传力途径示意图

在吊车竖向荷载中，吊车是一组移动的荷载，当吊车小车负载达到额定最大值且运行到大车（桥架）一侧的极限位置时，则作用在该侧柱列吊车梁轨道上的压力为最大轮压值 P_{max}，另一侧轨道上的轮压为最小轮压值 P_{min}，最大轮压 P_{max} 与最小轮压 P_{min} 同时发生。厂房吊车不止一台，考虑到作用可能，《荷载规范》规定，对一层单跨厂房的每个排架，参与组合的吊车台数不宜多于 2 台；对于多跨厂房的每个排架，不宜多于 4 台。

计算吊车竖向荷载的不利值 D_{max} 时，应将两台吊车紧挨，并将其中最大的轮压力作用点至于吊车梁支座上，吊车最大轮压力 P_{max} 对排架柱所产生的最大竖向荷载值 D_{max}，同时在另一侧排架柱上则由最小轮压 P_{min} 产生的 D_{min}，D_{max} 和 D_{min} 是分别作用在排架两侧柱牛腿上的吊车竖向荷载值，两者同时发生。

吊车的横向水平制动力也是移动荷载，吊车对排架柱产生的最大横向水平荷载标准值 T_{max}，在计算排架时，吊车的横向水平荷载应考虑向左和向右两种情况。

风荷载中包括垂直作用在建筑物表面上的均布风荷载和屋面传来的集中风荷载。其中垂直地作用在单层厂房的外表面的均布风荷载，要考虑风压力和风吸力的作用；柱顶以上的风荷载则以集中力的形式作用于排架柱顶。由于风载是可以变向的，因此在排架计算时，要考虑左风和右风两种情况。

三、排架内力组合

1. 控制截面

控制截面也就是内力最大截面，通常排架柱的配筋计算以此为依据。一般的单阶排架柱控制截面有三个位置：

(1) 上柱底部截面Ⅰ—Ⅰ：截面较小（与下柱相比）而内力较大。

(2) 牛腿顶截面Ⅱ—Ⅱ：吊车荷载产生的弯矩最大。

(3) 下柱柱底截面Ⅲ—Ⅲ：弯矩与轴力均为最大，也是基础设计的依据。

下柱的纵筋按Ⅱ—Ⅱ和Ⅲ—Ⅲ截面中钢筋用量大者配置。

2. 内力组合

根据不同的荷载效应组合，同一控制截面上可求出多组内力，对配筋起控制作用的内力应考虑以下几种内力组合：

(1) $|M_{max}|$ 及相应的 N、V：大偏压，N 不变时，M 越大，A_s 越大。

(2) N_{max} 及相应的 M、V：小偏压，M 不变时，N 越大，A_s 越大。

(3) N_{min} 及相应的 M、V：大偏压，M 不变时，N 越小，A_s 越大。

8.2.3 牛腿的受力特点与构造

单层厂房柱中，常采用由柱侧伸出的牛腿来支承吊车梁、屋架、托架和连系梁等构件。设置牛腿的目的是在不增加柱子截面的情况下，加大构件的支承面积，从而保证构件间的连接可靠。牛腿承受着较大的集中荷载，有的还承受着吊车动力作用，是排架柱极为重要的组成部分，应足够重视。

1. 受力特点

通常将牛腿分为短牛腿和长牛腿两类，厂房柱的牛腿多为短牛腿，长牛腿受力与悬臂梁相似，如图 8-8 所示。

牛腿在荷载作用下，在牛腿上部产生与牛腿上表面基本平行且比较均匀的主拉应力，而在从加载点到牛腿下部与柱交接点的连线附近则呈主压应力状态（混凝土斜向压力带）。牛腿在受力时的主拉应力和主压应力迹线如图 8-9 所示。

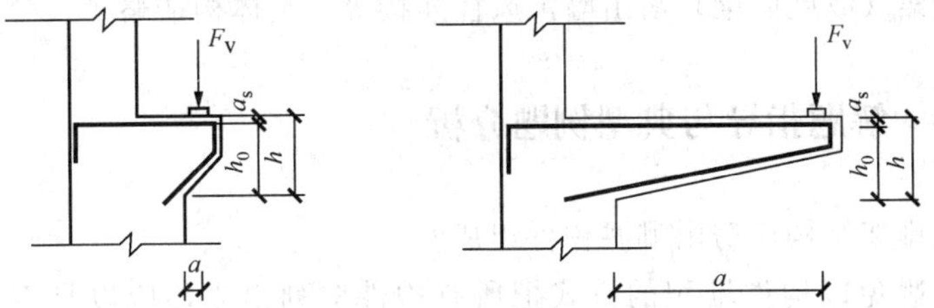

(a)　　(b)

图 8-8　牛腿

(a) 短牛腿；(b) 长牛腿

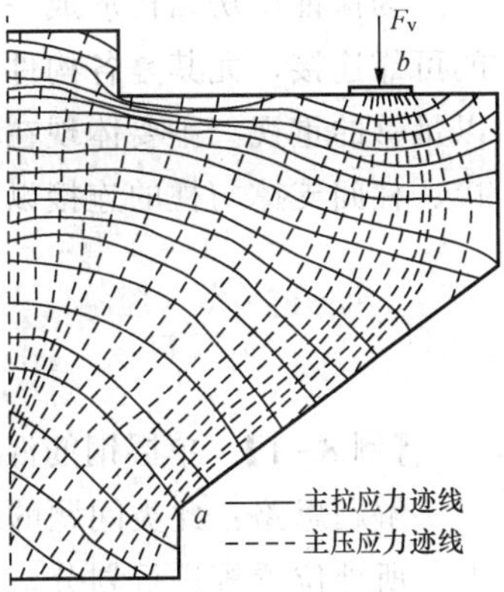

图 8-9　牛腿应力迹线

2. 牛腿的配筋

牛腿的配筋有位于牛腿顶部的纵向受力钢筋、箍筋和弯起钢筋三种形式的钢筋组成，牛腿的纵筋按抗弯和抗拉承载力计算，牛腿的箍筋和弯起钢筋按构造要求设置。

(1) 纵向受力钢筋。牛腿顶部的纵筋按照三角形桁架拉杆的内力进行计算，由承受竖向力所需的受拉钢筋和承受水平拉力所需的水平锚筋组成，A_s 计算式为

$$A_s \geqslant \frac{F_v a}{0.85 f_y h_0} + 1.2\frac{F_h}{f_y} \tag{8-1}$$

牛腿纵筋宜采用变形钢筋，全部纵筋宜沿牛腿外边缘向下伸入下柱内 150mm 后截断，纵筋伸入上柱的锚固长度应符合受拉钢筋锚固长度 l_a 的规定。采用直线锚固时：应$\geqslant l_a$；采用弯折锚固时：应伸至节点对边并向下 90°弯折，弯折前长度$\geqslant 0.4l_a$，弯折后长度$\geqslant 15d$。承受竖向力所需的纵筋的配筋率应$\geqslant 0.2\%$及 $0.45f_t/f_y$，也宜$\leqslant 0.6\%$，且根数不宜少于 4 根，直径宜$\geqslant$12mm。

(2) 箍筋构造。牛腿中应按构造设置水平箍筋，以便形成钢筋骨架和限制斜裂缝开展。箍筋直径宜为 6～12mm，间距宜为 100～150mm，且在上部 $2h_0/3$ 范围内的水平箍筋总截面面积不宜小于承受竖向力的受拉钢筋截面面积的 1/2。

(3) 弯起钢筋构造。当牛腿的剪跨比 $a/h_0 \geqslant 0.3$ 时，宜设置弯起钢筋。弯起钢筋宜采用变形钢筋，并应配置在牛腿上部 $l/6$ 至 $l/2$ 之间的范围内，l 为该连线的长度，其截面面积不宜小于承受竖向力的受拉钢筋截面面积的二分之一，根数不宜少于 2 根，直径不宜小于 12mm。纵向受拉钢筋不得兼作弯起钢筋。弯起钢筋宜沿牛腿外边缘向下伸入下柱内 150mm 后截断。弯起钢筋伸入上柱的锚固长度，与纵向受力钢筋相同。

3. 牛腿的截面尺寸

牛腿截面宽度与柱宽相同；牛腿的顶面长度取决于吊车梁的位置和尺寸，一般吊车梁中线到上柱外边缘的水平距离为 750mm，吊车梁至牛腿端部的水平距离 c_1 通常为 70～100mm。

牛腿的总高度 h 由抗裂度控制，要求在使用阶段不出现斜裂缝。

8.2.4 柱与其他构件的连接构造

为保证厂房结构形成一个整体，保证内力的有效传递，要求各组成构件必须通过彼此间的可靠连接，尤其是各构件与主要承重构件柱的可靠连接尤为重要，在设计和施工中都应予以足够的重视。主要体现在屋架（或屋面梁）与柱的连接、吊车梁与柱的连接、墙与柱的连接、柱间支撑与柱的连接以及屋架（或屋面梁）与山墙抗风柱连接等。具体构造略。

8.3 解题指导与典型例题分析

【例 8-1】 单层钢筋混凝土排架结构厂房由哪些构件组成？

解题思路：此类问题的解答避免以构件堆积的方式把所有构件罗列出来，应以是否受力、所处位置等进行划分。

答：排架结构由承重结构和围护结构组成。

承重结构包括屋盖结构、横向排架和纵向排架组成，其中横向排架是厂房的基本承重体系。

屋盖结构中组成构件有：屋架（或屋面梁）、支撑系统、屋面板、天沟板、天窗架和托架，屋架（或屋面梁）是主要的受力构件。

横向排架的组成构件是：排架柱、屋架（屋面梁）和基础。

纵向排架的组成构件是：排架柱、吊车梁、柱间支撑、连系梁和基础。

围护结构包括连系梁、抗风柱、墙体和基础梁等。

【例 8-2】 作用在单层厂房排架结构上的荷载有哪些？其荷载传递途如何？

解题思路：排架上的作用荷载首先应该予以归类：可以根据永久荷载、可变荷载来描述，也可根据荷载作用方向（竖向荷载、水平荷载）来描述。

答：单层厂房排架结构上的荷载分为竖向荷载和水平荷载两大类。竖向荷载包括屋面上的恒载和活载、各承重结构构件及围护结构等非承重构件自重、吊车自重及吊车竖向活荷载等；水平荷载包括风荷载、吊车横向和纵向水平荷载以及水平地震作用等。

各荷载传递途径为：

屋面荷载→屋面板→屋架（或屋面梁）→排架柱→基础→地基

吊车竖向荷载和吊车横向水平荷载→吊车梁→排架柱→基础→地基

吊车纵向水平荷载→柱间支撑→排架柱→基础→地基

纵墙风荷载→纵墙墙梁→排架柱→基础→地基

山墙风荷载→山墙 ↗墙梁→排架柱→基础→地基
↘抗风柱→屋盖结构→柱间支撑→基础→地基

墙体自重→墙梁 ↗连系梁→排架柱→基础→地基
↘基础梁→基础→地基

【例 8-3】 在确定排架结构计算单元和计算简图时做了哪些假定？

解题思路：回答问题应从三个方面考虑：计算单元怎么确定的？假定有哪些？计算简图是什么？

答：(1) 截取任意相邻纵向柱距的中心线之间的一段作为横向平面排架的计算单元。

(2) 确定排架计算简图时作了以下假定：

1) 柱上端与屋架（或屋面梁）为铰接；

2) 柱下端固接于基础顶面；

3) 排架横梁为无轴向变形刚性杆；

4) 柱高度由固定端算至柱顶面铰接结点处，排架柱的轴线为柱几何中心线。

(3) 计算简图：绘制，并标注相应的内容。

【例 8-4】 排架柱的控制截面如何确定？

答：控制截面的选取，以同截面时寻求最大内力、不同截面时寻求最小截面为原则确定。

在一般单阶排架柱中，上柱较下柱截面小，故上柱和下柱的最大内力截面即上柱柱底、下柱柱底截面为为控制截面；此外，牛腿顶面由于在吊车竖向荷载作用下产生的弯矩最大，故也为控制截面。

8.4 实际工程应用

在 20 世纪 50～60 年代，我国兴建了大量的单层厂房，由于当时工业基础薄弱，钢材供应紧张。同样规模的厂房，在国外可以采用钢结构，在国内只能采用钢筋混凝土结构，这也就促使钢筋混凝土结构受到重视和得到发展。到现在，钢筋混凝土单层厂房的设计，在我国已经自成体系，并具有独特的风格，在国际上也处于领先的地位，针对当前中央提出振兴东北老工业基地，很多大厂、老厂势必将面临改建或扩建，所以单厂结构设计又将被提上新的日程。

8.5 综合训练

一、填空题

1. 厂房屋盖结构有________、________两种类型。

2. 厂房横向排架是由________、________、________组成。

3. 厂房纵向排架是由________、________、________、________、________组成。

4. 屋架之间的支撑包括________、________、________、________、________。

5. 钢筋混凝土排架结构单层厂房当室内最大间距为________，室外露天最大间距为________时，需设伸缩缝。

6. 柱间支撑按其位置可分为________和________。

7. 单厂排架内力组合的目的是________________。

8. 钢筋混凝土单层厂房排架的类型有________、________两种。

9. 在排架计算中，排架柱的高度由________算至________处。

10. 厂房布置时，纵向和横向定位轴线在平面上形成的网格，称为________。

11. 抗风柱与屋架的连结必须满足两方面的要求，一是________，二是________。

12. 单层厂房排架的吊车纵向刹车力，当有柱间支撑时，由________承受，当没有柱间支撑时，由________承受。

13. 对矩形、工字形等实腹柱，一般应考虑四种内力组合，即①________，②______，③________，④________。其中________一般控制大偏压破坏情况，________一般控制小偏压破坏情况。

14. 牛腿的三种主要破坏形态是________、________及________。

15. 排架柱的控制截面一般在________、________、________三个位置。

16. 单层工业厂房柱内力组合选择内力时，对吊车竖向轮压力 D 和水平刹车力 T 应注意有 D ________，有 T ________。

17. 厂房柱牛腿的类型有________、________两种。

二、判断题

1. 单层厂房有檩体系屋盖整体性和刚度好。 ( )
2. 单层厂房无檩体系屋盖整体性和刚度好。 ( )
3. 钢筋混凝土排架结构单层厂房，除基础之外，所有构件都是预制的。 ( )
4. 单层工业厂房结构计算时，横向排架和纵向排架都必须计算。 ( )
5. 单层工业厂房的牛腿柱的牛腿主要发生斜压破坏。 ( )
6. 等高排架在任意何载作用下都可采用剪力分配法进行计算。 ( )
7. 不等高排架在任意何载作用下都可采用剪力分配法进行计算。 ( )
8. 排架结构内力组合时，恒载在任何情况下都参与组合。 ( )
9. 风荷载分左来风和右来风，二者同时参与组合。 ( )
10. 单层单跨的厂房参与组合的吊车台数最多考虑两台。 ( )
11. 单层厂房排架计算的主要目的是为设计排架柱及基础提供内力数据。 ( )
12. 排架柱的长度可以不相同，但只要柱顶水平位移相同，就可按等高排架进行计算。 ( )

13. 单层厂房屋面活荷载包括雪荷载、积灰荷载和施工荷载三种。《荷载规范》规定，如果以上三种活荷载都存在，在设计时则都同时考虑。 ( )

14. 变形缝包括伸缩缝、沉降缝和防震缝三种。在构造做法上，伸缩缝应将建筑物从屋面到基础全部分开。 ( )

15. 在装配式单层厂房结构中，支撑虽不是主要承重构件，但却是必不可少的重要组成部分。 ( )

16. 牛腿的破坏形态有剪切破坏、斜压破坏、弯压破坏和局压破坏四种。牛腿的纵向受力钢筋的计算公式是以局压破坏模式建立起来的。 ( )

17. 吊车荷载进行组合时，应遵循“有 T 必有 D，有 D 不一定有 T”的原则。 ( )

18. 单层厂房的各种支撑可归为两类：一类是屋盖支撑系统，一类是柱间支撑系统。 ( )

19. 单层厂房柱内力组合有下列规律：即计算柱上作用有 T_{max} 时，必然作用有 D_{max} 或 D_{min}；反之，当计算柱上作用有时 D_{max}，必然同时作用有 T_{max}。 ( )

三、选择题

1. 有吊车厂房结构温度区段的纵向排架柱间支撑布置原则以下列（ ）项为正确做法。

A. 下柱支撑布置在中部，上柱支撑布置在中部及两端
B. 下柱支撑布置在两端，上柱支撑布置在中部
C. 下柱支撑布置在中部，上柱支撑布置在两端
D. 下柱支撑布置在中部及两端，上柱支撑布置在中部

2. 单层厂房排架柱内力组合中可变荷载的下列特点，(　　) 有误。
A. 吊车竖向荷载，每跨都有 D_{max} 在左、D_{min} 在右及 D_{min} 在左、D_{max} 在右两种情况；每次只选一种
B. 吊车横向水平荷载 T_{max} 同时作用在该跨左、右两柱，且有正、反两个方向
C. D_{max} 或 D_{min} 必有 T_{ma}，但有 T_{ma} 不一定有 D_{max} 或 D_{min}
D. 风荷载有左来风和右来风，每次选一种

3. 当单层工业厂房纵向排架柱列数 (　　) 时，纵向排架也需计算。
A. 8　　B. 9　　C. 6　　D. 7

4. 排架计算时，对一单层单跨厂房一个排架，应考虑 (　　) 台吊车。
A. 4 台　　B. 2 台
C. 3 台　　D. 按实际使用时的吊车台数计

5. 排架计算时，对一单层多跨厂房的一个排架，应考虑 (　　) 台吊车。
A. 4 台　　B. 2 台
C. 3 台　　D. 按实际使用时的吊车台数计

6. 大部分短牛腿的破坏形式属于 (　　)。
A. 剪切破坏　　B. 斜压破坏
C. 弯压破坏　　D. 斜拉破坏

7. 排架结构内力组合时，任何情况下都参与组合的荷载是 (　　)。
A. 活荷载　　B. 风荷载
C. 吊车竖向和水平荷载　　D. 恒荷载

8. 单层工业厂房内力组合中，大偏压柱不应选择的组合方式为 (　　)。
A. M_{max} 及相应的 N、V　　B. $-M_{max}$ 及相应的 N、V
C. N_{min} 及相应的 M、V　　D. N_{max} 及相应的 M、V

9. 常用桥式吊车分轻、中、重三级工作制，其区分标准是按吊车的 (　　)。
A. 最大起重量　　B. 吊车的重要性
C. 吊车工作的频繁程度

10. 等高排架是指 (　　)。
A. 柱顶标高相同　　B. 柱顶位移相同
C. 柱底在同一标高处　　D. 柱顶标高相等且柱顶位移相同

11. 排架计算简图中，柱底标高应取 (　　)。
A. ±0.00　　B. 室外地坪标高
C. 基础顶面标高　　D. 基础底面标高

12. 单层厂房排架计算中，吊车横向水平荷载 T_{max} 的作用位置是 (　　)。
A. 牛腿顶面标高处　　B. 吊车梁顶面标高处
C. 柱向支撑与柱连接处

13. 对有多台吊车的多跨厂房，进行内力组合时，吊车的台数应按（ ）情况考虑。

A. 吊车竖向荷载一般不多于 4 台，而吊车水平荷载最多考虑 2 台

B. 吊车竖向荷载一般不多于 4 台，而吊车水平荷载最多考虑 4 台

C. 吊车的竖向荷载和横向水平荷载均按不多于 2 台考虑

四、名词解释

1. 排架结构
2. 刚架结构
3. 吊车最大轮压 P_{max}
4. 吊车竖向荷载 D_{max}

五、简答题

1. 简述厂房屋盖结构的类型及特点。
2. 排架结构厂房柱网的布置模数有哪些要求？
3. 厂房支撑系统的支撑作用？
4. 屋架之间需设置哪些支撑？各有什么作用？
5. 试述柱间支撑的作用。
6. 单层工业厂房是否需要计算纵向排架？
7. 单层工业厂房排架内力计算时，需要单独考虑的荷载有哪些？
8. 排架计算时，对单层单跨厂房和单层多跨厂房的一个排架，如何考虑吊车的台数？
9. 单厂排架内力组合的目的是什么？
10. 单厂柱子吊装验算时有哪些注意事项？
11. 等高排架在任意荷载作用下的内力计算如何进行？
12. 试述柱间支撑的分类。
13. 如何选择柱的截面形式？其特点如何？
14. 为何要对柱进行吊装验算？其验算内容有哪些？
15. 单层厂房的支撑体系包括哪些？其作用是什么？
16. 排架柱进行最不利内力组合时，应进行哪几种内力组合？内力组合时需注意什么问题？
17. 牛腿的受力特点如何？何谓长牛腿和短牛腿？
18. 牛腿的截面尺寸如何确定？牛腿顶面的配筋构造有哪些？
19. 排架柱与屋架和吊车梁是如何连接的？
20. 屋架与山墙抗风柱的连接有何特点？

8.6 答 案 要 点

一、填空题

1. 有檩体系；无檩体系。
2. 屋架（横梁）；横向柱列；基础。
3. 纵向柱列；基础；连系梁；吊车梁；柱间支撑。
4. 屋架上弦横向水平支撑；屋架下弦横向水平支撑；屋架纵向水平支撑；屋架垂直支

撑与水平系杆。

5. 100m；70m。

6. 上柱柱间支撑；下柱柱间支撑。

7. 寻找计算截面的最不利的内力。

8. 等高排架；不等高排架。

9. 基础顶面；柱顶。

10. 柱网。

11. 水平方向有可靠连接；竖向有一定的相对位移。

12. 柱间支撑；所有柱。

13. $+M_{max}$及相应的 N、V；$-M_{max}$及相应的 N、V；N_{max}及相应的 M、V；N_{min}及相应的 M、V；①②④；③。

14. 压弯破坏；斜压破坏；剪切破坏。

15. 上柱底部截面；牛腿顶部截面；柱底截面。

16. 不一定有 T；必有 D。

17. 长牛腿；短牛腿。

二、判断题

1. ×；2. √；3. √；4. ×；5. √；6. √；7. ×；8. √；9. ×；10. √；11. √；12. √；13. ×；14. ×；15. √；16. ×；17. √；18. √；19. ×。

三、选择题

1. A；2. C；3. D；4. B；5. A；6. B；7. D；8. D；9. C；10. D；11. C；12. B；13. A。

四、名词解释

1. 当柱与屋面梁或屋架为铰接，而与基础刚接所组成的平面结构，称为排架结构。

2. 当柱与梁为刚接，其所构成的平面结构，称为刚架结构。

3. 对于桥式起重机，当起重机小车运行到一侧的极限位置时（吊额定起升荷载），靠近小车侧的最大轮压就是 P_{max}。

4. 当两台吊车满载靠紧并行，其中较大一台吊车的内轮正好运行至计算排架柱的位置时，作用于最大轮压 P_{max}一侧排架柱上的吊车荷载即为最大值 D_{max}。

五、简答题

1. （1）无檩体系：大型屋面板、屋架（或屋面梁）及屋盖支撑、天窗架及其支撑等组成，其刚度和整体性好。

（2）有檩体系：由小型屋面板（或瓦材）、檩条、屋架及屋盖支撑组成，构件重量轻，便于运输与安装。但因构件种类多，荷载传递路线长，故整体性及刚度较差，其造价比无檩体系的大，仅能用于运输、吊装等困难的情况下或在轻型不保温的厂房中才被采用。

2. （1）柱距：6m，标准化、定型化，经济效果好（大柱网时如 12m 柱距时，采用托梁，仍可用 6m 的标准构件）。

（2）跨度：小于等于 18m 时，符合 3m 的倍数；大于 18m 时，符合 6m 的倍数。

3. （1）保证结构构件的稳定与正常工作；

（2）增强厂房的整体稳定性和空间刚度；

（3）把水平荷载传递到主要承重构件上。

4. 屋架上弦横向水平支撑、屋架下弦横向水平支撑、屋架下弦纵向水平支撑、屋架垂直支撑与水平系杆。

5. 柱间支撑把沿厂房纵向相邻的两根柱连接在一起，以承受由山墙传来的风力和由吊车梁传来的纵向水平制动力以及纵向水平地震力；提高厂房纵向刚度和稳定性，它相当于在纵向柱列中设置的不动点。

6. 厂房的纵向柱子较多，水平刚度较大，在纵向水平荷载作用下，每根柱子分到的水平力较小，故纵向排架一般可不必计算。但当纵向柱子较小（少于 7 个），或需要考虑地震作用时，应进行纵向排架计算。

7. 可能有恒荷载、屋面活荷载、吊车竖向荷载（分别作用于左、右柱）、吊车横向水平荷载（分别由左向右、由右向左）、风荷载（分别由左向右、由右向左）等。

8. 考虑到多台吊车同时工作并都达到最不利位置的组合概率很小，规范规定，计算排架时，单跨一般按不多于两台考虑，多跨厂房按不多于四台考虑。

9. 进行内力分析和组合的目的就是要找出在哪些荷载共同作用下，对排架柱的某一特定截面产生最不利内力。为此，可先对各项荷载作用分别进行内力计算，然后用内力组合的方法求出控制截面的最不利内力。

10. (1) 验算施工时最大裂缝宽度；

(2) 吊装时混凝土强度等按设计强度等级的 70% 考虑；

(3) 采用翻身吊，按三个截面进行强度及裂缝宽度的验算；

(4) 柱的自重取标准值，并乘以动力系数 1.5；

(5) 建筑物的安全等可降一级使用（因为施工荷载下的受力状态是临时性的）。

11. 仍采用剪力分配法。不论在何种荷载作用下，为能利用上述的剪力分配系数，把排架结构的内力计算任意荷载作用下的计算过程分为两步进行：①先在排架柱顶部附加一个不动铰支座以阻止其水平侧移，用无侧移排架的计算方法求出支座反力 R，根据 R 值就可得到相应的内力图。②撤除附加不动铰支座，并将 R 以反方向作用于排架柱顶，以期恢复到原来的结构体系情况。就成了在柱顶水平力作用下排架的内力计算情况。将上述两种①、②两步求得的内力进行叠加，就能得到排架结构的实际内力图。

12. 柱间支撑分为上柱柱间支撑和下柱柱间支撑，一般设置在伸缩缝区段两端与屋盖横向水平支撑相对应的柱间以及伸缩缝区段中央或临近中央的柱距。柱间支撑一般采用交叉钢斜杆组成，上柱柱间支撑位于吊车梁上部，下柱柱间支撑位于吊车梁下部。

13. (1) 矩形实腹柱：外形简单，施工方便，但混凝土用量多，经济指标差。

(2) 工字形柱：材料用量比较合理，在单层厂房中广泛应用，但其混凝土用量比双肢柱多。特别是截面尺寸较大时，混凝土用量更多。同时自重大、施工吊装困难，因此使用范围也受到一定的限制。

(3) 双肢柱：有平腹杆和斜腹杆两种。平腹杆构造比较简单、制作方便、受力合理、便于布置工艺管道。斜腹杆一般在承受较大水平荷载时采用，但其施工比较复杂。若采用预制腹杆，则条件得到改善。双肢柱与工字形柱相比，混凝土用料少、自重轻，但整体刚度较差、钢筋构造较复杂、用钢量稍多。

14. 由于排架柱在吊装时的吊点一般位于牛腿下边缘，荷载是柱自重，其受力类似于外伸梁，且此时混凝土强度还未达到设计要求，因而需进行施工阶段柱的承载力和裂缝宽度验算。

15. 单层厂房的支撑体系包括屋盖支撑和柱间支撑。屋盖支撑又包括上弦横向水平支撑、下弦横向水平支撑、下弦纵向水平支撑、垂直支撑、天窗架支撑、纵向水平系杆。

支撑的主要作用是加强厂房结构的空间刚度，保证结构构件在安装和使用阶段的稳定和安全，有效传递水平荷载到相应承重构件。

16. (1) 排架柱应考虑以下四种内力组合：

1) $+M_{max}$及相应的 N、V。

2) $-M_{max}$及相应的 N、V。

3) N_{max}及相应的 M、V。

4) N_{min}及相应的 M、V。

(2) 在进行内力组合时，还需注意以下问题：

1) 恒荷载在任何一种内力组合中都必须参加。

2) 最大竖向荷载 D_{max} 与最小竖向荷载 D_{min} 同时发生，D_{max} 可分别作用于左柱和右柱，只能选择其中一种参与组合。

3) 同一台吊车的最大横向水平荷载 T_{max} 同时作用于其左、右两边的柱上，其方向可左可右，只能选其中一种参与组合。

4) 同一台吊车的 D_{max}、D_{min} 与 T_{max} 不一定同时产生；但有 T_{max} 一定有 D，而有 D 不一定有 T_{max}。

5) 风荷载左风、右风不可能同时产生，只能选其一参与组合。

6) 在组合 N_{max} 或 N_{min} 时，应使相应的 M 尽可能大。对于 $N\neq 0$，但 $M\neq 0$ 的荷载项（如风荷载），也应考虑组合。

17. 根据牛腿上竖向力 F_v 作用线至下柱边缘水平距离 a 的大小，将牛腿分为两类：长牛腿 $a>h_0$ 时、短牛腿 $a\leqslant h_0$ 时。

长牛腿在荷载作用下，受力与悬臂梁相似。短牛腿在荷载作用下，与三角形桁架类似，在牛腿上部产生上表面基本平行的主拉应力（由水平纵向受力钢筋承担），在从加载点到牛腿下部与柱交接点的连线附近则呈主压应力状态（由混凝土承受）。

18. 牛腿截面宽度一般与柱宽相同，牛腿的总高度 h 以使用阶段不出现斜裂缝为控制条件来确定，牛腿的外边缘高度 h_1 不应小于 $h/3$（h 为牛腿总高度），且不应小于 200mm；底面倾角 α 要求不大于 45°。

19. 屋架（或屋面梁）与柱顶的连接，是通过连接钢板与屋架端部预埋件之间焊接连接实现的。屋架传来的垂直压力由连接垫板传递至柱顶，水平剪力则由连接焊缝（或锚筋）传递。吊车梁的竖向压力通过吊车梁梁底支承板与牛腿顶面预埋件连接的钢板来传递；吊车梁的水平力则通过吊车梁端顶面预埋件与上柱侧面预埋件间的连接钢板（或角钢）来传递。吊车梁与柱间宜用 C20～C30 细石混凝土填实。

20. 厂房山墙抗风柱的柱顶与屋架（或屋面梁）之间，通常采用竖向可移动、水平方向又有较大刚度的弹簧板连接，以保证在水平方向与屋架（或屋面梁）有可靠的连接，在竖向两者之间可以有一定的相对位移。

抗风柱下柱的顶面与屋架（或屋面梁）下弦的底面之间应至少留有 150mm 空隙，以防止抗风柱与屋盖变形不一致时的不利影响。

第9章 钢筋混凝土多层与高层结构

9.1 内 容 提 要

目前多、高层建筑越来越多，占据了建筑工程的主导地位，而框架结构和剪力墙结构是多高层建筑的主要结构形式，本章主要学习多层框架的结构组成和布置、竖向和水平荷载作用下的内力计算及侧移计算，框架梁、柱的配筋构造要求；以及剪力墙结构、框架—剪力墙结构的受力性能和构造要求。通过学习，了解框架结构体系和计算简图的确定，掌握框架结构的受力特性，掌握用分层法和反弯点法计算多层框架的内力，了解框架结构抗震设计的原则，领会框架梁、柱的配筋及节点构造；了解剪力墙结构的受力特性及配筋构造。

9.2 学习重点及难点

9.2.1 多层与高层建筑结构体系的基本知识

一、结构布置

1. 结构平面布置

从抗震角度，宜选用平面规则、均匀对称、结构侧向刚度均匀、平面长宽比较接近的建筑物。《抗震规范》中对抗震设计的钢筋混凝土高层建筑的平面布置提出如下具体要求：

(1) 结构平面布置宜简单、规则、对称，尽量减少突出、凹进等复杂平面，减小偏心。否则，在水平荷载作用下，结构会产生整体扭转而导致结构破坏。

(2) 平面长度 L 不宜过长，突出部分长度 l 应尽可能小，凹角处宜采取加强措施，避免在地震作用下出现由于局部扭转、振动不一致而使建筑结构破坏。

(3) 不宜采用角部重叠的平面图形或细腰部平面图形，避免出现薄弱部位。

2. 结构竖向布置

高层结构沿竖向体型应力求规则、均匀，做到刚度均匀而连续，或沿高度下大上小，逐渐均匀变化，避免有过大的外挑和内收而引起竖向刚度突变，避免由于刚度突变形成薄弱层而遭受严重震害。在地震区的高层建筑的立面宜采用矩形、梯形、金字塔形等均匀变化的几何形状。

在实际工程中往往沿竖向分段改变构件截面尺寸和混凝土强度等级，截面尺寸的减小与混凝土强度等级的降低应在不同楼层，改变次数也不宜太多。

3. 房屋的高宽比限值

高层建筑房屋的高度一般较大，在侧向力作用下，往往会产生较大的侧移，甚至有产生倾覆的可能，高宽比过大建筑物很难满足侧移控制、抗震和整体稳定性的要求。

4. 抗震缝的设置

(1) 框架结构（包括设置少量抗震墙的框架结构）房屋的防震缝宽度，当高度不超过15m时应≥100mm；高度超过15m时，6度、7度、8度和9度分别每增加高度5m、4m、

3m 和 2m，宜加宽 20mm。

(2) 框架—抗震墙结构房屋的防震缝宽度不应小于本款 (1) 项规定数值的 70%，抗震墙结构房屋的防震缝宽度不应小于本款 (1) 项规定数值的 50%；且均宜≥100mm。

(3) 防震缝两侧结构类型不同时，宜按需要较宽防震缝的结构类型和较低房屋高度确定缝宽。

二、多层及高层建筑结构的荷载

结构体系上的荷载分为竖向荷载和水平荷载两类。随着建筑物高度的增加，竖向荷载作用下在结构中产生的内力中仅轴力 N 随高度 H 呈线性关系增长，弯矩 M 和剪力 V 并不增加；而水平荷载作用下在结构中产生的弯矩 M 和剪力 V 却随着房屋高度的增加呈现快速增长的趋势。此外，结构的侧向位移也将增加更快。也就是说，随着房屋高度的增加，水平荷载将成为控制结构设计的主要因素。一般来说，对低层民用建筑，结构设计起控制作用的主要是竖向荷载；对多层建筑，水平荷载与竖向荷载共同起控制作用；而对高层建筑，承受竖向荷载虽然对结构设计具有重要的影响，但起控制作用的却是水平荷载（风荷载和地震作用）。

1. 竖向荷载

竖向荷载包括结构构件和非结构构件的自重（恒载）、楼面使用活荷载、雪荷载、屋面积灰荷载和施工检修荷载等。屋面均布活荷载不应与雪荷载同时组合。

2. 水平荷载

水平荷载主要包括风荷载和水平地震作用。

(1) 风荷载。对于高层建筑结构而言，风荷载是结构承受的主要水平荷载之一，在非抗震设防区或抗震设防烈度较低的地区，风荷载常常是多高层结构设计的控制条件。

(2) 水平地震作用。地震作用一般在抗震设防烈度 6 度及以上时需考虑。由于多、高层建筑结构的楼盖部分是结构的主要质量，因此，可将结构的质量集中到各层楼盖标高处，将结构在地震时产生的惯性力简化为作用在各楼层处的水平集中力，利用振型分解反应谱法或底部剪力法进行计算水平地震作用将在结构的楼层中产生水平剪力，结构的楼层水平地震剪力。

在现浇和装配整体式混凝土楼、屋盖等刚性楼、屋盖建筑中，宜按抗侧力构件等效刚度的比例分配。

9.2.2　框架结构

一、框架结构构造要求

1. 混凝土

抗震等级为一级的框架梁、柱和节点核心区，混凝土强度等级应≥C30，其他各类构件以及抗震等级为二、三级的框架应≥C20；并且在设防烈度为 9 度时宜≤C60，设防烈度为 8 度时宜≤C70。

2. 纵向受力钢筋

(1) 框架梁纵向受力钢筋。纵向受力钢筋宜选用符合抗震性能指标的 HRB400 级钢筋，也可采用 HRB335 级钢筋；抗震等级为一、二、三级的框架结构，其纵向受力钢筋采用普通钢筋时，应满足：

1) 钢筋的抗拉强度实测值与屈服强度实测值的比值（强屈比）应≥1.25，当构件某个部位出现塑性铰后，塑性铰处有足够的转动能力与耗能能力。

2）钢筋的屈服强度实测值与强度标准值的比值应≤1.3，目的是为了保证结构设计中强柱弱梁、强剪弱弯的设计要求。

3）钢筋在最大拉力下的总伸长率实测值应≥9%，即钢筋应具有良好的塑性性能，不得采用脆性钢筋，以避免地震中出现由于钢筋脆断而引发的震害。

框架梁内纵筋配置应符合下列要求：

1）为保证梁端有较强的变形能力，框架梁端截面的底面和顶面纵向钢筋配筋量的比值，一级应≥0.5，二、三级应≥0.3。

2）考虑到地震作用下梁端弯矩的不确定性，要求沿梁全长顶面、底面至少应配置2根通长纵筋，一、二级框架应≥2ϕ14，且分别不应少于梁两端顶面和底面纵筋中较大截面面积的1/4；三、四级框架应≥2ϕ12。

3）为了保证梁纵筋在节点内的锚固性能，要求一、二、三级框架贯通中柱的梁纵筋，直径不应大于柱在该方向截面尺寸的1/20。

4）梁内纵筋的接头。一级抗震时应采用机械连接接头；二、三、四级抗震时，宜采用机械连接接头，也可采用焊接接头或搭接接头。接头位置宜避开箍筋加密区，位于同一区段内的纵筋接头面积不应超过50%；当采用搭接接头时，其搭接长度要足够。

（2）框架柱纵向钢筋：

1）柱中纵筋宜对称配置。

2）当截面尺寸大于400mm的柱，纵筋间距宜≤200mm。

3）柱中全部纵筋的最小配筋率应满足《规范》规定，同时每一侧配筋率应≥0.2%。

4）柱中纵筋总配筋率应≤5%；一级且剪跨比λ≤2的柱，每侧纵筋配筋率宜≤1.2%。

5）边柱、角柱在小偏心受拉时，柱内纵筋总面积应比计算值增加25%。

6）柱纵筋的连接应避开柱端箍筋加密区。

3. 箍筋

箍筋宜选用符合抗震性能指标的不低于HRB335级的热轧钢筋，应与纵向钢筋紧贴。当设置附加拉结钢筋时，拉结钢筋必须同时钩住箍筋和纵筋。

（1）框架梁箍筋：

1）框架梁两端须按《抗震规范》要求设置加密封闭式箍筋。

2）梁端加密区的箍筋肢距，一级宜≤200mm和20d（d为箍筋直径较大值），二、三级宜≤250mm和20d，四级宜≤300mm。

3）非加密区的箍筋最大间距宜≤加密区箍筋间距的2倍。

4）箍筋必须为封闭箍，应有135°弯钩，弯钩平直段的长度≥箍筋直径的10倍和75mm的较大者。

（2）框架柱箍筋：

1）框架柱内箍筋常用复合箍筋。

2）框架柱的上下两端须设置箍筋加密区。框支柱、剪跨比≤2的柱以及一、二级抗震设防的框架角柱，应沿柱全高加密。短柱由于主要是剪切破坏，因而需要在柱全高范围内加密。

3）柱箍筋加密区的箍筋肢距，一级宜≤200mm，二、三级宜≤250mm，四级宜

≤300mm。至少每隔一根纵筋宜在两个方向有箍筋或拉筋约束；采用拉筋复合箍时，拉筋宜紧靠纵筋并钩住封闭箍筋。

4）柱箍筋加密区的体积配箍率 ρ_v，一级应≥0.8%，二级应≥0.6%，三、四级应≥0.4%。体积配箍率 ρ_v 按下式计算

$$\rho_v \geq \lambda_v f_c / f_{yv}$$

式中 f_c——混凝土轴心抗压强度设计值，强度等级低于 C35 时，应按 C35 计算；

f_{yv}——箍筋或拉筋抗拉强度设计值；

λ_v——最小配箍特征值。

5）柱箍筋非加密区的箍筋间距，一、二级框架柱应≤10 倍纵筋直径，三、四级框架柱应≤15 倍纵筋直径。

4. 截面

（1）框架梁。框架梁截面高度可根据梁的跨度、约束条件等进行选择，一般梁高度取 $h_b=(1/10 \sim 1/18)l_0$。为防止梁发生剪切破坏，梁高 h_b 宜≤$l_n/4$（l_n为梁净跨）。

梁截面宽度取 $b_b=(1/2 \sim 1/3)h_b$，为了使端部节点传力可靠，梁宽 b_b 宜≥柱宽的 1/2，且宜≥250mm，截面高宽比宜≤4；为了便于施工，一般梁的截面高度和宽度应符合模数要求，通常取 50mm 的倍数。

梁截面宽度宜≥200mm；梁截面的高宽比宜≤4，净跨与截面高度之比宜≥4。

（2）框架柱。框架柱截面宽度和高度一般取（1/15～1/10）的层高，同时应满足轴压比的限制要求。矩形截面柱的边长，非抗震设计时宜≥250mm，抗震设计时四级或不超过 2 层时宜≥300mm，一、二、三级且超过 2 层时宜≥400mm；柱剪跨比宜大于 2；柱截面长边与短边的边长比宜≤3；柱截面尺寸以 50mm 为模数。为避免柱发生剪切破坏，柱净高与截面长边之比宜>4。

柱的轴压比 N/f_cA 是保证柱有一定的延性的重要因素，《抗震规范》规定，对于剪跨比>2、混凝土强度等级≤C60 的一、二、三、四级抗震等级框架柱的轴压比分别应≤0.65、0.75、0.85 和 0.90；剪跨比≤2 的柱，轴压比限值应降低 0.05。

二、框架结构内力计算

（一）计算简图

框架结构是由横向框架和纵向框架组成的空间结构体系，常忽略结构的空间联系，将纵向框架和横向框架分别按平面框架进行分析和计算。在各榀框架中，选取在结构上有代表性的框架作为计算单元进行内力分析和结构设计。框架杆件用轴线表示，杆件之间的连接用节点表示，杆件长度用节点间的距离表示。框架梁的跨度取柱子轴线之间的距离，框架的层高（即框架柱长度）可取相应的建筑层高，但底层的层高则应取自基础顶面到一层楼盖顶面之间的距离，当基础标高未能确定时，可近似取底层的层高加 1.0m。对于现浇整体式框架，将各节点视为刚接节点，认为框架柱在基础顶面处为固定支座。

作用于框架结构上的荷载有竖向荷载和水平荷载两种。竖向荷载包括结构与构造层自重、楼（屋）面活荷载，一般为分布荷载，有时也有集中荷载；水平荷载包括风荷载和水平地震作用，一般均简化成作用于框架节点的水平集中力。

（二）竖向荷载作用下框架内力的近似计算

计算竖向荷载作用下多层多跨框架结构的内力时，通常有弯矩二次分配法和分层法。

1. 弯矩二次分配法

弯矩二次分配法是将各节点的不平衡弯矩同时进行分配和传递，仅进行二次分配。具体步骤如下：

(1) 根据梁、柱的转动刚度计算各节点杆件弯矩分配系数。

(2) 计算各跨梁在竖向荷载作用下的固端弯矩。

(3) 将各节点的不平衡弯矩同时进行分配并向远端传递后，再在各节点上的不平衡弯矩分配一次。

(4) 将各节点对应弯矩代数和相加即为各杆端弯矩。

2. 分层法

(1) 计算假定：

1) 框架侧移忽略不计，即不考虑框架侧移对内力的影响。

2) 每层横梁上的荷载对其他各层横梁、柱内力的影响忽略不计，仅考虑对本层梁、柱的影响。

上述假定中所指的内力不包括柱的轴力，因为横梁上的荷载通过柱逐层传至基础，任一层梁的荷载对下部各层柱的轴力均有影响。

(2) 计算要点。将一个多层多跨框架沿高度分解成多个单层无侧移的开口框架，框架梁上作用的荷载、柱高及梁跨均与原结构相同。计算时，将各层梁及与其相连的上、下柱所组成的开口框架作为一个独立的计算单元，用弯矩二次分配法计算各榀开口框架的杆端弯矩。再将各个单层开口框架的内力叠加起来，分层计算所得的各层横梁的梁端弯矩即为其最后弯矩，将相邻上、下两层框架中同层同柱号的柱端弯矩叠加即为柱的最后弯矩。当节点弯矩不平衡时，可再进行一次弯矩分配。

计算时假定上、下柱的远端为固定端，而实际的框架柱除在底层基础处为固定端外，其余各柱的远端均有转角产生，介于铰支承与固定支承之间。为消除由此所引起的误差，分层法计算时应做如下修正：

1) 将底层柱除外的所有各层柱的线刚度 i_c 均乘以 0.9 的折减系数。

2) 弯矩传递系数除底层柱为 1/2 外，其余各层柱均为 1/3。

(三) 水平荷载作用下框架内力近似计算

框架结构在水平荷载（风荷载、地震作用）作用下的内力近似计算方法，有反弯点法和修正反弯点法（D 值法）。

1. 反弯点法

框架结构在水平荷载作用下，各杆的弯矩图形均为直线，每根杆件均有一个弯曲方向改变点即反弯点，该点弯矩为零，而剪力不为零。反弯点法计算需解决两个主要问题：一是确定各层柱中反弯点处的剪力；二是确定各层柱的反弯点位置。为便于求得反弯点位置和各柱的剪力，假定节点各柱端无转角，且在同一层柱中各柱端的水平位移相等；框架底层柱的反弯点位置在距柱底 2/3 高度处，其他各层柱反弯点位置均位于柱高中点处；梁端弯矩可由节点平衡条件求出，并按节点左右梁的线刚度进行分配。

反弯点法的计算步骤如下：

(1) 计算各柱侧移刚度：$d=\frac{12i_c}{h^2}$，其中 $i_c=\frac{EI}{h}$称为柱的线刚度，h 为层高。

(2) 把楼层剪力分配到该层每个柱，求出该层各柱剪力。

设多层框架共有 m 层，每层有 n 个柱子，则第 i 层的楼层剪力为 V_i，将框架沿第 i 层各柱的反弯点处切开以示层柱剪力，按水平力平衡条件得

$$V_i = \sum_i^m F_i$$

式中　F_i——作用于第 i 层节点处的水平集中荷载。

则第 i 层各柱在反弯点处的剪力 V_{ij} 为

$$V_{ij} = \frac{d_{ij}}{\sum_{j=1}^{n} d_{ij}} \cdot V_i$$

(3) 根据各柱分配到的剪力及反弯点位置，计算柱端弯矩：

一般层柱：上下端弯矩相等

$$M_{上j} = M_{下j} = V_{ij} \times \frac{h}{2}$$

底层柱：　上端弯矩　$M_{上j} = V_{ij} \times \frac{h}{3}$

下端弯矩　$M_{下j} = V_{ij} \times \frac{2h}{3}$

(4) 根据节点平衡计算梁端弯矩：

对于边柱　$M_b = M_i + M_{i+1}$

对于中柱　$M_{b左} = (M_i + M_{i+1}) \frac{i_{b左}}{i_{b左} + i_{b右}}$

$$M_{b右} = (M_i + M_{i+1}) \frac{i_{b右}}{i_{b左} + i_{b右}}$$

式中　$i_{b左}$，$i_{b右}$——节点左、右端横梁线刚度；

M_i，M_{i+1}——节点处柱上、下端弯矩；

M_b——节点处梁端弯矩。

(5) 根据力的平衡原理，由梁两端的弯矩求出梁的剪力。

(6) 绘内力图（弯矩图、剪力图）。

2. 修正反弯点法（D 值法）

D 值法对反弯点法进行如下修正：

(1) 修正柱的抗侧移刚度。反弯点法认为框架柱的侧移刚度仅与柱本身的线刚度有关，柱的侧移刚度 $d = \frac{12 i_c}{h^2}$。但实际上柱的侧移刚度还与梁的线刚度有关，应对反弯点法中框架柱的侧移刚度进行修正，修正后的柱侧移刚度用 D 表示，$D = \alpha_c \frac{12 i_c}{h^2}$，故此方法又称“D 值法”。

(2) 修正柱的反弯点位置。反弯点法假定梁柱的线刚度比无限大，从而得出各层柱的反弯点高度是一定值。但实际上柱的反弯点高度不是定值，其位置与梁柱线刚度比、上下层梁的线刚度比、上下层的层高变化等因素有关，应对柱的反弯点高度进行修正。柱的反弯点位置与该柱上下端转角的大小有关。如果柱上、下端转角相同，反弯点就在柱高的中点；如果

柱上、下端转角不相同，反弯点就愈靠近转角较大的一端，即反弯点向横梁刚度较小、层高较大的一端移动。

各层框架柱的侧移刚度 D 和各层柱反弯点位置确定后，与反弯点法一样，就可确定各柱在反弯点处的剪力值和柱端弯矩值，再由节点平衡条件，进而求出梁柱内力。

三、框架结构抗震构造措施

1. 提高框架结构延性的措施

结构能够维持承载能力而又具有较大的塑性变形能力，称为延性结构。结构的变形能力可以从结构的延性和构件的延性两个方面来衡量，而结构的延性又是依赖于构件的延性的。为了提高框架结构的延性，还必须遵守“强柱弱梁、强剪弱弯、更强节点核心区”的设计原则。

（1）强柱弱梁的原则。框架进入塑性阶段后，由于塑性铰出现的位置不同或出现的顺序不同，可能有不同的破坏形式。

柱是压弯构件，由于存在轴压力，其延性能力通常比框架梁偏小；加之框架柱是结构中重要竖向承重构件，对防止结构的整体或局部倒塌起关键作用。

试验研究表明，梁端屈服型框架具有较大的内力重分布和能量消耗能力，极限层间位移大，抗震性能较好。这种形式的框架，至少有 2 道抗震防线，其一是梁端的塑性铰破坏，其二是底层柱的破坏。

强柱弱梁的破坏形态可以使框架在破坏前有较大的变形，吸收和耗散较多的地震能量，因而具有较好的抗震性能。在抗震设计中通常均需采取“强柱弱梁”措施，即人为增大柱截面的抗弯能力，以减小柱端形成塑性铰的可能性。

（2）强剪弱弯的原则。要保证框架结构有一定的延性，就必须保证梁柱构件具有足够的延性。由于受弯破坏和大偏心受压破坏的延性较好，而受剪破坏是脆性的，故应使构件的受剪承载力相对较强，使构件的受弯承载力相对较弱，以保证构件不致过早因剪切而破坏。构件在抗震设计中通常均需采取“强剪弱弯”措施，即人为提高梁端、柱端截面的抗剪能力，防止梁端、柱端在出现塑性铰之前发生脆性的剪切破坏。

（3）强节点核心区的原则。框架的节点核心区是保证框架承载力和抗倒塌能力的关键部位。若节点区破坏，与之相连的梁柱构件的性能再好也发挥不出来。梁柱节点合理的抗震设计，是在梁柱构件达到极限承载力前节点不应发生破坏。由震害调查发现，梁柱节点区的破坏大都是因为节点区少箍筋，在剪压作用下混凝土出现斜裂缝甚至挤压破碎，纵向钢筋压屈成灯笼状。因此，在抗震设计时，应使节点区的承载力相对较强，保证节点区混凝土强度和密实性以及在节点核心区内配置足够数量的箍筋，同时还要保证支座连接和钢筋锚固不发生破坏。

2. 框架节点构造

框架节点作为柱的一部分起到向下传递内力的作用，同时又是梁的支座，接受本层梁传递过来的内力，是框架结构设计中极重要的一环节。框架节点必须保证其连接的可靠性、经济合理性且便于施工，采取适当的节点构造措施可保证框架结构的整体空间受力性能。框架节点构造主要是纵筋的锚固以及钢筋的连接位置和断点位置，详见平法图集。

框架节点内必须设置足够数量的水平箍筋，以约束柱纵筋和节点核心区混凝土。节点区箍筋的最大直径和最小间距与柱箍筋加密区的要求相同。一、二、三级框架节点核心区配箍特征值分别宜≥0.12、0.10 和 0.08，且体积配箍率分别宜≥0.6%、0.5%和 0.4%。

3. 填充墙的构造要求

砌体填充墙的砌筑砂浆强度等级应≥M5；实心块体的强度等级宜≥MU2.5，空心块体的强度等级宜≥MU3.5；墙顶应与框架梁密切结合（用块材“塞紧”）。

填充墙应沿框架柱全高每隔 500mm～600mm 设 2 Φ 6 拉筋，拉筋伸入墙内的长度，6、7 度时宜沿墙全长贯通，8、9 度时应全长贯通。

墙长大于 5m 时，墙顶与梁宜有拉结；墙长超过 8m 或层高 2 倍时，宜设置钢筋混凝土构造柱；墙高超过 4m 时，墙体半高宜设置与柱连接且沿墙全长贯通的钢筋混凝土水平系梁。

9.2.3 剪力墙结构

一、剪力墙结构的受力特点

剪力墙的门窗洞口宜上下对齐、成列规则布置，以使洞口至墙边及相邻洞口之间形成明显墙肢、上下洞口之间形成连梁，洞口设置应避免墙肢刚度相差悬殊。规则成列开洞的剪力墙传力简捷、受力明确。

剪力墙结构的内力和位移与墙体开洞情况有关，根据墙体的开洞大小和截面应力的分布特点，可将剪力墙分为整截面剪力墙、整体小开口剪力墙、联肢剪力墙和壁式框架四类。各类型剪力墙具有共同的特点：开洞剪力墙由成列洞口划分为若干墙肢，各列墙肢和连梁的刚度比较均匀；不同类型的剪力墙又具有不同的受力状态和特点。

1. 整截面剪力墙

不开洞或仅有小洞口的剪力墙，当洞口面积小于整墙截面面积的 15%，且孔洞间距及洞口至墙边距离均大于洞口长边尺寸时，墙的整体性很好，这种墙体称为整截面剪力墙。

在水平荷载作用下，可忽略洞口对墙体应力的影响，整截面剪力墙可视为一整体的直立悬臂弯曲构件。沿水平截面内的正应力呈线性分布，在墙体两端部达最大值；墙体弯矩自下而上逐渐减小，弯矩图沿墙体高度无突变、无反弯点。其变形以弯曲变形为主，在结构上部层间侧移较大，越到底部层间侧移越小。

2. 整体小开口剪力墙

若门窗洞口总面积虽超过了墙体总面积的 15%，但墙肢都较宽，洞口仍较小，相对于墙肢刚度而言连梁刚度又很大时，墙的整体性仍然较好，这种开洞剪力墙称为整体小开口剪力墙。

整体小开口剪力墙由于开洞很小，连梁的刚度很大且对墙肢的约束作用很强，整个剪力墙的整体性很好。在水平荷载作用下，其受力状态与整截面剪力墙相接近，截面正应力分布仍以弯曲变形为主，沿水平截面呈线性分布，沿墙肢高度上的弯矩图在连续梁处有突变、个别楼层中会出现反弯点。但结构的变形仍以弯曲变形为主。

3. 联肢剪力墙

当剪力墙上开洞规则、且洞口面积较大时，剪力墙已被分割成彼此联系较弱的若干墙肢，这种墙体称为联肢墙。墙面上开有一排洞口的剪力墙称为双肢剪力墙（简称双肢墙），墙面上开有多排洞口的剪力墙称为多肢剪力墙（简称多肢墙）。

在联肢剪力墙中，整个剪力墙截面中正应力已不再呈线性分布，在墙肢截面中正应力仍基本呈线性分布，在墙肢两端部达较大值，但局部弯曲正应力的比例加大了。联肢剪力墙在水平荷载作用下，沿墙肢高度上的弯矩图在连续梁处有突变、个别楼层中会出现反弯点。但其变形仍以弯曲变形为主。

4. 壁式框架

当剪力墙有多列洞口，且洞口尺寸很大时，由于连梁的线刚度接近于墙肢的线刚度，整个剪力墙的受力性能接近于框架，故将这类剪力墙视为壁式框架。

在水平荷载作用下，墙肢弯矩沿高度在连梁处有突变，几乎在所有连梁之间的墙肢都有反弯点出现；沿水平截面的正应力已不再呈线性分布，在墙肢截面中产生较大的局部弯曲正应力。此时，剪力墙的变形呈现以剪切变形为主，其特点是在结构上部层间侧移较小，愈到底部层间侧移愈大。整个剪力墙的受力特点与框架相似。所不同的是，由于壁式框架是宽梁宽柱，故连梁和墙肢节点的刚度很大，几乎不产生变形，节点区形成一个刚域（即没有变形的一个区域）。

二、剪力墙结构构件的受力特点

1. 墙肢

在整截面剪力墙中，墙肢处于受压、受弯和受剪状态，而开洞剪力墙的墙肢可能处于受压、受弯和受剪状态，也可能处于受拉、受弯和受剪状态，后者出现的机会很少。在墙肢中，其弯矩和剪力均在底部部位达最大值，因此底部截面是剪力墙设计的控制截面。

墙肢的配筋计算与偏心受力柱类似，但也有不同之处。由于剪力墙截面高度大，在墙肢内除在端部正应力较大部位集中配置竖向钢筋外，还应在剪力墙腹板中设置分布钢筋。墙肢端部的竖向钢筋与墙内的竖向分布钢筋共同承受正截面受弯承载力，水平分布钢筋承担剪力作用。竖向分布钢筋与水平分布钢筋形成网状，还可以抵抗墙面混凝土的收缩及温度应力。

2. 连梁

剪力墙结构中的连梁承受弯矩、剪力、轴力的共同作用，属于受弯构件。

沿房屋高度方向内力最大的连梁并不在底层，应选择内力最大的连梁进行配筋计算。连梁由正截面承载力计算纵向受力钢筋（上、下配筋），由斜截面承载力计算箍筋用量。由于在剪力墙结构中连梁的跨高比都较小，受弯破坏的可能性很小，因而连梁容易出现斜裂缝，发生剪切破坏。连梁通常采用对称配筋。

三、剪力墙结构的构造要求

1. 混凝土最低强度等级

剪力墙结构的混凝土强度等级不应低于C20，同时不宜超过C60；带有筒体和短肢剪力墙的剪力墙结构混凝土强度等级不应低于C25。

2. 剪力墙的最小厚度

抗震墙的厚度，一、二级应≥160mm且宜≥层高或无支长度的1/20，三、四级应≥140mm且≥层高或无支长度的1/25；无端柱或翼墙时，一、二级宜≥层高或无支长度的1/16，三、四级宜≥层高或无支长度的1/20。

底部加强部位的墙厚，一、二级应≥200mm且宜≥层高或无支长度的1/16，三、四级应≥160mm且宜≥层高或无支长度的1/20；无端柱或翼墙时，一、二级宜≥层高或无支长度的1/12，三、四级宜≥层高或无支长度的1/16。

注意：无支长度是指在剪力墙长度方向没有平面外横向支承时的长度，即一直算到有平面外横向支承为止的长度。支承可以是翼墙，也可以是端柱。

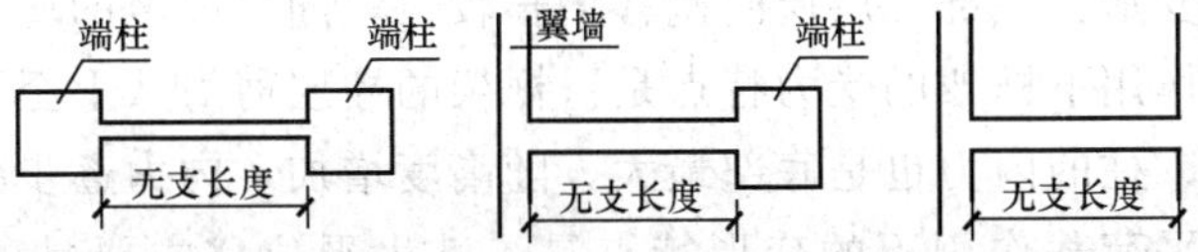

图 9-1　无支长度的取值示意

3. 剪力墙边缘构件

在剪力墙墙肢水平截面两端边缘应力较大的部位，应集中配置直径较大的竖向钢筋，用于抵抗压（拉）弯作用；端部竖筋应位于由箍筋或水平分布钢筋和拉筋约束的边缘构件内，以提高墙肢端部混凝土极限压应变、改善剪力墙的延性。边缘构件由竖向钢筋和箍筋组成，每端竖筋≥4 根直径 12mm 或 2 根直径 16mm 的钢筋；沿竖筋方向宜配置直径≥6mm、间距为 250mm 的拉筋。竖筋宜采用 HRB400 或 HRB335 级钢筋。

边缘构件又分为约束边缘构件和构造边缘构件两类，当边缘的压应力较高时采用约束边缘构件，其特点是约束范围大、箍筋较多、对混凝土的约束较强；当边缘的压应力较小时采用构造边缘构件，其箍筋数量和约束范围都小于约束边缘构件，对混凝土的约束程度较弱。边缘构件包括暗柱、端柱和翼墙。

暗柱及端柱内纵筋的连接和锚固要求宜与框架柱相同。剪力墙纵筋的最小锚固长度应取 l_{aE}。

4. 剪力墙中的分布钢筋

剪力墙墙肢中应配置一定数量的水平方向和竖直方向的分布钢筋，其作用是：

（1）使剪力墙有一定的延性，破坏前有明显的位移和预兆，防止突然脆性破坏。

（2）当混凝土受剪破坏后，钢筋仍有足够的抗剪能力，剪力墙不会突然倒塌。

（3）减少和防止产生温度裂缝。

（4）当因施工拆模或其他原因使剪力墙产生裂缝时，能有效地控制裂缝继续发展。

剪力墙分布钢筋的配筋方式有单排及多排配筋。剪力墙厚度＞140mm 时，竖向和水平方向分布钢筋应双排布置；当剪力墙厚度＞400mm，但≤700mm 时，宜采用三排配筋；当厚度＞700mm 时，宜采用四排配筋。为固定各排分布钢筋网的位置，应采用拉筋连系，拉筋应与外皮钢筋钩牢，墙身拉筋布置有矩形和梅花形两种，一般多采用梅花形排布。

由于施工是先立竖向钢筋，后绑水平钢筋，为方便施工，竖向钢筋宜在内侧，水平钢筋宜在外侧，水平与竖向分布钢筋的直径和间距宜相同。

剪力墙在边缘构件之外的第一道竖向分布钢筋距边缘构件的距离为竖向分布钢筋间距的 1/2。

抗震剪力墙中竖向和水平方向分布钢筋的最小配筋率均应≥0.25％（一～三级）和 0.20％（四级）；最大间距宜≤300mm，直径宜≤墙厚的 1/10，且应≥8mm；为保证施工时钢筋网的刚度，竖向分布钢筋直径宜≥10mm。拉筋直径应≥6mm，间距应≤600mm，拉筋应与外皮钢筋钩牢。在底部加强部位，约束边缘构件以外的拉筋间距应适当加密。具体构造要求详见平法图集。

9.2.4　框架—剪力墙结构

一、框架—剪力墙结构的受力特点

框架结构在水平荷载作用下的变形特点是，其水平位移主要是由框架梁、柱的弯曲变形

形成，呈现整体剪切变形：底部几层层间侧移增长较快，随着高度的增加，层间侧移增长逐步放缓。在水平荷载作用下框架的受力特点是：框架的楼层剪力从上至下不断增加，底层剪力最大，因而框架梁、柱的内力也是底部最大，随高度增加，内力逐步减小。

剪力墙结构在水平荷载作用下的变形特点是，其水平位移主要是剪力墙的弯曲变形形成，呈整体弯曲变形：底部几层层间侧移增长缓慢，随着高度的增加，层间侧移的增长逐步加快，与悬臂梁类似。在水平荷载作用下剪力墙的受力特点是：剪力墙截面的弯矩从上至下不断增加，底部弯矩最大。

框架—剪力墙结构通过各层的楼盖结构将框架和剪力墙联系在一起，使得两者在各楼层处具有相同的侧移，形成一个整体，共同承担水平荷载。由于框架和剪力墙之间的联系形成超静定结构，强迫其变形协调必将引起它们之间产生相互作用力，从而改变框架和剪力墙的受力特点和变形性质。框架—剪力墙结构在水平荷载作用下的变形：底部附近框架的侧移缩小而剪力墙的侧移增大，剪力墙被框架拉出，框架被剪力墙推进；顶部附近框架的侧移增大而剪力墙的侧移缩小，剪力墙被框架推进，框架被剪力墙拉出，从而达到变形相互协调，两者的协同工作使结构的层间变形趋于均匀，侧移曲线呈现弯剪型。由于框架和剪力墙之间的变形协调作用，当剪力墙的数量布置合理时，剪力墙将承担60%～80%的水平荷载，其余由框架承担，由于剪力墙具有较大的侧移刚度，这就充分发挥了剪力墙抵抗水平地震作用的能力；而框架所受到的楼层剪力自下而上趋于均匀，给框架结构设计和施工带来便利。框架—剪力墙结构由于剪力墙的存在，结构总体刚度加大，使得层间位移减小而均匀，因此，地震作用下的非结构性破坏大大减轻。

二、框架—剪力墙结构的构造

框架—剪力墙结构中，剪力墙是主要的抗侧力构件，承担着绝大部分剪力，因此构造上应加强。框架—剪力墙结构中的框架和剪力墙的构造要求，除满足一般框架和剪力墙的有关构造要求外，还应符合如下构造要求：

(1) 框架—剪力墙结构中，剪力墙的厚度应≥160mm，且应≥层高的1/20；底部加强部位的剪力墙的厚度应≥200mm，且应≥层高的1/16。

(2) 剪力墙中的竖向和水平向分布钢筋的配筋率均应≥0.25%，钢筋直径宜≥10mm，间距宜≤300mm，并应至少双排布置。各排分布钢筋间应设置拉筋。

(3) 剪力墙有端柱时，墙体在楼盖处周边宜设置暗梁，暗梁的截面高度宜≥墙厚和400mm的较大值；端柱截面宜与同层框架柱相同，并应满足对框架柱的构造要求；抗震墙底部加强部位的端柱和紧靠抗震墙洞口的端柱，宜按柱箍筋加密区的要求沿全高加密箍筋。

9.3 解题指导及典型例题分析

【例9-1】 抗震缝是如何设置的？

解题思路：理解抗震缝的作用，不同结构体系，设置要求不同。

答：(1) 框架结构（包括设置少量抗震墙的框架结构）房屋的防震缝宽度，当高度不超过15m时应≥100mm；高度超过15m时，6度、7度、8度和9度分别每增加高度5m、4m、3m和2m，宜加宽20mm。

(2) 框架—抗震墙结构房屋的防震缝宽度不应小于（1）项规定数值的70%，抗震墙结构房屋的防震缝宽度不应小于（1）项规定数值的 50%；且均宜≥100mm。

（3）防震缝两侧结构类型不同时，宜按需要较宽防震缝的结构类型和较低房屋高度确定缝宽。

【例 9-2】 水平荷载作用下框架内力计算方法的“D 值法”对“反弯点法”进行了哪些修正？

解题思路：“D 值法”和“反弯点法”都是水平荷载作用下框架内力计算方法，适用情况不同，精度也不同，重在理解这两种方法中刚度和反弯点的概念。

答：主要修正了以下两个方面：

（1）修正柱的抗侧移刚度。反弯点法认为框架柱的侧移刚度仅与柱本身的线刚度有关，柱的侧移刚度 $d=\frac{12i_c}{h^2}$。但实际上柱的侧移刚度还与梁的线刚度有关，应对反弯点法中框架柱的侧移刚度进行修正，修正后的柱侧移刚度用 D 表示，故此方法又称“D 值法”。

（2）修正柱的反弯点位置。反弯点法假定梁柱的线刚度比无限大，从而得出各层柱的反弯点高度是一定值。但实际上柱的反弯点高度不是定值，其位置与梁柱线刚度比、上下层梁的线刚度比、上下层的层高变化等因素有关，故还应对柱的反弯点高度进行修正。

9.4 实际工程应用

一、嵌固部位

框架柱箍筋加密区在基础部位的确定，要考虑嵌固部位。高层建筑的地下室采用箱形或筏形基础，且地下室四周回填土为分层夯实时，上部结构的嵌固部位可按下列原则确定：

（1）单层地下室为箱基，上部结构为框架、剪力墙或框剪结构时，上部结构的嵌固部位可取箱基的顶部。

（2）采用箱基的多层地下室及采用筏基的地下室，对于上部结构为框架、剪力墙或框剪结构的多层地下室，当地下室的层间侧移刚度大于等于上部结构层间侧移刚度的 1.5 倍时，地下一层结构顶部可作为上部结构的嵌固部位，否则认为上部结构嵌固在箱基或筏基的顶部。

（3）对于上部结构为框筒或筒中筒结构的地下室，当地下一层结构顶板整体性较好，平面刚度较大且无大洞口，地下室的外墙能承受上部结构通过地下一层顶板传来的水平力或地震作用时，地下一层结构顶部可作为上部结构的嵌固部位。

地下室顶板作为上部结构的嵌固部位时，应符合：

1）地下室顶板应避免开设大洞口；地下室在地上结构相关范围的顶板应采用现浇梁板结构，相关范围以外的地下室顶板宜采用现浇梁板结构；其楼板厚度不宜小于 180mm，混凝土强度等级不宜小于 C30，应采用双层双向配筋，且每层每个方向的配筋率不宜小于 0.25%。

2）结构地上一层的侧向刚度，不宜大于相关范围地下一层侧向刚度的 0.5 倍；地下室周边宜有与其顶板相连的抗震墙。

部位不是施工人员可以判定的，由具体设计给定，施工现场要根据施工图纸的规定确定嵌固部位，从而确定框架柱根部位的箍筋加密区范围。

二、连梁与框架梁

连梁是指两端与剪力墙相连且跨高比<5 的梁；框架梁是指两端与框架柱相连的梁，或者两端与剪力墙相连但跨高比≥5 的梁。两者相同之处在于：一方面从概念设计的角度来说，在抗震时都希望首先在框架梁或连梁上出现塑性铰而不是在框架柱或剪力墙上，即所谓“强柱弱梁”或“强墙弱连梁”；另一方面从构造的角度来说，两者都必须满足抗震的构造要求，具体说来框架梁和连梁的纵向钢筋（包括梁底和梁顶的钢筋）在锚入支座时都必须满足抗震的锚固长度的要求，对应于相同的抗震等级框架梁和连梁箍筋的直径和加密区间距的要求是一样的。

两者不同之处在于，在抗震设计时，允许连梁的刚度有大幅度的降低，在某些情况下甚至可以让其退出工作，但是框架梁的刚度只允许有限度的降低，且不允许其退出工作，所以规范规定次梁是不宜搭在连梁上的，但是次梁是可以搭在框架梁上的。一般说来连梁的跨高比较小（<5），以传递剪力为主，所以《抗震规范》对连梁在构造上作了一些与框架梁不同的规定。

一是要求连梁的箍筋是全长加密而框架梁可以分为加密区和非加密区。

二是要求墙体水平分布钢筋应作为连梁的腰筋在连梁范围内拉通连续配置：当连梁截面高度>700mm 时，其两侧面沿梁高范围设置的纵向构造钢筋（腰筋）的直径不应小于10mm，间距应≤200mm；对跨高比≤2.5 的连梁，梁两侧的纵向构造钢筋（腰筋）的面积配筋率应≥0.3%。将其纳入了强条的规定，而框架梁的腰筋只要满足一般梁侧构造钢筋要求即可：当梁的腹板高度 h_w≥450mm 时，在梁的两个侧面应沿高度配置纵向构造钢筋，每侧纵向构造钢筋（不包括梁上、下部受力钢筋及架立钢筋）的截面面积应≥腹板截面面积 bh_w 的 0.1%，且其间距宜≤200mm。

三、框架节点核心区

工程设计中经常会出现框架柱采用高强度等级混凝土、框架梁采用较低强度等级混凝土的情况，在施工时框架梁、柱节点区一定要明确高强度混凝土（柱）的浇筑范围，如图 9-2 所示，切记不应使低强度混凝土扩散到高等级混凝土结构部位中去。

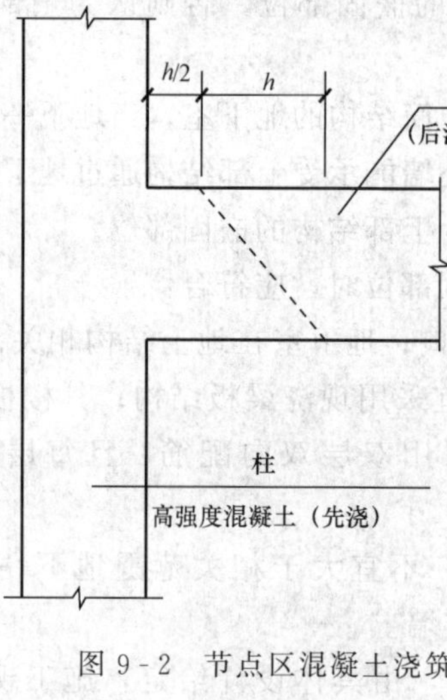

图 9-2　节点区混凝土浇筑范围

框架柱与框架梁相接的节点核心区受力非常复杂，若不同强度等级的混凝土在此处理不好，可能留下隐患，因此，在施工中要优先选择节点核心区混凝土强度等级与柱相同的方案。另外，在规范中明确了节点核心区的水平箍筋可以与柱端箍筋不同，“当框架节点核心区内箍筋与柱端箍筋设置不同时，在括号中注明核心区箍筋直径及间距”。

【例】Φ 10@100/200（Φ 12@100），表示柱中箍筋为 HPB300 级箍筋，直径 10mm，加密区间距为 100mm，非加密区间距为 200mm，框架节点核心区箍筋为 HPB300 级钢筋，直径 12mm，间距为 100mm。

四、确保“强剪弱弯”的实现

框架结构抗震设防的原则是“墙柱弱梁、强剪弱弯、更强节点核心区”，强调结构应具有良好的延性性能。对于抗震框架梁而言，实现强剪弱弯是抗震目标实现的重要保证，故而在设计和施工中切记不能随意增大框架梁端的纵筋设置数量，以避免出现抗弯能力强、而抗剪能力差的“强弯弱剪”型配筋。

五、砌体填充墙与梁柱连接

采用砌体填充墙时应根据相关规范的要求与框架梁柱进行有效连接。填充墙施工应在主体结构完毕后，由上而下逐层砌筑，砌筑至梁、板底附近，应待墙体沉实后再用斜砌法把下部砌体与上部梁、板间用砌块逐块敲紧填实。

六、剪力墙结构中地下室外墙的分布钢筋构造

由于地下室外墙同时兼起着挡土墙的作用，在土压力作用下墙体犹如直立悬臂构件，因此剪力墙内竖向分布钢筋应布置在外侧，而水平分布钢筋放在内侧。此外，考虑翼墙、扶壁墙或内柱、转角墙以及地下室顶板和楼板等对墙体的约束作用产生局部弯曲，还应在地下室外墙的竖向支承部位（翼墙、扶壁墙或内柱、转角等），以及水平支承部位（地下室顶板和楼板、墙底部）补充设置非贯通钢筋，其构造如图 9-3、图 9-4 所示。

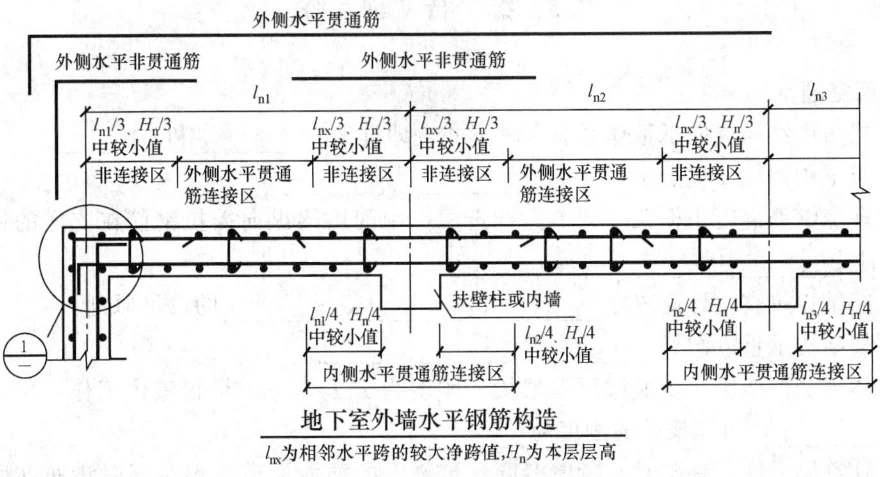

图 9-3　地下室外墙水平钢筋构造

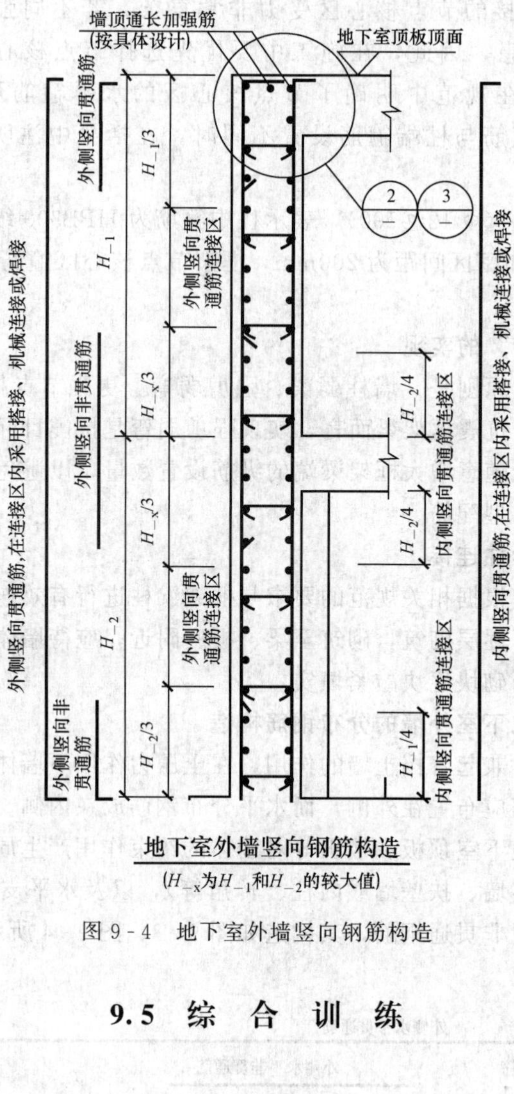

图 9-4 地下室外墙竖向钢筋构造

9.5 综 合 训 练

一、填空题

1. 高层房屋结构竖向承重体系有三种形式：即框架、________和________。

2. 框架结构的主要优点是________________；________________。

3. 在现浇钢筋混凝土框架结构节点构造中，中间层梁纵向受拉钢筋在支座的锚固方式常用的两种为________和________。

4. 框架结构抗震设计应遵守________、________、________的设计原则。

5. 框架结构承重方案有________、________、________。

6. 整体现浇框架中，矩形截面框架梁的刚度为 E_cI_0，考虑梁板整体工作，取中框架梁的刚度为________，边框架梁的刚度为________。

7. 在计算墙、柱、基础时，考虑多层建筑物上的楼面活荷载很少同时满布在所有的楼面上，所以可考虑对________进行折减。

8. 变形缝包括________、________、________。

9. 多层框架房屋在竖向荷载作用下，可利用________法或________法作近似内力计算。

10. 分层法的基本假定是________________；________________。

11. 分层法计算竖向荷载作用下框架内力时，除底层柱外，其他各层柱的线刚度均乘以折减系数________，相应的其传递系数也改为 1/3。

12. 多层框架房屋在水平荷载作用下，可利用________法或________法作近似内力分析。

13. 水平荷载作用下，框架内力计算的 D 值法柱抗侧刚度公式中的 α_c 的物理意义是____。

14. D 值法修正了________的位置，也修正了柱的________。

15. 在水平荷载作用下，框架结构的变形由________和________两部分组成。对通常的框架结构，其侧移是以________为主。

二、选择题

1. 框架结构体系与剪力墙结构体系相比，（　　）。

A. 框架结构延性好，抗侧力差

B. 框架结构延性差，抗侧力好

C. 框架结构延性及抗侧力均不如剪力墙结构

2. 框架的梁、板、柱一次性整浇，计算刚度时，中框架梁的截面惯性矩为（　　）。

A. $I=\frac{bh^3}{12}$　　B. $I=1.2\frac{bh^3}{12}$

C. $I=1.5\frac{bh^3}{12}$　　D. $I=2.0\frac{bh^3}{12}$

3. 设计框架结构墙、柱和基础时，楼面活荷载取值应乘以小于 1 的折减系数，此系数是考虑（　　）。

A. 活载较小　　B. 活载不能满布在所有楼面上

C. 其他

4. 按反弯点法计算框架同一层各柱的剪力时，楼层总剪力应按柱的（　　）分配给各柱。

A. EI　　B. EI/h

C. EI/h^2　　D. EI/h^3

5. 水平荷载作用下，框架内力近似计算方法有反弯点法及 D 值法。当梁柱线刚度比 i_b/i_c 为（　　）时，可用反弯点法计算，计算误差较小。

A. $i_b/i_c>3$　　B. $i_b/i_c\geqslant 3$

C. $i_b/i_c<3$　　D. $i_b/i_c=3$

6. 水平荷载作用下，框架梁、柱线刚度比 $i_b/i_c<3$ 时，宜采用（　　）计算内力。

A. 反弯点法　　B. 分层法

C. 弯矩分配法　　D. D 值法

7. 在水平荷载作用下，框架结构的侧移曲线是（　　）

A. 弯曲型　　B. 剪切型

C. 弯剪型　　D. 其他

8. 弯矩二次分配法是用来求解多层框架在（　　）作用下的一种近似计算方法。

A. 水平风荷载　　B. 水平地震力

C. 竖向荷载

9. 下列结构体系中，可修建高度最低的是（　　）。

A. 筒体结构　　B. 剪力墙结构

C. 框架—剪力墙结构　　D. 框架结构

10. 框架—剪力墙结构体系中水平荷载主要由（　　）来承担。

A. 剪力墙　　B. 框架柱

C. 剪力墙与框架柱　　D. 框架梁

11. 抗震等级为二级的框架梁梁端箍筋加密区长度为（　　）。

A. $2.5h_b$，500　　B. $2h_b$，500

C. $1.5h_b$，500　　D. h_b，500

12. 下列关于框架梁、柱箍筋加密要求的论述中错误的是（　　）。

A. 一级及二级框架的角柱箍筋加密区取全高

B. 嵌固部位框架柱柱根箍筋加密区取不小于柱净高的 1/3

C. 框架柱柱端箍筋加密区取截面高度、柱净高的 1/6 和 500mm 三者的最大值

D. 二级框架梁梁端箍筋加密区长度取 $2h_b$ 和 500mm 的较大值

13. 柱轴压比是指（　　）。

A. $N/(f_cA)$　　B. $N/(f_tA)$

C. $N/(fA)$　　D. $N/(\varphi fA)$

14. 柱下单独基础的高度主要是根据基础的（　　）验算确定的。

A. 抗压强度　　B. 抗弯强度

C. 冲切强度

15. 钢筋混凝土框架结构抗震设计的关键是（　　）。

A. 延性设计　　B. 节点设计

C. 梁柱设计

16. 抗震设计中，框架柱轴压比越大，则柱的（　　）越差。

A. 延性　　B. 刚度

C. 强度

三、判断题

1. 框架节点为刚接，意味着该节点梁柱节点处保持直角不变。（　　）

2. 框架柱的计算长度与柱的边界约束条件有关。同为底层柱，现浇楼盖柱的计算长度要大于装配式楼盖柱。（　　）

3. 按分层法计算竖向荷载作用下的框架内力，其弯矩在节点处是不平衡的。（　　）

4. 按分层法计算的最后弯矩在节点处是不平衡的。（　　）

5. 框架任一横梁上的竖向荷载对其他各层的影响很小（除轴力之外），在分层法计算中可忽略不计。（　　）

6. 在水平荷载作用下，框架梁、柱反弯点处的弯矩、剪力全部为零。（　　）

7. 用反弯点法确定柱的反弯点位置时，假定在水平荷载作用下，除底层以外，各层柱的上、下两端产生的转角相同。（　　）

8. 当现浇钢筋混凝土框架柱的总配筋率大于 3%时就应采取相应的措施。（　）

9. 随框架高宽比增加，弯曲变形在总变形中所占比例增加。（　）

10. 框架柱一般采用对称配筋，配筋率应满足规范要求。（　）

11. 柱下单独基础，当杯形基础底边落在冲切破坏角锥体以内时，可不进行冲切验算。（　）

12. 基础高度是通过构造来确定的。（　）

13. 内力组合时，屋面均布活荷载与雪荷载应同时考虑。（　）

14. 框架结构中，现浇框架节点的连接构造是否满足配筋构造要求，直接关系到整个框架是否安全可靠。（　）

15. 现浇钢筋混凝土框架梁端的箍筋加密区为 500mm。（　）

16. 现浇钢筋混凝土框架柱箍筋加密范围为节点上下各 500mm。（　）

17. 现浇钢筋混凝土框架柱的钢筋接头应避开箍筋加密区。（　）

18. 现浇钢筋混凝土框架梁的钢筋接头应避开箍筋加密区。（　）

19. 建筑物的抗震设防类别根据其地震后所造成后果的严重性，将建筑物划分为三个等级：一级、二级、三级。（　）

四、名词解释

1. 层间侧移
2. 强柱弱梁
3. 强剪弱弯
4. 轴压比
5. 约束边缘构件
6. 构造边缘构件

五、简答题

1. 多层和高层钢筋混凝土结构房屋主要有哪几种结构体系？各有何特点及适用范围？
2. 随着房屋高度的增加，竖向荷载与水平荷载对结构设计所起的作用是如何变化的？
3. 现浇框架梁截面抗弯刚度为何要扩大 1.5 倍或 2 倍？
4. 框架结构的计算简图如何确定？
5. 变形缝有哪几种？分别在什么条件下需要设置？
6. 试述 D 值法与反弯点法的异同点，各自优缺点及适用范围？
7. 用分层法计算框架在竖向荷载作用下的内力时，采用了哪些基本假定？
8. 水平荷载作用下反弯点法的基本假定是什么？
9. 为什么要控制高层建筑的水平位移？
10. 水平荷载作用下框架的变形有何特征？
11. 框架计算时，内力组合的目的是什么？
12. 如何确定框架梁、柱的控制截面？其最不利内力分别是什么？
13. 简述框架节点的构造。
14. 为什么要限制各种结构体系的高宽比及最大高度？
15. 剪力墙的配筋构造有何要求？
16. 剪力墙结构中，分布钢筋的作用是什么？构造要求有哪些？

17. 简述框架—剪力墙结构的受力特点。使框架和剪力墙协同工作的条件是什么？

18. 框架结构一般情况下应在什么部位加密箍筋？有何作用？

19. 多层和高层钢筋混凝土结构房屋的抗震等级是如何确定的？划分结构抗震等级的意义是什么？

20. 剪力墙可以分为哪几类？其受力特点有何不同？

21. 比较框架结构、剪力墙结构、框架—剪力墙结构的水平位移曲线，各类结构的变形有什么特点？

六、计算题

1. 某框架结构计算简图如图 9-5 所示，各杆线刚度的比值均为 1，$q=3\text{kN/m}$，$l=6\text{m}$。试用分层法计算并画出顶层 AB 梁的弯矩图。

2. 用 D 值法求如图 9-6 所示框架的弯矩图，其中括号内数字为各杆的相对线刚度。

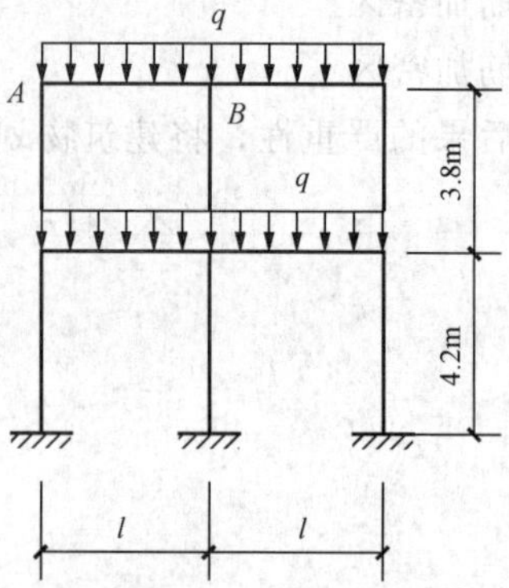

图 9-5　计算题 1 图

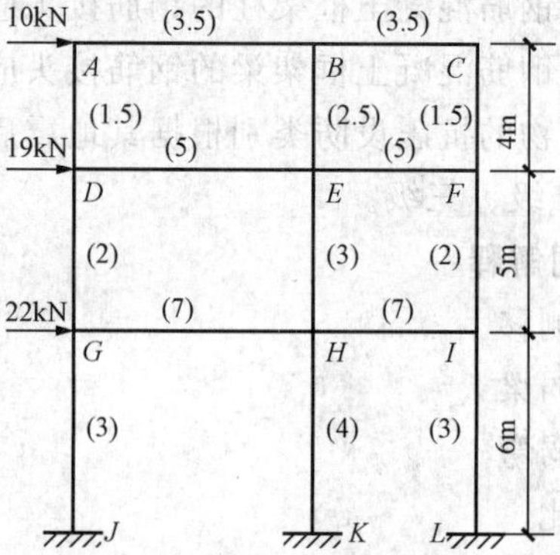

图 9-6　计算题 2 图

9.6 答 案 要 点

一、填空题

1. 剪力墙；框架—剪力墙。

2. 平面布置灵活；施工简单。

3. 直锚；弯锚。

4. 强柱弱梁；强剪弱弯；强节点强锚固。

5. 横向承重；纵向承重；混合承重。

6. $2.0E_cI_0$；$1.5E_cI_0$。

7. 活荷载。

8. 伸缩缝；沉降缝；抗震缝。

9. 弯矩二次分配法；分层法。

10. 框架侧移忽略不计，即不考虑框架侧移对内力的影响；

每层横梁上的荷载对其他各层横梁、柱内力的影响忽略不计，仅考虑对本层梁、柱的影响。

11. 0.9。

12. 反弯点法；D 值法。

13. α_c 为柱侧移刚度修正系数，它反映了节点转动对柱侧向刚度的降低影响，在一般情况下 $\alpha_c<1$。节点转动的大小取决于梁对节点的转动约束程度，梁刚度越大，对柱转动的约束能力越大；节点转角越小，α_c 就越接近于 1。

14. 反弯点；侧移刚度。

15. 弯曲型；剪切型；剪切型。

二、选择题

1. A；2. D；3. B；4. B；5. A；6. D；7. B；8. C；9. D；10. A；11. C；12. D；13. A；14. C；15. A；16. A。

三、判断题

1. ×；2. ×；3. ×；4. √；5. √；6. ×；7. √；8. ×；9. √；10. √；11. ×；12. ×；13. ×；14. ×；15. ×；16. ×；17. √；18. ×；19. ×。

四、名词解释

1. 层间位移是指同层柱上、下节点间的相对位移。

2. 强柱弱梁是结构抗震要求提出的一个设计概念，就是要求柱子不先于梁破坏。其原因是由于柱是框架结构中最重要的承重构件，且柱的截面变形能力远小于梁的变形能力，故应确保柱有足够的承载力和必要的延性。

3. 强剪弱弯是结构抗震要求提出的一个设计概念，就是要求结构构件的剪切破坏不先于弯曲破坏。因为“弯曲破坏”是延性破坏，而“剪切破坏”属于脆性破坏，要保证框架结构有一定的延性，就必须保证梁柱构件具有足够的延性。

4. 轴压比指柱组合的轴压力设计值与柱的全截面面积和混凝土轴心抗压强度设计值乘积之比值，即 $\mu=\dfrac{N}{f_cA}$，其中 μ 为轴压比，N 为轴力设计值，A 为截面面积，f_c 为混凝土抗压强度设计值。它反映了柱的受压情况，《抗震规范》和《规范》中都对柱轴压比规定了限制，限制柱轴压比主要是为了控制柱的延性，因为轴压比越大，柱的延性就越差，在地震作用下柱的破坏呈脆性。

5. 约束边缘构件是指在剪力墙的边缘端部、比较重要的受力较大结构部位设置的受力构件，11G101-1 图集中约束边缘构件主要有四种：端柱、暗柱、翼柱、转角柱，我们把这类构件就叫约束边缘构件，《抗震规范》对体积配箍率等要求更严，它与构造边缘最大的区别就是在体积配箍率和沿墙配箍区域不同。

6. 构造边缘构件是指在剪力墙的边缘端部设置的构件，其配筋满足构造要求即可。

五、简答题

1. （1）框架结构体系。框架结构是指由竖向构件柱子与水平构件梁通过节点连接而组成，一般由框架梁、柱与基础形成多个平面框架，作为主要的承重结构，各平面框架再通过连系梁加以连接而形成一个空间结构体系，可同时抵抗竖向及水平荷载。

框架结构具有建筑平面布置灵活，结构构件类型少，设计、计算、施工都比较简单的特点，但由于框架在水平荷载作用下其侧向刚度小、水平位移较大，因此建筑高度受到限制。

框架结构是多层及高层办公楼、住宅、商店、医院、旅馆、学校以及多层工业厂房采用较多的结构体系。适用于 10 层以下的建筑，最大适宜高度为 40m。

（2）剪力墙结构体系。剪力墙结构是由纵向和横向钢筋混凝土墙体互相连接构成的承重结构体系，用以抵抗竖向荷载及水平荷载。一般情况下，剪力墙结构楼盖内不设梁，采用现浇楼板直接支承在钢筋混凝土墙上，剪力墙既承受水平荷载作用，又承受全部的竖向荷载作用，同时也兼做建筑物的围护构件（外墙）和内部各房间的分隔构件（内墙）。

剪力墙结构体系集承重、抗风、抗震与分割为一体，具有空间整体性强，抗侧刚度大，抗震性能好，在水平荷载作用下侧移小等优点。但由于剪力墙的间距较小，平面布置不灵活、建筑空间受到限制，很难满足大空间建筑功能的要求。

剪力墙结构通常适用于开间较小的高层住宅、公寓、写字楼等建筑。适用建筑层数为10～40层，适宜高度为120m。

（3）框架—剪力墙体系。框架结构侧向刚度差，但具有平面布置灵活、立面处理易于变化等优点；而剪力墙结构抗侧力刚度大，对承受水平荷载有利，但剪力墙间距小，平面布置不灵活。在框架结构中设置适当数量的剪力墙，就形成框架—剪力墙结构体系，其综合了框架结构及剪力墙结构的优点，是一种适合于建造高层建筑的结构体系。

在框架—剪力墙体系中，虽然剪力墙数量较少，但它却是主要抗侧力构件，承担了绝大部分水平荷载，而竖向荷载主要由框架结构承受。剪力墙的适宜布置位置在电梯间、楼梯间，接近房屋的端部但又不在建筑物尽端，纵向与横向剪力墙宜互相交联成组布置成T形、L形、口形等形状。

框架—剪力墙体系集框架结构和剪力墙结构的优点于一体，具有较强的抗侧刚度和抗震性能，易于分割、使用方便的特点。广泛应用于多高层写字楼和宾馆等公共建筑中，建筑层数以8～20层为宜，最大适宜高度为80m。

（4）筒体体系。当建筑物的层数多、高度大、抗震设防烈度高时，需要采用抗侧刚度大、空间受力性能强的结构体系，筒体结构体系就是其中之一。

筒体体系是由剪力墙体系和框架—剪力墙体系演变发展而成，是将剪力墙或密柱框架（框筒）围合成侧向刚度更大的筒状结构，以筒体承受竖向荷载和水平荷载的结构体系。它将剪力墙集中到房屋的内部或外围，形成空间封闭筒体，既有较大的抗侧刚度，又获得较大的使用空间，使建筑平面设计更加灵活。

2. 随着房屋高度的增加，竖向荷载对结构设计所起的主导作用逐渐减弱，水平荷载起的作用逐渐占主导。

3. 由于框架梁跨中承受正弯矩，现浇楼板处于受压区参与梁的工作，楼板对框架梁的承载力和刚度均影响较大，为考虑楼板与梁的共同工作，所以要框架梁截面抗弯刚度要求以扩大系数。

4. 在各榀框架中，选取在结构上有代表性的框架作为计算单元进行内力分析和结构设计。框架结构的计算简图是以梁、柱截面的几何轴线来确定的。框架杆件用轴线表示，杆件之间的连接用节点表示，杆件长度用节点间的距离表示。框架梁的跨度取柱子轴线之间的距离，框架的层高即框架柱的长度可取相应的建筑层高，但底层的层高则应取自基础顶面到一层楼盖顶面之间的距离，当基础标高未能确定时，可近似取底层的层高加1.0m。对于现浇整体式框架，将各节点视为刚接节点，认为框架柱在基础顶面处为固定支座。

5. 变形缝有伸缩缝、沉降缝、抗震缝。

6. 反弯点法在计算柱的侧移刚度 d 时，假定横梁线刚度无限大，认为节点转角为零，框架各柱中的剪力仅与各柱间的线刚度比有关，且认为各柱的反弯点高度是一个定值，与实际情况并不完全相符，存在有较大的误差。实际结构中，梁柱相对线刚度比较接近，框架结构在荷载作用下各节点均有转角，柱的侧移刚度有所降低。D 值法是在反弯点法的基础上，考虑了框架节点转动对柱的抗侧移刚度和反弯点高度位置的影响。

7. 基本假定：

(1) 框架侧移忽略不计，即不考虑框架侧移对内力的影响。

(2) 每层横梁上的荷载对其他各层横梁、柱内力的影响忽略不计，仅考虑对本层梁、柱的影响。

8. (1) 假定梁与柱的线刚度比无限大，即认为节点各柱端无转角，且在同一层柱中各柱端的水平位移相等。

(2) 认为框架底层柱的反弯点位置在距柱底 2/3 高度处，其他各层柱反弯点位置均位于柱高中点处。

(3) 梁端弯矩可由节点平衡条件求出，并按节点左右梁的线刚度进行分配。

9. 在正常作用条件下，框架结构应处于弹性状态，且具有足够的刚度，结构侧移过大，会使人感觉不舒服，导致填充墙开裂、外墙饰面脱落，致使电梯轨道变形造成电梯运行困难，严重时还会引起主体结构产生裂缝，甚至引起倒塌。

10. 框架结构在水平荷载作用下产生侧移的通常由两部分组成：

(1) 由梁、柱弯曲变形所引起的侧移：柱和梁都有反弯点，形成侧向变形，称为总体剪切变形。其特点是框架下部层间侧移较大，越到上部层间侧移越小。

(2) 由框架柱的轴向变形所引起的侧移：柱的拉伸和压缩导致框架变形而形成侧移，称为总体弯曲变形。其特点是在框架上部层间侧移较大，越到底部层间侧移越小。

对于层数不多的框架，侧移主要是以总体剪切变形为主，柱轴向变形引起的侧移很小，可以忽略不计，通常只考虑由梁、柱的弯曲变形所引起的侧移。

11. 内力组合的目的就是为了求出各构件在控制截面处对截面配筋起控制作用的最不利内力，以作为梁、柱配筋的依据。

12. (1) 框架梁。框架梁的内力主要是弯矩 M 和剪力 V，框架梁的控制截面是梁端支座截面和跨中截面。

在竖向荷载作用下，支座截面可能产生最大负弯矩和最大剪力，在水平荷载作用下还会出现正弯矩；跨中截面一般产生最大正弯矩，有时也可能出现负弯矩。故框架梁的控制截面最不利内力组合有以下几种：

1) 梁端支座截面：$-M_{\max}$、$+M_{\max}$ 和 $V_{\max}$；

2) 梁跨中截面：$+M_{\max}$、$-M_{\max}$（可能出现）。

框架梁端支座截面，需按其 $-M_{\max}$ 确定梁端顶部的纵向受力钢筋，按其 $+M_{\max}$ 确定梁端底部的纵向受力钢筋，按其 $V_{\max}$ 确定梁中箍筋及弯起钢筋；对于跨中截面，则按跨中 $+M_{\max}$ 确定梁下部纵向受力钢筋，可能的情况下需按 $-M_{\max}$ 确定梁上部纵向受力钢筋。

(2) 框架柱。框架柱的内力主要是弯矩 M 和轴力 N，在同一层柱内剪力和轴力变化很小，而柱的上、下两端弯矩值很大。因此，框架柱的控制截面在柱的上、下端截面。

同一柱端截面在不同内力组合时，有可能出现正弯矩或负弯矩，考虑到框架柱一般采用对称配筋，组合时只需选择绝对值最大的弯矩。框架柱的控制截面最不利内力组合有以下几种：

1）$|M_{max}|$及相应的N、V；

2）N_{max}及相应的M、V；

3）N_{min}及相应的M、V。

13. 框架节点作为柱的一部分起到向下传递内力的作用，同时又是梁的支座，接受本层梁传递过来的内力，是框架结构设计中极重要的一环节。框架节点必须保证其连接的可靠性、经济合理性且便于施工，采取适当的节点构造措施可保证框架结构的整体空间受力性能。(详细论述略)

14. 高层建筑房屋的高度一般较大，在侧向力作用下，往往会产生较大的侧移，甚至有产生倾覆的可能，高宽比过大建筑物很难满足侧移控制、抗震和整体稳定性的要求。故应对高层建筑房屋的高宽比进行控制。

15. 从边缘构件、剪力墙身分别论述（详略）。

16. 剪力墙墙肢中应配置一定数量的水平方向和竖直方向的分布钢筋，其作用是：

(1) 使剪力墙有一定的延性，破坏前有明显的位移和预兆，防止突然脆性破坏。

(2) 当混凝土受剪破坏后，钢筋仍有足够的抗剪能力，剪力墙不会突然倒塌。

(3) 减少和防止产生温度裂缝。

(4) 当因施工拆模或其他原因使剪力墙产生裂缝时，能有效地控制裂缝继续发展。

剪力墙在边缘构件之外的第一道竖向分布钢筋距边缘构件的距离为竖向分布钢筋间距的1/2。抗震剪力墙中竖向和水平方向分布钢筋的最小配筋率均不应小于0.25%（一～三级）和0.20%（四级）；最大间距宜≤300mm，直径宜≤墙厚的1/10，且应≥8mm；为保证施工时钢筋网的刚度，竖向分布钢筋直径宜≥10mm。拉筋直径应≥6mm，间距应≤600mm，拉筋应与外皮钢筋钩牢。在底部加强部位，约束边缘构件以外的拉筋间距应适当加密。

17. 底部附近框架的侧移缩小而剪力墙的侧移增大，剪力墙被框架拉出，框架被剪力墙推进；顶部附近框架的侧移增大而剪力墙的侧移缩小，剪力墙被框架推进，框架被剪力墙拉出，从而达到变形相互协调，两者的协同工作使结构的层间变形趋于均匀，侧移曲线呈现弯剪型。由于框架和剪力墙之间的变形协调作用，当剪力墙的数量布置合理时，剪力墙将承担60%～80%的水平荷载，其余由框架承担，由于剪力墙具有较大的侧移刚度，这就充分发挥了剪力墙抵抗水平地震作用的能力；而框架所受到的楼层剪力自下而上趋于均匀，给框架结构设计和施工带来便利。框架—剪力墙结构由于剪力墙的存在，结构总体刚度加大，使得层间位移减小而均匀，因此，地震作用下的非结构性破坏大大减轻。

18. 梁端箍筋加密区的长度、箍筋的最大间距和最小直径见表9-1。

表9-1 梁端箍筋加密区的长度、箍筋的最大间距和最小直径

抗震等级	加密区长度（mm）（采用较大者）	箍筋最大间距（mm）（采用最小值）	箍筋最小直径（mm）
一	$2h_b$，500	$h_b/4$，$6d$，100	10
二	$1.5h_b$，500	$h_b/4$，$8d$，100	8
三	$1.5h_b$，500	$h_b/4$，$8d$，150	8
四	$1.5h_b$，500	$h_b/4$，$8d$，150	6

框支柱、剪跨比不大于 2 的柱以及一、二级抗震设防的框架角柱，应沿柱全高加密。短柱由于主要是剪切破坏，因而需要在柱全高范围内加密，见表 9-2。

表 9-2　柱箍筋加密区长度、箍筋最大间距和最小直径

抗震等级	箍筋最大间距（mm）（采用较小值）	箍筋最小直径（mm）	箍筋加密区范围（mm）（采用较大者）
一	$6d$，100	10	h（D） $H_n/6$（柱根 $H_n/3$） 500
二	$8d$，100	8	
三	$8d$，150（柱根 100）	8	
四	$8d$，150（柱根 100）	6（柱根 8）	

19.《抗震规范》根据设防类别、烈度、结构类型和房屋高度等因素，将其抗震要求以抗震等级表示，丙类建筑抗震等级分为四级。

抗震等级的划分，体现了对不同抗震设防类别、不同结构类型、不同烈度、同一烈度但不同高度的钢筋混凝土房屋结构延性要求的不同，以及同一构件在不同结构类型中延性要求的不同，对不同抗震等级的建筑物采取不同的抗震措施，以利于做到经济而有效的设计。

20. 剪力墙结构的内力和位移与墙体开洞情况有关，根据墙体的开洞大小和截面应力的分布特点，可将剪力墙分为整截面剪力墙、整体小开口剪力墙、联肢剪力墙和壁式框架四类。

21. 框架结构在水平荷载作用下的变形呈现整体剪切变形：底部几层层间侧移增长较快，随着高度的增加，层间侧移增长逐步放缓，其水平位移主要是由框架梁、柱的弯曲变形形成。在水平荷载作用下框架的受力特点是：框架的楼层剪力从上至下不断增加，底层剪力最大，因而框架梁、柱的内力也是底部最大，随高度增加，内力逐步减小。

剪力墙结构在水平荷载作用下的变形曲线，其特点是呈整体弯曲变形：底部几层层间侧移增长缓慢，随着高度的增加，层间侧移的增长逐步加快，与悬臂梁类似，其水平位移主要是剪力墙的弯曲变形形成。在水平荷载作用下剪力墙的受力特点是：剪力墙截面的弯矩从上至下不断增加，底部弯矩最大。

框架—剪力墙结构通过各层楼盖结构将框架和剪力墙联系在一起，使得两者在各楼层处具有相同的侧移，形成一个整体，共同承担水平荷载。由于框架和剪力墙之间的联系形成超静定结构，强迫其变形协调必将引起它们之间产生相互作用力，从而改变框架和剪力墙的受力特点和变形性质。框架—剪力墙结构在水平荷载作用下的变形曲线：底部附近框架的侧移缩小而剪力墙的侧移增大，剪力墙被框架拉出，框架被剪力墙推进；顶部附近框架的侧移增大而剪力墙的侧移缩小，剪力墙被框架推进，框架被剪力墙拉出，从而达到变形相互协调，两者的协同工作使结构的层间变形趋于均匀，侧移曲线呈现弯剪型。

六、计算题

1. 计算步骤：分层；计算弯矩分配系数；计算固端弯矩；弯矩分配与传递；叠加并绘弯矩图。将分层法所得的各层框架弯矩进行叠加，并将各节点不平衡弯矩作一次分配。

注意：将底层柱除外的所有各层柱的线刚度 i_c 均乘以 0.9 的折减系数；弯矩传递系数除底层柱为 1/2 外，其余各层柱均为 1/3。

2. 计算步骤：

（1）计算各柱侧移刚度：$D=\alpha_c \dfrac{12i_c}{h^2}$，其中 $i_c=\dfrac{EI}{h}$称为柱的线刚度，h 为层高，α_c 为柱侧移刚度修正系数。

（2）确定反弯点位置为

$$yh=(y_0+y_1+y_2+y_3)h$$

（3）把楼层剪力分配到该层每个柱，求出该层各柱剪力。

（4）根据各柱分配到的剪力及反弯点位置，计算柱端弯矩。

（5）根据节点平衡计算梁端弯矩。

（6）根据力的平衡原理，由梁两端的弯矩求出梁的剪力。

第10章 砌体结构基本知识

10.1 内 容 提 要

通过本章的学习，可使学生了解砌体材料的种类、强度等级以及砌体类型；熟悉无筋砖砌体受压构件的受力性能及影响砌体抗压强度的有关因素，无筋砖砌体受压构件、局部承压承载力的计算方法；了解混合结构房屋承重墙体布置方案及传力途径；了解混合结构房屋静力计算方案的划分；熟悉刚性方案多层房屋墙体设计计算方法；掌握墙体设计的构造要求、墙柱高厚比影响因素和验算的方法；了解过梁、悬挑构件的受力特点和构造要求；掌握多层砌体抗震和无抗震要求的构造要求。

10.2 学习重点及难点

10.2.1 砌体材料及其力学性能

一、砌体材料和砌体种类

1. 块体材料

块体材料分为人工砖石和天然石材两大类，房屋建筑工程多采用的人工砖石又分为烧结类砖和非烧结类砖两类。块体材料的强度等级由标准试验方法所得的块体极限抗压强度平均值来确定，用符号"MU"表示。块材强度等级具体见《砌体规范》。

2. 砂浆

砂浆在砌体中的作用是将块材连成整体并使应力均匀分布，保证砌体结构的整体性。此外，由于砂浆填满块材间的缝隙，减少了砌体的透气性，提高了砌体的隔热性及抗冻性。

砂浆按其组成材料的不同，分为水泥砂浆、混合砂浆和石灰砂浆。

砂浆的强度等级是用龄期为28d的边长为70.7mm立方体试块所测得的极限抗压强度平均值来确定的，用符号"M"表示。砂浆强度等级具体见《砌体规范》。

二、砌体的种类

砌体分为无筋砌体和配筋砌体两大类。无筋砌体不配置钢筋，仅由块材和砂浆组成，包括砖砌体、砌块砌体和石砌体；配筋砌体可分为配筋砖砌体和配筋砌块砌体，其中配筋砖砌体又可分为网状配筋砖砌体、组合砖砌体、砖砌体和钢筋混凝土构造柱组合墙。

网状配筋砖砌体用于轴心受压或偏心很小时，其原理是利用嵌固在灰缝内的钢筋网约束砌体纵向受压时的横向变形，从而提高构件承载力；组合砖砌体主要用于偏心较大时，其原理是利用面层内的竖向钢筋承担由偏心而产生的竖向拉应力，同时约束芯部砌体的变形，从而提高构件承载力，工程中可用于增层改造的墙或柱；砖砌体和钢筋混凝土构造柱组合墙是通过在砖砌体中设置钢筋混凝土构造柱和圈梁，使砖砌体墙与钢筋混凝土构造柱和圈梁组成一个整体结构共同受力，既可提高构件的承载力，还增强了房屋的变形与抗倒塌能力。

三、砌体的受压性能

1. 受压砌体的受力特点

试验表明，砌体的抗压强度远小于块材的抗压强度，且砌体中的单砖块体开裂过早，在荷载尚不大时已出现竖向裂缝。导致这一现象的原因有以下三点：

(1) 由于砖本身的形状不完全规则、灰缝处砂浆厚度铺砌不均匀，使得单砖在砌体内并不是均匀受压，而是处于受弯和受剪状态。

(2) 砌体在受压横向变形时，砂浆的横向变形比块体大，导致块体受拉，使块体处于竖向受压、横向受拉的状态。

(3) 由于块体间的竖向灰缝不饱满、不密实，不能保证砌体的整体性，造成块体间的竖向灰缝处存在应力集中现象，加快了块体的开裂。

块体是脆性材料，其本身的抗弯、抗剪、抗拉强度很低，在压、弯、剪、拉的复杂应力状态下，使块体的抗压能力不能充分发挥，所以砌体的抗压强度总低于块材的抗压强度。

2. 影响砌体抗压强度的主要因素

(1) 块材和砂浆强度。块材的强度对砌体强度的影响较显著。

(2) 砂浆的性能。主要取决于砂浆的流动性和密实性。

(3) 块材的形状、尺寸及灰缝厚度。块材的外形规则平整、块材的厚度大、灰缝厚度适中且均匀，砌体的抗压强度较高。

(4) 砌筑质量。砂浆的饱满度、块体的含水率、砌筑水平和质量、现场管理水平等均对砌体的抗压强度有着很大的影响。

10.2.2 砌体结构构件承载力计算

一、无筋砌体受压构件

1. 砌体结构的设计方法

采用以概率理论为基础的极限状态设计方法，其表达式与混凝土结构类似。除按承载力极限状态设计外，还应满足正常使用极限状态的要求。正常使用极限状态的要求，由相应的构造措施予以保证。

2. 无筋砌体受压构件承载力

(1) 受力状态。无筋砌体受压构件在截面、材料一定的条件下，构件的承载力随着偏心距的增大而越低，还随着构件高厚比 $\beta=H_0/h$ 的增大而越低。因此，为保证砌体具有一定的受压承载力，《砌体规范》规定，轴向力的偏心距 e 应 $\leqslant 0.6y$，y 为截面重心到轴向力所在偏心方向截面边缘的距离。

(2) 无筋砌体受压构件的承载力计算

$$N\leqslant \varphi f A \tag{10-1}$$

应注意的问题有：

1) 不同砌体类型对构件承载力有影响，通过对高厚比 β 乘以调整系数 γ_β 予以考虑；

2) 对矩形截面构件，当轴向力偏心方向的截面边长大于另一方向的边长时，除按偏心受压计算外，还应对较小边长方向进行轴心受压承载力验算；

3) 构件应满足轴向力偏心距 $e\leqslant 0.6y$ 限值的要求。

4) 不同块体种类的砌体、不同的施工质量控制等级对砌体的抗压强度设计值 f 均有影响，故通过砌体强度设计值的调整系数 γ_a 予以考虑：无筋砌体构件截面面积 $A<0.3\text{m}^2$ 时

$\gamma_a=A+0.7$；配筋砌体构件 $A<0.2\text{m}^2$ 时 $\gamma_a=A+0.8$；采用水泥砂浆砌筑时，$\gamma_a=0.9$；施工质量控制等级为C级时，$\gamma_a=0.89$；施工阶段验算房屋的构件时 $\gamma_a=1.1$。

二、无筋砌体的局部受压

1. 砌体局部受压的特点

当砌体截面上作用局部均匀压力时（如独立柱支承在基础顶面），称为局部均匀受压；当砌体截面上作用局部非均匀压力时（如屋架、大梁支承在砖墙上），则称为局部不均匀受压。

砌体局部受压时的抗压强度高于一般受压时的抗压强度。主要是由于位于局压面积下砌体的横向变形受到周围砌体的约束，使该处砌体处于三向受压的应力状态；同时局部受压面上砌体的压应力迅速向周围砌体扩散传递，均是砌体局部抗压强度提高的原因。

2. 局部均匀受压承载力计算

$$N_l\leqslant\gamma fA_l \tag{10-2}$$

$$\gamma=1+0.35\sqrt{\frac{A_0}{A_l}-1} \tag{10-3}$$

砌体局部抗压强度的提高与局部受压面积在砌体构件中所处的位置有关，其提高程度通过局部抗压强度提高系数 γ 考虑：处于四面约束时 $\gamma\leqslant2.5$，处于三面约束时 $\gamma\leqslant2.0$，处于二面约束时 $\gamma\leqslant1.5$，处于一面约束时 $\gamma\leqslant1.25$。

3. 砌体局部不均匀受压（梁端支承处）承载力

（1）受力特点：

1）梁端传递压力的有效支承长度 $a_0\leqslant$ 实际支承长度 a，$a_0=10\sqrt{\frac{h_c}{f}}$；

2）有效支承长度 a_0 上压应力呈抛物线形分布，梁作用一侧墙体内缘处压应力最大；

3）梁端压力 N_l 作用点位置在靠近墙体内缘 $0.4a_0$ 处；

4）局压面积 A_l 上，除梁端压力 N_l 外，还要考虑上部荷载产生的轴向力 N_0 作用，但由于支座下砌体局部变形形成“卸荷内拱”，应予以折减。

（2）局压承载力计算

$$\psi N_0+N_l\leqslant\eta\gamma fA_l \tag{10-4}$$

4. 垫块构造要求

《砌体规范》要求，刚性垫块的高度 $t_b\geqslant180\text{mm}$，垫块挑出梁边的长度不应大于垫块高度 t_b；在带壁柱墙的壁柱内设刚性垫块时，壁柱上垫块伸入翼墙内的长度不应小于120mm。

10.2.3　砌体结构房屋墙体设计

一、混合结构房屋的结构布置

混合结构房屋中，承重墙体的布置直接影响着房屋总造价、房屋的空间刚度、房屋平面的划分和空间的大小。按结构承重体系和荷载传递路线的不同，房屋承重体系大致可分为横墙承重方案、纵墙承重方案、纵横墙承重方案和内框架承重方案。

其中，横墙承重方案由于房屋空间刚度较大、整体性好，对抗风、抗震及调整地基不均匀沉降有利，方案最佳；纵墙承重方案由于房屋空间刚度较差、整体性较差，对抗震不利；采用现浇整体式楼盖的混合结构属于纵横墙承重方案；内框架承重方案由于采用不同的竖向承重材料，柱下和墙下基础的沉降量差别较大，易产生较大的附加内力而导致墙体开裂，故而现在很少采用。

二、混合结构房屋的静力计算方案

1. 混合结构房屋的空间工作

房屋的空间刚度就是指房屋组成构件参与共同工作的程度。主要取决于楼（屋）盖的水平刚度、横墙间距的大小和横墙自身刚度。当楼（屋）盖的水平刚度大，横墙间距小，横墙自身刚度大时，房屋的空间工作性能越好，即空间刚度越大，则在水平荷载作用下，水平侧移小；反之，则房屋的空间刚度小，在水平荷载作用下，水平侧移大。

2. 房屋静力计算方案的分类

混合结构房屋静力计算方案主要依据楼（屋）盖刚度、横墙间距两个因素，划分为刚性方案、刚弹性方案和弹性方案三种，不同方案在结构设计计算时采用的计算简图是不同的：

（1）刚性方案。刚性方案的特点是：横墙间距 s 较小、楼（屋）盖水平刚度较大，在水平荷载作用下房屋的水平位移很小（可忽略）。其计算简图是将承重墙视为一根竖向构件，将楼（屋）盖作为墙体的不动铰支座。

（2）弹性方案。弹性方案的特点是：横墙间距 s 较大、楼（屋）盖水平刚度较小，在水平荷载作用下房屋纵墙顶端水平位移很大。其计算简图按平面排架计算，把楼（屋）作为联系两侧纵墙的连系杆，认为屋盖或楼盖对纵墙起不到任何帮助作用。

（3）刚弹性方案。刚弹性方案的特点是：楼（屋）盖具有一定的水平刚度，横墙间距 s 不太大，在水平荷载作用下房屋的水平位移介于弹性方案和刚性方案之间。其计算简图时，按楼（屋）盖处具有弹性支承的平面排架计算，认为横墙和楼（屋）盖对纵墙有一定的支承作用。

三、墙、柱高厚比验算

验算高厚比的目的，是防止墙、柱在施工和使用阶段因侧向挠曲和倾斜而产生过大变形，以保证其稳定性的一项重要构造措施。

1. 允许高厚比 $[\beta]$

允许高厚比 $[\beta]$ 是墙、柱高厚比的限值，其取值与墙、柱的承载力计算无关，取决因素有：砂浆强度等级、横墙的间距、砌体的种类及截面形式、支承条件、承重情况以及洞口的开设等。

2. 墙、柱的高厚比验算

（1）矩形截面墙、柱高厚比的验算

$$\beta=\frac{H_0}{h}\leqslant\mu_1\mu_2[\beta] \tag{10-5}$$

（2）带壁柱墙和带构造柱墙的高厚比验算。对带壁柱或带构造柱的墙体，既要保证整片墙的稳定性，又要保证壁柱之间墙体的稳定性。需分两步验算高厚比。应该注意的是，在分别进行整片墙、壁柱间墙或构造柱间墙的高厚比验算时，s 的取值是不一样。

1）整片墙的高厚比验算

$$\beta=\frac{H_0}{h_T}\leqslant\mu_1\mu_2[\beta] \tag{10-6}$$

2）壁柱间墙或构造柱间墙的高厚比验算。壁柱间墙或构造柱间墙的高厚比验算均按式（10-5）进行。

四、刚性方案房屋墙、柱的计算

1. 多层房屋承重纵墙的计算

(1) 计算单元及计算简图。

计算单元：取一个开间的墙体，承受荷载范围的宽度取相邻两开间的各 1/2 开间。

计算简图：在竖向荷载作用下，多层房屋承重纵墙简化为在每层高度范围内两端铰支的竖向构件；在水平荷载的作用下，多层房屋承重纵墙可视为一竖向连续构件。

(2) 承重纵墙的内力计算。

1) 竖向荷载作用下的内力计算。由于假定墙体的上、下端均为铰接，则在计算某层墙体内力时，墙体承受的竖向荷载包括上面各楼层荷载的总和 N_u、本层梁（板）传来的竖向荷载 N_l 和本层墙体自重 N_G。每层墙体的弯矩图为三角形。

2) 水平荷载作用下的内力计算。在水平风荷载作用下，墙体可视为竖向连续构件，纵墙的支座及跨中弯矩可近似取

$$M=\pm\frac{1}{12}qH_i^2 \tag{10-7}$$

(3) 控制截面及承载力验算。若墙厚、材料强度等级相同时，承重纵墙的控制截面位于底层墙的墙顶截面和墙底（基础顶面）截面；若墙厚或材料强度等级有变化时，除底层墙的墙顶和墙底截面是控制截面外，墙厚或材料强度等级开始变化层的墙顶和墙底也是控制截面。

墙顶截面弯矩最大，按偏心受压构件计算承载力，并应验算梁端下砌体的局部受压承载力；墙底截面轴向压力最大，按轴心受压构件验算承载力。

对于有门窗洞口的纵墙，其控制截面的计算截面应取窗间墙截面。

2. 多层房屋承重横墙的计算

多层刚性方案房屋承重横墙在竖向荷载作用下的计算基本与承重纵墙相同。与承重纵墙不同之处是：

(1) 取 1m 宽横墙作为计算单元（开设洞口少）。

(2) 不考虑风荷载作用。

(3) 承重横墙的控制截面，当横墙两侧楼盖传来的荷载相同时，整个墙体为轴心受压，控制截面为每层墙体的底部截面。如两侧开间不等，或楼板构造不同时，则顶部截面承受偏心压力作用，还应按偏心受压构件验算该截面承载力。当有楼盖大梁支承于横墙上时，还应验算大梁底面砌体的局部受压承载力。

10.2.4 砌体结构中的过梁及悬挑构件

一、过梁

1. 过梁上的荷载

(1) 梁、板荷载。对于砖和小型砌块砌体，当梁、板下的墙体高度 $h_w<l_n$（为过梁的净跨度）时，应考虑梁、板传来的荷载全部作用在过梁上。当梁、板下的墙体高度 $h_w\geqslant l_n$ 时，可不考虑梁、板荷载，认为其全部由墙体内拱作用直接传至过梁支座。

(2) 墙体荷载。对砖砌体，当过梁上的墙体高度 $h_w<l_n/3$ 时，应按全部墙体的均布自重采用；当 $h_w\geqslant l_n/3$ 时，应按高度为 $l_n/3$ 墙体的均布自重采用。

对混凝土砌块砌体，当 $h_w<l_n/2$ 时，应按全部墙体的均布自重采用；当 $h_w\geqslant l_n/2$ 时，

应按高度为 $l_n/2$ 墙体的均布自重采用。

2. 过梁的破坏形态

(1) 砖砌过梁：

1) 正截面受弯承载力不足。

2) 支座附近受剪承载力不足。

3) 墙端部沿灰缝截面受剪承载力不足。

(2) 钢筋混凝土过梁：

1) 正截面受弯承载力不足。

2) 斜截面受剪承载力不足。

3) 过梁端部砌体局部受压不足。

二、悬挑构件

1. 悬挑构件的受力性能

如果钢筋混凝土挑梁本身承载力足够，则挑梁在砌体中可能发生以下两种破坏：

(1) 挑梁倾覆破坏。当挑梁埋入段长度 l_1 较短而砌体强度足够时，挑梁将产生倾覆破坏。

(2) 挑梁下砌体局部受压破坏。当挑梁埋入段长度 l_1 较长而砌体强度较低时，则可能发生埋入段前端挑梁下砌体被局部压碎的情况，即局部受压破坏。

2. 挑梁的构造要求

挑梁设计除应符合《规范》的有关规定外，尚应满足下列要求：

(1) 纵向受力钢筋至少应有 1/2 的钢筋面积伸入梁尾端，且不少于 2 φ 12。其余钢筋伸入支座的长度不应小于 $2l_1/3$。

(2) 挑梁埋入砌体长度 l_1 与挑出长度 l 之比宜大于 1.2；当挑梁上无砌体时，l_1 与 l 之比宜大于 2。

10.2.5 多层砌体结构的构造措施（非抗震设防要求）

一、墙、柱的一般构造要求

1. 截面尺寸要求

(1) 承重的独立砖柱截面尺寸不应小于 240×370mm。

(2) 毛石墙厚度不宜小于 350mm；毛料石柱较小边长不宜小于 400mm。

2. 支承与连接锚固要求

(1) 钢筋混凝土梁、板与竖向承重砌体的连接。预制钢筋混凝土梁、板在钢筋混凝土圈梁和砌体墙上的支承长度与连接构造措施，要求必须有足够的支承长度并连接可靠。

(2) 墙体之间的连接。墙体转角处和纵横墙交接处应沿墙体竖向每隔 400～500mm 设拉结钢筋，其数量为每 120mm 墙厚不少于 1 根直径 6mm 的钢筋；或采用焊接钢筋网片，埋入长度从墙的转角或交接处算起，实心砖墙每边不小于 500mm，对多孔砖墙和砌块墙比小于 700mm。

3. 砌体中留槽洞及埋设管道的要求

(1) 不应在截面长边小于 500mm 的承重墙体、独立柱内埋设管线。

(2) 不宜在墙体中穿行暗线或预留、开凿沟槽，无法避免时应采取必要的措施或按削弱后的截面验算墙体的承载力。

4. 设置垫块、壁柱或构造柱的条件

(1) 垫块的设置。跨度大于6m的屋架和跨度大于下列数值的梁，应在支承处砌体上设置混凝土或钢筋混凝土垫块；当墙中设有圈梁时，垫块与圈梁宜浇成整体。砖砌体为4.8m；砌块和料石砌体为4.2m；毛石砌体为3.9m。

(2) 壁柱或构造柱的设置。当梁跨度大于或等于下列数值时，其支承处宜加设壁柱或采取其他加强措施：

240mm厚砖墙为6m；180mm厚砖墙为4.8m；砌块、料石墙为4.8m。

5. 砌块砌体的构造

(1) 砌块砌体应分皮错缝搭砌，上下皮搭砌长度不得小于90mm。当搭砌长度不满足上述要求时，应在水平灰缝内设置不少于2Φ4、横筋间距不大于200mm的焊接钢筋网片，网片每端均应超过该垂直缝，其长度不得小于300mm。

(2) 砌块墙与后砌隔墙交接处，应沿墙高每400mm在水平灰缝内设置不少于2Φ4、横筋间距不大于200mm的焊接钢筋网片。

(3) 混凝土砌块墙体的下列部位，如未设圈梁或混凝土垫块，应采用不低于Cb20灌孔混凝土将孔洞灌实。

1) 格栅、檩条和钢筋混凝土楼板的支承面下，高度不应小于200mm的砌体。

2) 屋架、梁等构件的支承面下，高度不应小于600mm，长度不应小于600mm的砌体。

3) 挑梁支承面下，距墙中心线每边不应小于300mm，高度不应小于600mm的砌体。

二、圈梁

1. 圈梁的作用

设置圈梁可增强房屋的整体刚度，防止由于地基不均匀沉降或较大振动荷载作用对墙体产生的不利影响；可减小墙体的计算高度，提高墙体的稳定性；跨越门窗洞口的圈梁，还可兼作过梁。

2. 圈梁的设置

《规范》规定，宿舍、办公楼等多层砌体民用房屋，层数为3～4层时，应在檐口标高处设置一道圈梁。当层数超过4层时，应在所有纵横墙上隔层设置。多层砌体工业房屋，应每层设置现浇钢筋混凝土圈梁。设置墙梁的多层砌体房屋应在托梁、墙梁顶面和檐口标高处设置现浇钢筋混凝土圈梁，其他楼层处在所有纵横墙上每层设置。

3. 圈梁的构造要求

(1) 圈梁应连续闭合，当圈梁遇有洞口被截断时，应在洞口上部增设相同截面的附加圈梁，且附加圈梁与圈梁的搭接长度应满足《规范》相关要求。

(2) 纵横墙交接处的圈梁应有可靠的连接。圈梁的宽度宜与墙厚相同，当墙厚$h\geqslant$240mm时，其宽度不宜小于$2h/3$。圈梁截面高度不应小于120mm，纵向钢筋不应小于4Φ10，绑扎接头的搭接长度按受拉钢筋考虑，箍筋间距不应大于300mm。

(3) 当圈梁兼作过梁时，过梁部分的钢筋应按计算用量另行增配。

三、防止或减轻墙体开裂的主要措施

砖砌体中发生裂缝的主要原因有地基不均匀沉降、承载力不足以及温度变化等，承载力不足引起的裂缝通过承载力设计计算予以避免，而地基不均匀沉降以及温度变化则通过构造上采取构造措施防止或避免。

1. 防止或减轻墙体由于不均匀沉降引起墙体开裂的主要措施

预防或减轻地基不均匀沉降引起墙体裂缝的主要措施有：

(1) 合理设置沉降缝。对体型复杂、高度相差较大的部位和地基压缩性有显著差异处，应设置沉降缝。

(2) 加强基础和上部结构的整体刚度。如采用交叉条基、桩基等；在建筑物上部按《砌体规范》要求设置圈梁（尤为基础顶和檐口部位的圈梁），并与构造柱形成封闭的整体刚度很大的空间结构。

(3) 结构处理措施。同一单元的建筑，应采用相同的基础；尽量减少纵墙的间断，缩小承重横墙的间距；保证房屋两端部得墙体宽度；采用架空地板代替室内后填土等。

(4) 施工措施。合理安排施工程序，分期施工。如先建较重单元和埋深大的基础；易受相邻建筑物影响的基础后施工等。

2. 防止或减轻墙体由温度和收缩变形引起墙体开裂的主要措施

预防温差和干缩引起墙体裂缝的主要措施有：

(1) 按《砌体规范》规定，设置伸缩缝。

(2) 屋面设置保温、隔热层；采用装配式有檩体系钢筋混凝土屋盖和瓦材屋盖。

(3) 除门窗过梁外，设钢筋混凝土窗台板，在顶、底层应通长设置。

(4) 按《砌体规范》要求在墙转角、纵横墙交接处等易出现裂缝的部位，加强构造措施。

(5) 施工时可设后浇带，加强养护；屋面施工避开高温季节等。

10.2.6 多层砌体结构抗震构造措施

一、多层砌体结构房屋抗震设计一般规定

1. 房屋总高度、层数和高宽比的限值

工程实践表明，房屋的破坏程度和倒塌率与房屋层数和总高度几乎成正比关系。因此，《抗震规范》根据设防烈度的不同，对多层砌体房屋的总高度和层数进行了限制，对医院、教学楼等横墙较少，以及很少的房屋，总高度及层数还应相应地降低和减少。

2. 房屋高宽比的限制

为了保证房屋足够的稳定性和整体抗弯能力，避免地震时发生整体弯曲、倒塌，《抗震规范》根据设防烈度的不同，对房屋总高度和总宽度的最大比值（即最大高宽比）提出了限制要求。

3. 房屋抗震横墙的间距

由于多层砌体房屋的横向地震力主要由横墙承担，横墙间距的大小，决定着房屋的空间工作性能（即空间刚度）的好坏，横墙间距越大，房屋的空间刚度越小，地震时房屋倒塌严重，因此《抗震规范》限制了房屋抗震横墙的最大间距。

二、多层砌体结构抗震构造措施

1. 加强结构的连接

(1) 墙体之间的连接。纵横墙交接处宜同时咬槎砌筑，否则应留斜槎；外墙转角及内外墙交接处，沿墙高配置 2Φ6/500mm 拉结钢筋，每边伸入墙宜≥1m；后砌非承重墙配置 2Φ6/500mm 钢筋与承重墙或柱拉接，每边入墙应≥500mm；8、9 度时长度大于 5m 的后砌隔墙，墙顶尚应与楼板或梁拉结。

(2) 楼、屋盖与墙体的连接。现浇钢筋混凝土楼(屋)面板伸进纵、横墙内的长度应≥120mm;装配式楼(屋)面板,板端伸进墙体的长度应≥120mm(外墙)或≥100mm(内墙),当板跨大于4.8m并与外墙平行时,靠外墙的预制板侧边应与墙或圈梁拉结。

对房屋端部大房间的楼盖,6度时房屋的屋盖和7~9度时房屋的楼、屋盖,当圈梁设在板底时,钢筋混凝土预制板应相互拉结,并应与梁、墙或圈梁拉结。

楼、屋盖的钢筋混凝土梁或屋架应与墙、柱(包括构造柱)或圈梁可靠连接;不得采用独立砖柱。跨度不小于6m大梁的支撑构件应采用组合砌体等加强措施,并满足承载力的要求。

2. 钢筋混凝土构造柱

钢筋混凝土构造柱,可以部分地提高墙体的抗剪承载力,大大增强房屋的变形能力,对提高砌体房屋的抗震能力有着重要的作用。

构造柱与墙连接处应砌成马牙槎,并应沿墙高设2Φ6/500mm水平钢筋和Φ4分布短筋平面内点焊组成的拉结网片或Φ4点焊钢筋网片,每边伸入墙内不宜小于1m。6、7度时底部1/3楼层,8度时底部1/2楼层,9度时全部楼层,上述拉结钢筋网片应沿墙体水平通长设置。

构造柱与圈梁连接处,构造柱的纵筋应在圈梁纵筋内侧穿过,保证构造柱纵筋上下贯通。

钢筋混凝土构造柱的设置和其他相关构造要求具体见《抗震规范》。

3. 圈梁

圈梁可加强墙体间以及墙体与楼盖间的连接,增强房屋的整体性和空间刚度;与构造柱组合可有效地约束墙体裂缝的开展,提高墙体的抗震能力。

装配式钢筋混凝土楼、屋盖的砖房,横墙承重时应按《抗震规范》的要求设置圈梁;纵墙承重时每层均应设置圈梁,且抗震横墙上的圈梁间距应比表内要求适当加密。

现浇或装配整体式钢筋混凝土楼、屋盖与墙体有可靠连接的房屋,可允许不另设圈梁,但楼板沿墙体周边应加强配筋并应与相应的构造柱钢筋可靠连接。

圈梁的设置和其他相关构造要求具体见《抗震规范》。

4. 重视楼梯间的设计

楼梯间作为房屋建筑的垂直疏散和救灾通道,其安全与否起着至关重要的作用,为此《抗震规范》规定,楼梯间设计必须满足以下要求:

(1) 楼梯间墙体的加强

顶层楼梯间墙体应沿墙高设2Φ6/500mm通长钢筋和Φ4分布短筋平面内点焊组成的拉结网片或Φ4点焊钢筋网片。

7~9度时其他各层楼梯间墙体应在休息平台或楼层半高处设置60mm厚、纵向钢筋不应少于2Φ10的钢筋混凝土带或配筋砖带,配筋砖带不小于3皮,每皮的配筋不小于2Φ6其砂浆强度等级不应低于M7.5且不低于同层墙体的砂浆强度等级。

(2) 楼梯间及门厅内墙阳角处的大梁支承长度应≥500mm,并应与圈梁连接。

(3) 装配式楼梯段应与平台梁可靠连接;8~9度时不应采用装配式楼梯段;不应采用墙中悬挑式踏步或踏步竖肋插入墙体的楼梯,不应采用无筋砖砌拦板。

(4) 对于突出屋顶的楼、电梯间,构造柱应伸到顶部,并与顶部圈梁连接,所有墙体应沿墙高每隔500mm设2Φ6通长钢筋和Φ4分布短筋平面内点焊组成的拉结网片或Φ4点焊钢筋网片。

10.3 解题指导及典型例题分析

【例10-1】 某六层混凝土空心小型砌块住宅底层的承重内横墙，采用轻骨料混凝土砌块，墙厚240mm，用MU10砌块和Mb5砂浆砌筑，施工质量控制等级为B级，层高2.8m，基础顶面在室内地面下0.5m，墙顶承受轴向力设计值为180kN/m，纵墙间距4.8m，砌块墙双面粉刷，自重为$4.8kN/m^2$（含双面粉刷层）。试验算其受压承载力。

解：（1）砌体抗压强度设计值f。

墙体横截面面积$>0.3m^2$，施工质量控制等级B级，均不需考虑调整系数γ_a。

由MU10砌块和Mb5砂浆砌筑，查得$f=2.45N/mm^2$

（2）求控制截面（底层墙底）的轴向力设计值（取底层墙进行验算）

$H=2.8+0.5=3.3m$（底层墙体下部取至基础顶面）

底层墙体自重　$G_k=3.3\times4.8=15.84kN/m$

墙体承受荷载设计值

$$N=180+\gamma_G G_k=180+1.2\times15.84=199kN/m$$

（3）墙体承载力验算（取1m宽墙体为计算单元）

$$H=3.3m<s=4.8m<2H=6.6m$$

查教材表10-9，计算高度取$H_0=0.4s+0.2H=2.58m$

轻骨料混凝土砌块砌体$\gamma_\beta=1.1$，$[\beta]=24$

$$\beta=\gamma_\beta\frac{H_0}{h}=1.1\times\frac{2580}{240}=11.83<[\beta]，e/h=0，查得\varphi=0.63$$

则墙体承载力为

$$\varphi fA=0.63\times2.45\times240\times1000=370.4kN/m>199kN/m$$

满足要求。

【例10-2】 在1500mm×240mm的窗间墙中部支承一钢筋混凝土大梁，梁端传来的支承反力$N_l=70kN$，窗间墙范围内上层墙体传来的荷载设计值$N_u=180kN$，砖墙采用MU10多孔砖、M5混合砂浆砌筑，如图10-1所示。梁截面尺寸为200mm×550mm，支承长度为240mm。试验算梁端支承处砌体的局部受压承载力是否满足要求。

解：由MU10多孔砖和M5混合砂浆，查得$f=1.5N/mm^2$。

梁端底面压应力图形完整系数$\eta=0.7$。

梁有效支承长度　$a_0=10\sqrt{\frac{h_c}{f}}=10\sqrt{\frac{550}{1.5}}=191.5mm<a=240mm$

梁端局部受压面积　$A_l=a_0b=191.5\times200=38\,300mm^2$

局部抗压强度计算面积　$A_0=(b+2h)h=(200+2\times240)\times240=163\,200mm^2$

$\frac{A_0}{A_l}=\frac{163\,200}{38\,300}=4.26>3$，不考虑上部荷载的影响，取$\psi=0$

砌体局部抗压强度提高系数为

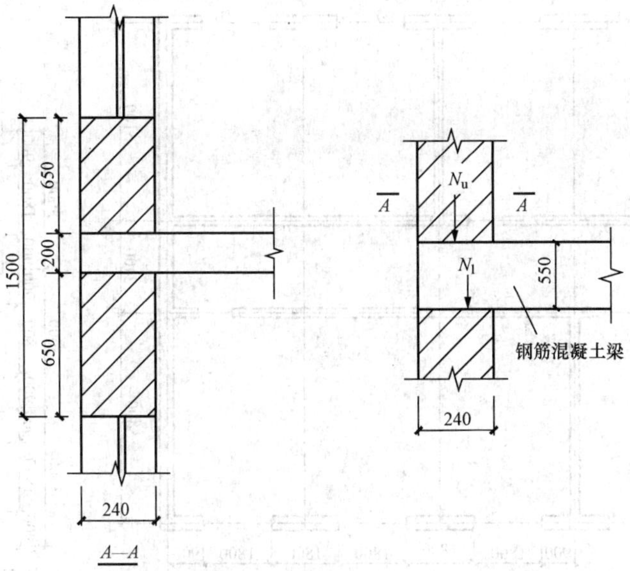

图 10-1 ［例 10-2］图

$$\gamma=1+0.35\sqrt{\frac{A_0}{A_l}-1}=1+0.35\sqrt{4.26-1}=1.63<\gamma_{max}=2.0$$

则 $\eta\gamma fA_l=0.7\times1.63\times1.5\times38\,300=65.6\times10^3\text{N}=65.6\text{kN}<N_l=70\text{kN}$

故该窗间墙梁端下砌体局部受压承载力不满足要求。

【例 10-3】 某三层教学楼，楼（屋）盖采用装配式钢筋混凝土梁板结构（图 10-2）。梁截面尺寸 $b\times h=200\text{mm}\times500\text{mm}$，外墙厚 370mm，其余墙厚 240mm，均双面粉刷。墙体采用 MU10 烧结普通砖，混合砂浆 M2.5，门窗为钢门窗，验算外纵墙的承载力。

解： 1. 荷载

（1）屋面荷载。

三毡四油铺小石子	0.4kN/m²
20mm 厚水泥砂浆找平层	0.20×20=0.4kN/m²
20mm 厚加气混凝土	0.2×6.5=1.3kN/m²
120mm 厚空心板（包括灌缝）	2.20kN/m²
20mm 厚板底抹灰	0.2×1.7=3.4kN/m²
屋面恒载合计	4.64kN/m²
屋面活载（不上人）	0.7kN/m²
屋面梁自重	0.2×0.5×25=2.5kN/m
天沟自重	2.0kN/m

（2）楼面荷载。

30mm 厚细石混凝土面层	0.75kN/m²
120mm 厚空心板	2.20kN/m²
20mm 厚抹灰	0.34kN/m²
楼面恒载合计	3.29kN/m²

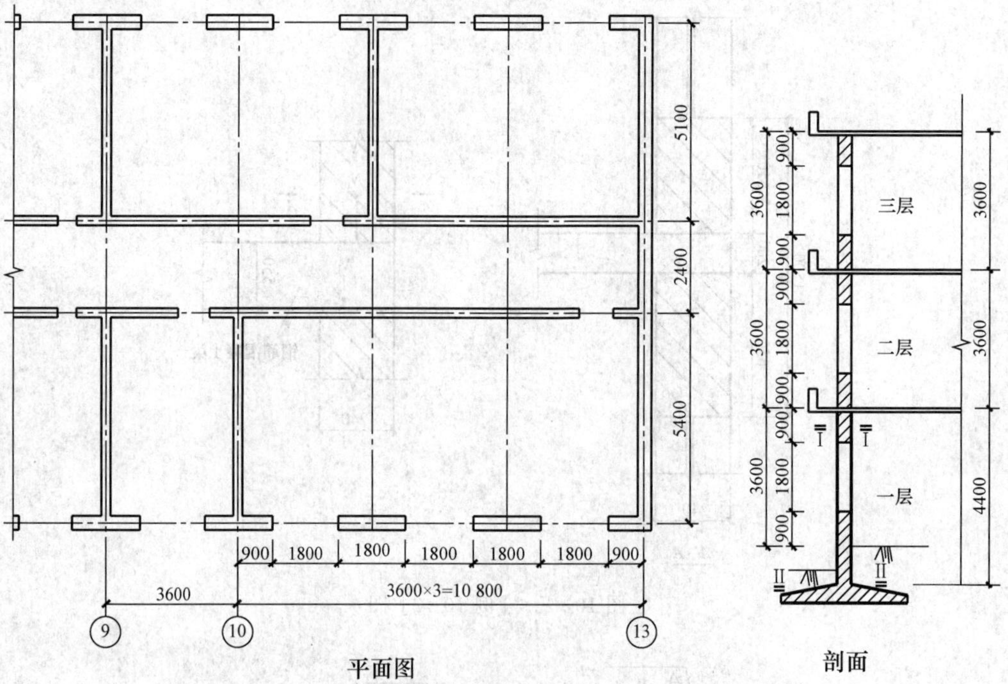

图 10-2　［例 10-3］图

楼面梁自重　$0.2\times0.5\times25=2.5\text{kN/m}$

楼面活荷载（不折减）　2.0kN/m^2

（3）墙体、窗荷载。

双面粉刷 240mm 厚砖墙　5.24kN/m^2

双面粉刷 370mm 厚砖墙　7.78kN/m^2

钢框玻璃窗　0.45kN/m^2

（4）风荷载。

基本风压 $w_0=0.4\text{kN/m}^2$。由于本建筑层高 3.6m＜4m，总高＜28m，屋面自重 $4.46\text{kN/m}^2>0.8\text{kN/m}^2$，故可不考虑风荷载的影响。

2. 确定静力计算方案

根据楼（屋）盖类型及横墙间距，查教材表 10-7，该房屋属于刚性方案房屋。

3. 纵墙高厚比验算

外墙高度取室外地坪以下 500mm 处至一层楼板底面间的距离为

$$H=0.5+0.45+(3.6-0.03-0.12)=4.4\text{m}$$

$$s=3\times3.6=10.8\text{m}>2H=2\times4.4=8.8\text{m}$$

查教材表 10-9，$H_0=1.0H=4.4\text{m}$。

混合砂浆 M2.5，$[\beta]=22$，$\mu_1=1.0$，$\mu_2=1-0.4\dfrac{b_s}{s}=1-0.4\times\dfrac{1.8\times3}{10.8}=0.8$，则

$$\beta=\frac{H_0}{h}=\frac{4.4}{0.37}=11.90<\mu_1\mu_2[\beta]=0.8\times22=17.6$$

高厚比满足要求。

4. 外纵墙承载力验算

(1) 计算单元。外纵墙取一个开间为计算单元，受荷范围为 $3.6\times2.7=9.72m^2$。

由于外纵墙厚370mm，均采用MU10砖，M2.5砂浆，故仅验算底层墙的顶部Ⅰ—Ⅰ和底部Ⅱ—Ⅱ截面。

(2) 基本参数。查表知，$f=1.30N/mm^2$。

窗间墙截面面积 $A=0.37\times1.8=0.666m^2>0.3m^2$，$\gamma_a=1.0$。

$$a_0=10\sqrt{\frac{h_c}{f}}=10\times\sqrt{\frac{500}{1.3}}=196.12mm$$

$$e_1=h/2-0.4a_0=370/2-0.4\times196.12=106.55mm$$

$$y=h/2=185mm$$

(3) 荷载计算。此教学楼为一般民用建筑物，安全等级为二级，取 $\gamma_0=1.0$。

考虑以自重为主，取 $\gamma_G=1.35$，$\gamma_0=1.4$。

按一个计算单元负荷范围内纵墙计算：

三层荷载

屋盖恒载标准值	$4.64\times9.72+(2.5+2.0)\times2.7=57.25kN$
屋盖活载标准值	$0.7\times9.72=6.80kN$
墙体自重标准值	$(3.6\times3.6-1.8\times1.8)\times7.78+1.8\times1.8\times0.45=77.08kN$
屋盖荷载设计值	$57.25\times1.35+6.80\times1.4=86.81kN$
墙体自重设计值	$77.08\times1.35=104.06kN$
设计值合计	190.87kN

二层

楼盖恒载标准值	$3.29\times9.72+2.5\times2.7=38.73kN$
楼盖活载标准值	$2.0\times9.72=19.44kN$
楼盖荷载设计值	$38.73\times1.35+19.44\times1.4=79.50kN$
墙体荷载设计值（同三层）	104.06kN
设计设计值	183.56kN

一层

楼盖荷载设设计（同二层）	79.50kN
墙体荷载设计值	$[(4.4\times3.6-1.8\times1.8)\times7.78+1.8\times1.8\times0.45]\times1.35=134.30kN$
设计值合计	213.80kN

(4) 控制截面内力计算及承载力验算。

底层Ⅰ—Ⅰ截面

上部墙体传来轴向力设计值	$N_u=190.87+183.56=374.43kN$
本层楼盖传来压力	$N_l=79.50kN$
Ⅰ—Ⅰ截面轴力	$N=N_u+N_l=453.93kN$
Ⅰ—Ⅰ截面弯矩	$M_I=N_le_1=79.50\times106.55\times10^{-3}=8.47kN\cdot m$

N_u 与 N_l 合力的偏心距

$$e=\frac{M_I}{N_u+N_l}=8.47\times10^3/453.93=18.7mm<0.6y=111mm$$

$$e/h=18.7/370=0.051$$

$$\beta=\frac{H_0}{h}=\frac{4.4}{0.37}=11.90$$

查表 $\varphi=0.67$，则

$$\varphi fA=0.67\times1.30\times0.666\times10^3=580.09\text{kN}>N=453.93\text{kN}$$

满足承载要求。

Ⅱ—Ⅱ截面 $N=190.87+183.56+213.80=588.23\text{kN}$

按轴心受压计算 $e=0$，$\beta=11.90$，查表 $\varphi_0=0.78$，则

$$\varphi_0 fA=0.78\times1.30\times0.666\times10^3=675.324\text{kN}>N=588.23\text{kN}$$

承载力满足要求。

(5) 底层Ⅰ—Ⅰ截面局部受压承载力验算。

本层梁传来 $N_l=79.50\text{kN}$

$$A_0=(b+2h)h=(200+2\times370)\times370=347\ 800\text{mm}^2$$

$$a_0=196.12\text{mm}$$

$$A_l=a_0b=196.12\times200=39\ 224\text{mm}^2$$

$$\frac{A_0}{A_l}=\frac{347\ 800}{39\ 224}=8.87>3\text{，取}\ \psi=0$$

$$\gamma=1+0.35\sqrt{\frac{A_0}{A_l}-1}=1+0.35\sqrt{8.87-1}=1.98<2.0$$

取 $\eta=0.7$，则

$$\eta\gamma A_l f=0.7\times1.98\times39\ 224\times1.3\times10^{-3}=70.67\text{kN}<N_l=79.50\text{kN}$$

局部受压承载力不满足。

在梁端设置尺寸为 $a_b\times b_b\times t_b=370\times500\times370$ 的预制刚性垫块。

$$A_b=a_b b_b=0.37\times0.5=0.185\text{m}^2$$

$$\sigma_0=(86.81+79.50+104.06\times2)\times10^3/0.37\times1.8\times10^6=0.56\text{kN/m}^2$$

$$N_0=\sigma_0 A_b=0.56\times0.37\times0.5\times10^3=103.6\text{kN}$$

$$N_0+N_l=103.6+79.5=183.1\text{kN}$$

$$e_l=h/2-0.4a_0=\frac{370}{2}-0.4\times196.12=106.6\text{mm}$$

$$e=\frac{N_l e_l}{N_0+N_l}=\frac{79.5\times106.6}{183.1}=46.28\text{mm}=0.046\text{m}$$

$e/h=0.046/0.37=0.124$，按 $\beta\leqslant3$，查表得 $\varphi=0.84$。

$$A_0=(0.5+2\times0.37)\times0.37=0.4588$$

$$\frac{A_0}{A_l}=\frac{0.4588}{0.185}=2.48$$

$$\gamma_1=0.8\gamma=0.8\left(1+0.35\sqrt{\frac{A_0}{A_l}-1}\right)=0.8(1+0.35\sqrt{2.48-1})=1.14$$

$$\varphi\gamma_1 A_b f=0.84\times1.14\times1.3\times0.158\times10^3=196.7\text{kN}>N_0+N_l=183.1\text{kN}$$

满足要求。

【例 10-4】 某办公楼底层局部平面如图 10-3 所示。采用钢筋混凝土空心板楼面，除

自承重隔墙厚 120mm 外，其余墙体厚均为 240mm。采用 MU10 烧结多孔砖及 M5 混合砂浆砌筑。底层层高 4m，隔墙高 3.6m。试验算各墙的高厚比是否满足要求。

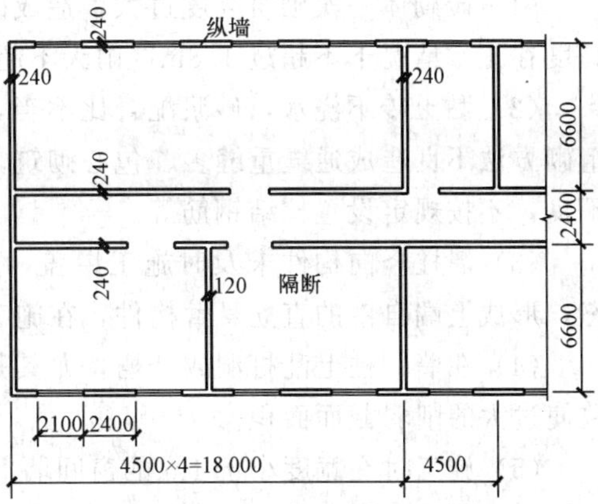

图 10-3　[例 10-4] 图

解： 横墙最大间距 $s=18m$，查教材表 10-7 为刚性方案房屋；采用 M5 砂浆，$[\beta]=24$。

（1）纵墙的高厚比验算。由于内、外纵墙厚度相同，而内纵墙比外纵墙开洞少，当外纵墙满足高厚比要求时，内纵墙高厚比必定满足，故仅需验算外纵墙的高厚比。

$H=4+0.5=4.5m$（底层墙高算至室外地面下 500mm 处）

由 $s=18m>2H=2\times4.5m=9m$，得 $H_0=1.0H=4.5m$。

$h=240mm$，为承重墙，$\mu_1=1.0$。

窗间墙距离 $s=4.5m$，窗洞宽 $b_s=2.1m$，得

$$\mu_2=1-0.4\frac{b_s}{s}=1-0.4\times\frac{2.1}{4.5}=0.81>0.7$$

外纵墙高厚比验算

$$\beta=\frac{H_0}{h}=\frac{4500}{240}=18.75<\mu_1\mu_2[\beta]=1\times0.81\times24=19.44$$

满足要求。

（2）横墙的高厚比验算。$s=6.6m$，$2H>s>H$，则

$$H_0=0.4s+0.2H=0.4\times6.6+0.2\times4.5=3.54m$$

横墙高厚比验算

$$\beta=\frac{H_0}{h}=\frac{3540}{240}=14.75<\mu_1\mu_2[\beta]=1.0\times1.0\times24=24$$

满足要求。

（3）自承重隔墙的高厚比验算。因自承重隔墙上端砌筑时，一般用斜放立砖顶住大梁，故应按上端为不动铰支承考虑，两侧与纵墙拉结不好保证，按两侧无拉结考虑。

取 $H_0=H=3.6m$，自承重墙 $\mu_1=1.44$，$\mu_2=1.0$。

隔墙高厚比验算

$$\beta=\frac{H_0}{h}=\frac{3600}{120}=30<\mu_1\mu_2[\beta]=1.44\times1.0\times24=34.56$$

满足要求。

10.4　实际工程应用

一、砌体砌筑质量

砌体结构中，砌筑质量的优劣直接影响着砌体结构构件的承载力与整体性，轻者引起墙身产生裂缝，重者会引起倒塌质量事故。在工程实践中，砌筑质量低劣常见的问题如下。

(1) 砖砌体一次砌筑高度过大，造成砌体的变形过大、砂浆层过薄，为此要求每天砌筑高度在正常情况下不超过1.8m，雨天不超过1.2m。

(2) 黏土砖不浇水，砂浆配合比不当，搅拌不匀，使用已凝结的砂浆，砂浆饱满度差，组砌方法不良造成通缝重缝多、包心砌筑，断砖集中使用，墙身横不平、竖不直，砌体接槎不良，不按规定设置拉结钢筋等。

(3) 墙柱竖向构件未及时施工屋盖，房屋结构尚未形成整体，处于悬臂或单独受力状态，形成上端自由的直立悬臂构件，在施工阶段易出现在刮大风时失稳倒塌现象。

(4) 在墙、柱上乱打洞或开槽，尤其是在门厅独立砖柱、窗间墙、空斗承重墙等部位，致使过大的削弱截面面积。

(5) 施工时在宽度小于1m的窗间墙上或大梁下留设脚手眼，造成过大的应力集中。

二、配筋砌块砌体

配筋砌块砌体作为一种新型的砌体结构种类，主要用于中高层或高层房屋中起剪力墙作用，抗震性能好，不用黏土砖，造价低于现浇钢筋混凝土剪力墙结构，在节土、节能、减少污染等方面均有积极意义，对砌体结构的推广、发展能起到积极作用。

三、多层砌体结构抗震构造措施

对于有抗震要求的多层砌体结构，提出的抗震构造要求，如房屋的高度、层数、层高、房屋高宽比等的限制；构造柱、圈梁的构造要求；结构之间的连接等做了详细的说明，运用在实际工程中，对地震发生后产生的震害有明显的效果。

四、防止、减轻墙体开裂的措施

从不同的方面，对不均匀沉降、温度和收缩等原因引起的墙体开裂进行分析，提出措施，能起到很好预防和减轻开裂的作用，在工程实际中具有积极的指导意义。

10.5 综 合 训 练

一、填空题

1. 砂浆的种类有________、________和________三种，当砌体处于潮湿环境或水中时，一般采用________砂浆。

2. 砌体结构是指建筑物的主要受力构件由________和________砌筑而成的结构。

3. 块材强度等级的符号为________，砂浆强度等级的符号为________。

4. 根据楼盖刚度和横墙间距不同，砌体结构的静力计算方案分________、________、________。

5. 影响砌体抗压强度的因素有________，________，________和砌筑质量。

6. 砌体结构房屋空间刚度的大小主要取决于____________和____________。

7. 无筋砌体受压构件承载力计算公式 $N \leqslant \varphi f A$ 中，φ 是考虑________和________对受压构件承载力的影响而引入的系数。

8. 在砌体结构房屋中，墙柱的偏心距 e 不应大于________。

9. 梁端支承在砌体上时，梁端的有效支承长度 a_0 将________实际支承长度 a，而且梁下砌体的局部压应力呈________分布。

10. 砌体局部抗压强度________砌体的抗压强度。

11. 房屋的静力计算方案有________、________、________三种，它与________有关。

12. 混合结构房屋的横墙间距越大，其空间刚度越________。

13. 作用在过梁上的荷载有________和________。

14. 墙体的高厚比越________，其稳定性越________。

15.《砌体结构设计规范》规定用验算________的方法保证墙、柱稳定性的要求。

16. 带壁柱墙高厚比验算包括________验算和________验算两部分内容。

17. 砌体高厚比验算的目的是保证砌体墙柱的________。

18. 多层砌体房屋的抗震能力较差，因此《抗震规范》对砌体房屋的________、________和________都做了限值规定。

19.《抗震规范》规定，太原市区抗震设防烈度为________度，在普通砖砌体结构最高高度能建________m，最高能建到________层。

二、选择题

1. 砂浆强度等级是用龄期为28d的边长为（ ）的立方体试块所测得的极限抗压强度平均值来确定。

A. 150mm　　B. 200mm

C. 100mm　　D. 70.7mm

2. 地面以下的砌体，当地基很潮湿时，应采用（ ）。

A. 水泥砂浆　　B. 混合砂浆

C. 水泥砂浆和混合砂浆都可以　　D. 强度高的混合砂浆

3. 砌体结构中，验算墙体高厚比的目的是保证砌体墙柱的（ ）。

A. 受压承载力　　B. 抗震承载力

C. 稳定性　　D. 局部受压承载力

4. 下列关于过梁的论述中错误的是（ ）。

A. 过梁的作用是承受洞口上部墙体自重及楼盖传来的荷载

B. 对砖砌体当过梁上墙体高度 $h_w < l_n$（过梁净跨）时应考虑梁、板传来的荷载全部作用于过梁上

C. 对砖砌体当 $h_w < l_n/3$ 时应按实际墙体的均布自重计算

D. 钢筋混凝土过梁端部在墙中的支承长度不宜小于120mm

5. 下列关于圈梁构造要求的论述中错误的是（ ）。

A. 圈梁宜连续设在同一水平面上，并形成封闭状

B. 圈梁高度不应小于240mm

C. 圈梁的配筋按构造要求进行配置

D. 圈梁兼作过梁时，过梁钢筋应按计算用量另行增加配置

6. 块体的抗压强度，砌体的抗压强度，砌体的局部抗压强度的关系（ ）。

A. 块体的抗压强度＞砌体的抗压强度＞砌体的局部抗压强度

B. 块体的抗压强度＞砌体的局部抗压强度＞砌体的抗压强度

C. 砌体的抗压强度＞块体的抗压强度＞砌体的局部抗压强度

D. 砌体的抗压强度＝块体的抗压强度＝砌体的局部抗压强度

7. 下列关于砌体结构中构造柱的构造做法，不正确的是（ ）。

A. 构造柱的最小截面为 180mm×240mm

B. 构造柱施工时应先砌墙后浇构造柱

C. 构造柱纵筋应在圈梁纵筋内侧通过

D. 构造柱须单独设置基础

8. 承重的独立砖柱截面尺寸不应小于（ ）。

A. 240mm×240mm　　B. 240mm×370mm

C. 240mm×180mm　　D. 370mm×370mm

9. 在实际工程中，砌体结构应尽可能的设计成（ ）。

A. 弹性方案　　B. 刚性方案

C. 刚弹性方案　　D. 以上三种都可以

10. 砌体的轴心抗拉强度、弯曲抗拉强度以及抗剪强度主要和下列（ ）有关系。

A. 砂浆强度　　B. 块体强度

C. 荷载大小　　D. 以上三个都有影响

11. 我国普通民用建筑设计使用年限一般为（ ）年。

A. 30　　B. 50

C. 100　　D. 150

12. 下列哪些部位宜采用水泥砂浆（ ）。

A. 地上砌体　　B. 地下砌体

C. 干燥环境　　D. 临时构筑物

13. 构造柱的最小截面尺寸为（ ）。

A. 240mm×180mm　　B. 240mm×240mm

C. 240mm×120mm　　D. 180mm×120mm

14. 在下列混合结构房屋结构布置中，整体性和空间刚度最大的是（ ）。

A. 纵墙承重方案　　B. 横墙承重方案

C. 纵横墙承重方案　　D. 内框架承重方案

15. 砌体主要用于承受（ ）的构件。

A. 压力　　B. 拉力

C. 弯矩　　D. 剪力

16. 如图 10-4 所示，刚性方案混合结构房屋的计算简图为（ ）。

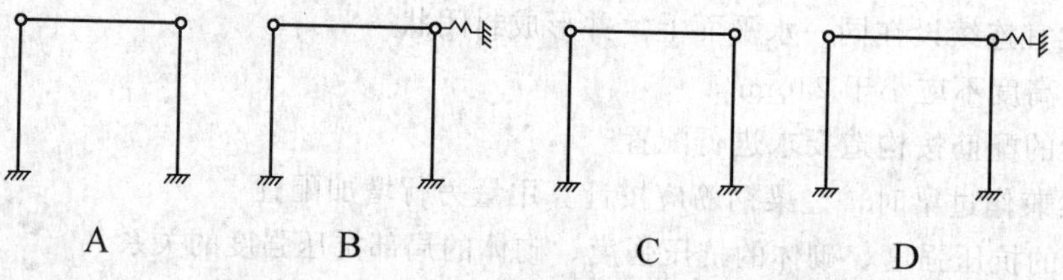

图 10-4　刚性方案混合结构房屋的计算简图

17. 在计算砖砌过梁上墙体荷载时，其过梁以上墙体的高度≥$L/3$ 时，墙体荷载取为（ ）。

A. 按高度为 L 的墙体重量考虑　B. 按高度为 $L/3$ 的墙体重量考虑

C. 按实际墙体重量考虑

18. 非承重墙的允许高厚比（　　）承重墙的允许高厚比。

A. 大于　　B. 等于　　C. 小于

19. 在砌体受压构件承载力计算时，《规范》规定轴向力的偏心距不应超过（　　）。

A. $0.6y$　　B. $0.7y$　　C. $0.6h$　　D. $0.7h$

20. 下列关于砌体强度论述中错误的是（　　）。

A. 砖的强度等级用 MU 表示，砂浆的强度等级用 M 表示

B. 砌体的局部抗压强度高于砌体的抗压强度

C. 采用水泥砂浆砌筑的砌体强度高于采用混合砂浆砌筑的砌体强度

D. 砌体的抗压强度远小于砖的抗压强度

21. 采用 MU10 烧结普通砖、M7.5 混合砂浆砌筑成的砖柱，截面尺寸 $b\times h$ 为 360mm×240mm，其抗压强度设计值为（　　）。

A. $f=1.196\text{N/mm}^2$　　B. $f=1.33\text{N/mm}^2$

C. $f=1.69\text{N/mm}^2$　　D. $f=1.183\text{N/mm}^2$

22. 采用 MU10 烧结普通砖、M7.5 水泥砂浆砌筑成的砖柱，截面尺寸 $b\times h$ 为 360mm×240mm，其抗压强度设计值为（　　）。

A. $f=1.196\text{N/mm}^2$　　B. $f=1.33\text{N/mm}^2$

C. $f=1.69\text{N/mm}^2$　　D. $f=1.183\text{N/mm}^2$

23. 采用 MU20 烧结多孔砖、M10 混合砂浆砌筑成的砖墙，墙厚为 240mm，当施工质量控制等级为 C 级时，其抗压强度设计值为（　　）。

A. $f=2.64\text{N/mm}^2$　　B. $f=2.67\text{N/mm}^2$

C. $f=2.38\text{N/mm}^2$　　D. $f=2.77\text{N/mm}^2$

三、名词解释

1. 圈梁
2. 挑梁
3. 砌体结构
4. 无筋砌体结构
5. 配筋砌体
6. 混凝土构造柱
7. 房屋静力计算方案
8. 刚性方案
9. 刚弹性方案
10. 弹性方案

四、简答题

1. 砌体结构中常用的块体有哪些种类？常用哪些强度等级？
2. 简述砂浆的作用及分类。
3. 简述砌体结构房屋中设置构造柱和圈梁的作用。
4. 说明在受压砌体中为什么砌体的抗压强度远远低于砖的抗压强度？
5. 混合结构房屋的结构布置方案有哪些？各有什么优缺点？

6. 配筋砖砌体分为哪几种类型？
7. 影响砌体抗压强度的因素有哪些？
8. 过梁上的荷载有哪些？如何取值？
9. 为什么要验算墙体高厚比？写出其公式，并简述其各项含义。
10. 允许高厚比与哪些因素有关？

五、计算题

1. 某房屋一窗间墙，计算高度 H_0 为 3.6m，截面尺寸为 370mm×1200mm，采用 MU10 的烧结普通砖，M5 水泥砂浆（查得 $f=1.5$MPa）砌筑。已知柱底承受的轴心压力设计值为 550kN（包括自重），试验算柱的受压承载力是否满足要求。（注：烧结普通砖的高厚比修正系数为 1.0）

2. 一偏心受压柱，截面尺寸为 490mm×620mm，柱计算高度 $H_0=5$m，采用 MU10 烧结普通砖及 M5 混合砂浆砌筑，柱底承受轴向压力设计值为 $N=160$kN，弯矩设计值 $M=20$kN·m（沿长边方向），结构安全等级为二级，施工质量控制等级为 B 级。试验算该柱底截面是否安全。

10.6 答案要点

一、填空题

1. 水泥砂浆；混合砂浆；石灰砂浆；水泥砂浆。
2. 块材；砂浆。
3. MU；M。
4. 刚性方案；刚弹性方案；弹性方案。
5. 块材和砂浆的强度；砂浆的性能；块材的形状尺寸及灰缝厚度。
6. 楼屋盖刚度；横墙间距。
7. 轴向力偏心距；高厚比。
8. 0.6y。
9. 小于；不均匀。
10. 高于。
11. 刚性方案；刚弹性方案；弹性方案；楼屋盖刚度和横墙间距。
12. 小。
13. 梁板荷载；墙体荷载。
14. 大（小）；差（好）。
15. 高厚比。
16. 整片墙的高厚比；壁柱间墙或构造柱间墙的高厚比。
17. 稳定性。
18. 高度；层数；层高。
19. 8；18；6。

二、选择题

1. D；2. A；3. C；4. D；5. B；6. B；7. D；8. B；9. B；10. B；11. B；12. B；13. A；

14. B；15. A；16. A；17. B；18. B；19. A；20. C；21. B；22. A；23. C。

三、名词解释

1. 圈梁指在房屋的檐口、窗顶、楼层、吊车梁顶等标高处，沿砌体墙水平方向设置按构造配筋的混凝土梁式构件。

2. 挑梁指埋置于砌体中的悬挑构件，如挑梁、雨篷、阳台和悬挑楼梯等，混合结构房屋中经常遇到的构件。

3. 砌体结构指由块材通过砂浆砌筑而成的整体结构，分为无筋砌体和配筋砌体两大类。

4. 无筋砌体不配置钢筋，仅由块材和砂浆组成，包括砖砌体、砌块砌体和石砌体。

5. 配筋砌体指由配置钢筋的砌体作为建筑物主要受力构件的结构，是网状配筋砖砌体、组合砖砌体、砖砌体和钢筋混凝土构造柱组合墙的统称。

6. 在砌体结构房屋墙体规定的部位，按构造配筋，并按先砌墙后浇筑混凝土柱的施工顺序制成的混凝土柱。通常称混凝土构造柱，简称构造柱。

7. 根据房屋的空间工作性能确定的结构静力计算简图。房屋静力计算方案包括刚性方案、刚弹性方案、弹性方案。

8. 刚性方案指按楼盖、屋盖作为水平不动铰支座对墙、柱进行静力计算的方案。

9. 刚弹性方案指按楼盖、屋盖与墙、柱为铰接，考虑空间工作的排架或框架对墙、柱进行静力计算的方案。

10. 弹性方案按楼盖、屋盖与墙、柱为铰接，不考虑空间工作的排架或框架对墙、柱进行静力计算的方案。

四、简答题

1. 块体材料分为人工砖石和天然石材两大类。人工砖石又分为烧结类砖和非烧结类砖两类。烧结类砖包括烧结普通砖、烧结多孔砖；非烧结类砖常用的有蒸压灰砂砖、蒸压粉煤灰砖、混凝土小型空心砌块。

块体强度等级分别为：

烧结普通砖、烧结多孔砖：MU30、MU25、MU20、MU15 和 MU10 五级；

蒸压灰砂砖、蒸压粉煤灰砖：MU25、MU20、MU15 和 MU10 四级；

砌块：MU20、MU15、MU10、MU7.5 和 MU5 五个等级；

石材：MU100、MU80、MU60、MU50、MU40、MU30 和 MU20 七个等级。

2. 砂浆在砌体中的作用是将块材连成整体并使应力均匀分布，保证砌体结构的整体性。此外，砂浆填满块材间缝隙，减少透气性，提高隔热性及抗冻性。

砂浆按其组成材料的不同，分为水泥砂浆、混合砂浆和石灰砂浆。

3. 构造柱作用：可以部分提高墙体抗剪承载力，大大增强房屋的变形能力，提高砌体房屋的抗震性能。

圈梁的作用：可增强房屋整体刚度，防止由于地基不均匀沉降或较大振动荷载作用对墙体产生的不利影响；圈梁的存在，可减小墙体的计算高度，提高墙体的稳定性；跨越门窗洞口的圈梁，若配筋不少于过梁或适当增配一些钢筋时，还可兼作过梁。

4. (1) 由于砖本身的形状不完全规则、灰缝处砂浆厚度铺砌不均匀，使得单砖在砌体内处于受弯和受剪状态。

(2) 砌体在受压横向变形时，砂浆的横向变形比块体大，导致块体受拉，使块体处于竖向受压、横向受拉的状态。

(3) 由于块体间竖向灰缝不饱满、不密实，造成块体间的竖向灰缝处存在应力集中现象，加快了块体的开裂。

块体是脆性材料，其本身的抗弯、抗剪、抗拉强度很低，在压、弯、剪、拉的复杂应力状态下，使块体的抗压能力不能充分发挥，所以砌体的抗压强度总低于块材的抗压强度。

5. 混合结构房屋的结构布置方案有：纵墙承重方案、横墙承重方案、纵横墙承重方案、内框架承重方案。

(1) 纵墙承重方案的特点是：

1) 房屋空间较大，使用灵活。

2) 纵墙上门窗洞口开设受到一定限制。

3) 由房屋的横向刚度较小、整体性较差。适用于有较大空间要求的房屋。

(2) 横墙承重方案的特点是：

1) 纵墙上开设洞口所受限制较少。

2) 房屋的空间刚度大、整体性好，有利于抵抗风荷载、地震作用和调整地基不均匀沉降方面。

3) 楼（屋）盖结构简单、施工方便，墙体材料用量较多。适用于开间不大、墙体位置较固定的房屋。

(3) 纵横墙承重方案的特点是：

1) 在纵横方向上的刚度均较大，有较强的抗风和抗震能力。

2) 平面布置比较灵活，易满足使用功能要求。

3) 砌体内的应力分布较均匀，可充分利用材料的承载能力，同时建筑物基础底面土层的应力分布也比较均匀。适用于教学楼、办公楼、医院、图书馆等建筑。

(4) 内框架承重方案的特点是：

1) 内部使用空间较大，平面布置较灵活。

2) 由于钢筋混凝土柱和砌体的压缩量不同，以及外墙和柱的基础形式也可能不同，因此结构易产生不均匀竖向变形，从而使结构产生较大的附加内力，并产生开裂。

3) 横墙较少，房屋的空间刚度较小，抗震能力较差。可用于多层工业车间、商店、旅馆等建筑。

6. 配筋砌体可分为网状配筋砖砌体、组合砖砌体、砖砌体和钢筋混凝土构造柱组合墙。

7. 块材和砂浆强度、砂浆的性能、块材的形状、尺寸及灰缝厚度、砌筑质量。

8. 过梁承受的荷载一般有墙体荷载（墙体及过梁本身自重）和过梁上部的梁、板荷载。

(1) 梁、板荷载。砖和小型砌块砌体，当梁、板下的墙体高度 $h_w<l_n$（为过梁的净跨度）时，应考虑梁、板传来的荷载全部作用在过梁上。当梁、板下的墙体高度 $h_w\geqslant l_n$ 时，可不考虑梁、板荷载，认为其全部由墙体内拱作用直接传至过梁支座。

(2) 墙体荷载。对砖砌体，当过梁上的墙体高度 $h_w<l_n/3$ 时，应按全部墙体的均布自重采用；当 $h_w\geqslant l_n/3$ 时，应按高度为 $l_n/3$ 墙体的均布自重采用。

对混凝土砌块砌体，当 $h_w<l_n/2$ 时，应按全部墙体的均布自重采用；当 $h_w\geqslant l_n/2$ 时，应按高度为 $l_n/2$ 墙体的均布自重采用。

9. 验算高厚比的目的，就是防止墙、柱在施工和使用阶段因侧向挠曲和倾斜而产生过大变形，以保证其稳定性的一项重要构造措施。

$$\beta=\frac{H_0}{h}\leqslant\mu_1\mu_2[\beta]$$

10. 影响墙、柱允许高厚比 $[\beta]$ 的因素很多，如砂浆强度等级、横墙的间距、砌体的类型及截面形式、支承条件和承重情况等。

五、计算题

1. 某房屋一窗间墙，计算高度 $H_0=3.6$m，截面尺寸为 370mm×1200mm，采用 MU10 的烧结普通砖，M5 水泥砂浆（查得 $f=1.5$MPa）砌筑，施工质量控制等级为 B 级。已知柱底承受的轴心压力设计值为 550kN（包括自重），试验算柱的受压承载力是否满足要求。（注：烧结普通砖的高厚比修正系数为 1.0）

解： 施工质量控制等级为 B 级。

（1）砌体抗压强度设计值 f。柱截面面积 $A=0.37\times1.2=0.444\text{m}^2>0.3\text{m}^2$，故不考虑调整系数。

采用水泥砂浆砌筑，$\gamma_a=0.9$。

由烧结普通砖 MU10 和水泥砂浆 M5.0，查教材附表 4-1 并考虑调整系数得 $f=1.5\times0.9=1.35\text{N/mm}^2$。

（2）求柱的承载力。由 $\beta=\gamma_\beta\frac{H_0}{h}=1.0\times\frac{3600}{370}=9.7$，$\frac{e}{h}=0$。查教材表 10-3 得，$\varphi=0.876$，则柱承载力为

$$\varphi fA=0.876\times1.35\times370\times1200=525\ 074.4\text{N}=525.0744\text{kN}<550\text{kN}$$

不满足要求。

2. 一偏心受压柱，截面尺寸为 490×620mm，柱计算高度 $H_0=5$m，采用 MU10 烧结普通砖及 M5 混合砂浆砌筑，柱底承受轴向压力设计值为 $N=160$kN，弯矩设计值 $M=20$kN·m（沿长边方向），结构安全等级为二级，施工质量控制等级为 B 级。试验算该柱底截面是否安全。

解：（1）偏心方向的受压承载力验算。

1）砌体抗压强度设计值 f。柱截面面积 $A=0.49\times0.62=0.3038\text{m}^2>0.3\text{m}^2$，不需考虑调整系数 γ_a。

由 MU10 烧结普通砖和 M5 混合砂浆，查得 $f=1.5\text{N/mm}^2$。

2）承载力的影响系数 φ。

$e=M/N=20/160=0.125\text{m}=125\text{mm}<0.6y=0.6\times310=186\text{mm}$，偏心距未超过限值。

由 $\beta=\gamma_\beta\frac{H_0}{h}=1.0\times5000/620=8.06$ 及 $\frac{e}{h}=\frac{125}{620}=0.202$，查得 $\varphi=0.5$。

3）承载力计算。

$\varphi fA=0.5\times1.5\times0.3038\times10^6=227\ 850\text{N}=227.85\text{kN}>N=160\text{kN}$，满足要求。

（2）垂直于偏心方向的受压承载力验算。

由 $\beta=\gamma_\beta\frac{H_0}{h}=1.0\times5000/490=10.2$ 及 $\frac{e}{h}=0$，查得 $\varphi=0.87$，则该方向受压承载力为

$$\varphi fA=0.87\times1.5\times0.3038\times10^6=396\ 459\text{N}=396.459\text{kN}>N=160\text{kN}$$

满足要求。